LE
RÈGNE VÉGÉTAL

TEXTES

Imprimerie P. BOURDIER, CAPIOMONT fils aîné et Cⁱᵉ, rue des Poitevins, 6.

LE
RÈGNE VÉGÉTAL

DIVISÉ EN

TRAITÉ DE BOTANIQUE GÉNÉRALE, FLORE MÉDICALE ET USUELLE

HORTICULTURE BOTANIQUE ET PRATIQUE

(PLANTES POTAGÈRES, ARBRES FRUITIERS, VÉGÉTAUX D'ORNEMENT)

PLANTES AGRICOLES ET FORESTIÈRES

HISTOIRE BIOGRAPHIQUE ET BIBLIOGRAPHIQUE DE LA BOTANIQUE

PAR MM.

O. REVEIL

docteur en médecine,
pharmacien en chef des hôpitaux,
professeur agrégé à la Faculté de médecine de Paris
et à l'École supérieure de pharmacie,
membre de plusieurs Sociétés savantes, etc.

A. DUPUIS

professeur d'histoire naturelle,
ancien professeur de botanique et de sylviculture
à l'Institut agronomique de Grignon,
membre de plusieurs Académies
et Sociétés savantes, etc.

FR. GÉRARD

botaniste - micrographe,
membre de plusieurs Sociétés savantes, l'un des
collaborateurs du Dictionnaire
d'histoire naturelle,

F. HÉRINCQ

botaniste attaché au Muséum d'histoire naturelle,
rédacteur en chef de l'Horticulteur français,
membre de plusieurs Sociétés
savantes, etc.

ET D'APRÈS LES TRAVAUX DES PLUS ÉMINENTS BOTANISTES FRANÇAIS ET ÉTRANGERS

formant (avec l'Histoire de la Botanique)

Dix-sept beaux volumes

dont neuf volumes grand in-8° jésus de textes

ET HUIT ATLAS PETIT IN-QUARTO DE PLANCHES GRAVÉES

les atlas renfermant (avec des textes descriptifs en regard)

PLUS DE 5000 DESSINS DE PLANTES OU DE DÉTAILS BOTANIQUES

FINEMENT COLORIÉS

TEXTES

ÉDITÉ PAR L. GUÉRIN

DÉPOT ET VENTE A LA

LIBRAIRIE SCIENTIFIQUE, ANATOMIQUE ET ARTISTIQUE

De Théodore **MORGAND**

RUE BONAPARTE 5

Réserve de tous droits

PLANTES AGRICOLES

ET FORESTIÈRES

ACCOMPAGNÉ D'UN ATLAS ICONOGRAPHIQUE

TEXTE

Paris.   Imprimerie BOURDIER, CAPIOMONT fils aîné et Cⁱᵉ, rue des Poitevins, 6.

PLANTES
AGRICOLES
ET FORESTIÈRES

PAR

M. A. DUPUIS

PROFESSEUR D'HISTOIRE NATURELLE, ANCIEN PROFESSEUR DE BOTANIQUE ET DE SYLVICULTURE
A L'INSTITUT AGRONOMIQUE DE GRIGNON, ETC.

Ouvrage donnant la description, la culture et les usages
des végétaux dont il traite

PARIS
ÉDITÉ PAR L. GUÉRIN

DÉPÔT ET VENTE A LA

LIBRAIRIE THÉODORE MORGAND
RUE BONAPARTE, 3

Réserve de tous droits.

1867

FLORE AGRICOLE

ET FORESTIÈRE

CLASSE I

EXOGÈNES OU DICOTYLÉDONES

SOUS-CLASSE I. — Thalamiflores

FAMILLE I. Renonculacées.

La famille des Renonculacées renferme un très-grand nombre d'espèces, répandues dans presque toutes les régions du globe, mais plus particulièrement dans les parties tempérées et froides de l'hémisphère boréal. C'est l'Europe qui est la plus riche en espèces, puis vient l'Amérique du Nord. En altitude, on trouve des Renonculacées depuis les bords de la mer jusqu'à la limite où commencent les neiges perpétuelles.

Presque toutes ces plantes sont plus ou moins âcres et vénéneuses. Les principes actifs qu'elles renferment les rendent intéressantes pour la médecine, soit comme médicaments, soit comme poisons. Toutefois leur trop grande énergie fait qu'elles sont beaucoup moins employées qu'autrefois; mais la médecine vétérinaire en fait un fréquent usage.

Les Renonculacées jouent encore un grand rôle en horticulture; la beauté de leurs fleurs a fait admettre la plupart d'entre elles dans les jardins d'agrément.

En agriculture, elles sont loin de présenter le même intérêt; ici leur utilité et leurs usages sont fort restreints. Elles n'en méritent pas moins d'être étudiées à un autre point de vue. Lorsqu'elles abondent dans les pâturages, elles peuvent devenir très-nuisibles aux bestiaux ; mais leurs propriétés vénéneuses disparaissent par la dessiccation, et plusieurs d'entre elles peuvent être employées avantageusement comme fourrage sec.

Parmi les genres assez nombreux qui composent cette famille, nous citerons les suivants, qui intéressent plus spécialement l'agriculteur.

SECTION I. RENONCULÉES.

GENRE I. *Clématite*.

Clematis L.

Arbrisseaux ou sous-arbrisseaux grimpants et sarmenteux, plus rarement plantes vivaces dressées, à feuilles opposées, entières ou pennatiséquées, à pétioles s'enroulant souvent en vrille. Inflorescence variée. Fleurs hermaphrodites ; calice pétaloïde, à quatre, quelquefois à cinq divisions ; corolle nulle ; étamines nombreuses, hypogynes ; ovaires nombreux, à une seule loge uniovulée. Fruit composé d'akènes nombreux, sessiles, terminés ordinairement par de longues aigrettes soyeuses.

Ce genre renferme de nombreuses espèces, qui croissent dans les régions tempérées des deux hémisphères, mais surtout dans l'hémisphère nord.

Toutes les Clématites possèdent à divers degrés des propriétés âcres, vésicantes, qui diminuent et disparaissent même par la dessiccation.

L'epèce la plus commune est la Clématite des haies (*C. vitalba* L. *C. sepium* Lam.), vulgairement nommée Clématite brûlante, Viorne, Vigne blanche, Herbe aux gueux, etc. Elle est abondamment répandue dans les parties centrales et boréales de l'Europe et de l'Asie, où elle croît dans les bois, les haies et les buissons.

Le principe vénéneux étant encore très-peu développé dans les jeunes pousses, on mange celles-ci dans plusieurs localités. Les tiges, très-flexibles, sont employées à faire des liens, des ruches, des corbeilles et d'autres ouvrages de vannerie.

Les chèvres seules mangent sans danger les feuilles fraîches de cette clématite, qui produisent de graves accidents chez les autres animaux. Il n'en est plus de même quand elles sont sèches ; elles peuvent alors servir de fourrage.

Dans les régions méridionales, la Clématite des haies croît avec une telle vigueur, qu'elle finit par étouffer les arbres et les arbrisseaux auxquels elle s'attache; aussi l'appelle-t-on quelquefois *bourreau des arbres*.

La Clématite odorante (*C. flammula* L., *C. fragrans* Tén.), croît dans le midi de l'Europe; ses propriétés, analogues à celles de l'espèce précédente, paraissent être encore plus actives.

Ces propriétés se retrouvent, du reste, à divers degrés, dans les Clématites dressée (*C. erecta* D. C., *C. recta* L.), à fleurs bleues (*C. viticella* L.), à feuilles entières (*C. integrifolia* L.), crépue (*C. crispa* L.), etc.

Genre II. *Pigamon.*

Thalictrum L.

Plantes vivaces, à feuilles alternes, le plus souvent munies d'un pétiole dilaté à sa base. Inflorescence variée. Calice pétaloïde, à quatre ou cinq sépales caducs; corolle nulle; étamines en nombre indéfini; ovaires assez nombreux, libres, à une seule loge uniovulée. Fruit composé d'akènes peu nombreux, surmontés de styles courts.

Ce genre habite l'Europe et le nord de l'Asie.

Le Pigamon des prés (*T. flavum* L.) croît dans les lieux humides, au bord des ruisseaux, dans les prés, sur la lisière des bois, etc. Il est très-abondant dans certaines prairies, et fournit un bon fourrage, vert ou sec, bien que le foin en soit très-gros.

Genre III. *Anémone.*

Anemone L.

Plantes vivaces, à racines tubéreuses ou fibreuses, à feuilles la plupart radicales, les caulinaires réunies par trois et formant une sorte d'involucre à la partie supérieure de la tige. Fleurs ordinairement solitaires et terminales. Calice pétaloïde de cinq à dix pétales; corolle nulle; étamines en nombre indéfini; ovaires nombreux, libres, à une seule loge uniovulée. Fruit composé d'akènes nombreux, mutiques ou surmontés d'un style plumeux.

Les Anémones se trouvent généralement dans les zones tempérées, surtout dans l'hémisphère nord. La plupart des espèces habitent les lieux montueux, élevés, exposés au vent.

Les propriétés générales signalées dans les Renonculacées se retrouvent à un très-haut degré dans les Anémones, mais seulement à l'état frais ; desséchées, elles perdent leur activité au point de devenir à peu près inertes. Cette activité varie d'ailleurs suivant plusieurs circonstances, âge de la plante, saison de la récolte, exposition, nature du sol, etc. Aussi ces plantes sont-elles beaucoup moins employées qu'autrefois dans la pratique médicale.

« Sous le rapport agricole, elles sont plus nuisibles qu'utiles ; car à l'état frais, le bétail, qui ne les recherche pas, peut, en les broutant, contracter d'affreuses dysentéries, bien que leur petitesse et leur peu de durée rendent le danger moins grand ; et à l'état sec, elles sont presque inertes, mais n'ont aucune valeur nutritive. Les chèvres et les moutons peuvent néanmoins les brouter impunément. — L'horticulture seule a tiré parti de ce beau genre, et en a fait un des plus brillants ornements de nos jardins. » (Fr. Gérard).

L'Anémone des bois ou Sylvie (*A. nemorosa* L.) (Pl. 1ʳᵉ) croît dans les régions tempérées et froides de l'hémisphère nord. Elle habite les bois et les lieux ombragés, où elle fleurit dès le premier printemps. Elle est quelquefois très-abondante. Les animaux qui en mangent une certaine quantité ne tardent pas à être pris d'une prostration générale, suivie de dysentérie et de l'hématurie qui se terminent par la mort. Elle est néanmoins usitée, mais à l'extérieur, en médecine vétérinaire ; on l'emploie en frictions pour la gale des chiens, et on l'applique pilée sur les ulcères qui viennent aux pieds des moutons, pour les déterger.

L'eau distillée de cette plante était employée comme cosmétique pour faire disparaître les taches de rousseur.

L'Anémone pulsatille ou Coquelourde (*A. pulsatilla* L.) se trouve dans presque toute l'Europe ; elle croît dans les lieux secs, élevés et exposés au soleil, dans les prairies sèches des montagnes. Ses propriétés sont celles de la Sylvie.

« La Pulsatille, comme ses congénères, est délétère pour le bétail. Cependant les moutons et les chèvres, qui, du reste, ne la recherchent pas, en broutent quelquefois les feuilles à cause de leur apparition précoce. La rapidité avec laquelle disparaît cette plante quand la fleur en est passée, la rend peu susceptible d'être mêlée au

foin ; mais, à l'état sec, elle ne produirait que des effets insignifiants. »
(Fr. Gérard.)

En médecine vétérinaire, on applique avec succès les feuilles de
cette plante sur les vieux ulcères, et surtout sur les blessures des chevaux.

On retire de ses fleurs une couleur verte.

Citons encore les Anémones des prés (*A. pratensis* L.), sauvage
(*A. sylvestris* L.), des Alpes (*A. Alpina* L.), à fleur jaune (*A. ranunculoïdes* L.), qui ressemblent plus ou moins aux précédentes par leurs
propriétés, et peuvent s'employer comme succédanés.

L'Anémone hépatique (*A. hepatica* L., *Hepatica triloba* D. C.) est
une petite plante vivace, qui croît dans les bois montueux de l'Europe et de l'Amérique du Nord. Les moutons et les chèvres la broutent, mais les autres bestiaux n'en veulent pas.

Genre IV. *Renoncule.*
Ranunculus L.

Plantes herbacées, annuelles ou vivaces, à feuilles entières ou mul-
tifides, la plupart radicales. Inflorescence variée. Fleurs le plus souvent jaunes, quelquefois blanches. Calice à cinq sépales herbacés ;
corolle à cinq pétales, munis d'une écaille à la base ; étamines en
nombre indéfini ; ovaires nombreux, libres, à une seule loge uniovulée. Fruit composé d'akènes nombreux, portés sur un réceptacle
globuleux ou cylindrique, en épi, un peu comprimés, lisses, striés
ou tuberculeux, terminés au sommet par une pointe ou par une
corne.

Répandues sur toute la surface du globe, les Renoncules sont bien
plus nombreuses dans les régions tempérées et froides de l'hémisphère
boréal.

Toutes ces plantes, sauf un petit nombre d'espèces, sont plus ou
moins âcres et caustiques ; mais elles deviennent inoffensives quand
elles sont desséchées.

« Les Renoncules sont fort dangereuses pour le bétail ; et les inflammations causées par leur usage à l'état frais ont parfois une intensité d'autant plus dangereuse, que la cause en est trop souvent
inconnue. Si les animaux, dont nous exceptons toujours le mouton
et la chèvre, qui sont doués d'une sensibilité moins vive, en ont

mangé une certaine quantité, la mort peut en être la suite. Il faut
donc, faute de pouvoir empêcher les animaux de se jeter, en sortant
de l'étable où ils ont passé l'hiver, sur les premiers végétaux frais
qu'ils rencontrent, détruire le plus possible les Renoncules qui croissent dans les prés, et, dans le cas d'empoisonnement, employer de
l'eau de son et des lavements émollients, qui sont le meilleur mode
de traitement. Les agriculteurs ne peuvent trop se mettre en garde
contre ces accidents. » (Fr. Gérard.)

La Renoncule bulbeuse (*R. bulbosus* L.) est répandue dans tout
l'hémisphère septentrional. C'est une des espèces les plus communes
dans les prés. Malgré son âcreté, le bétail la mange indifféremment
avec les autres herbes. Elle est cependant moins recherchée par les
vaches que par les moutons. Les porcs déterrent ses racines, dont ils
sont très-friands. Ces mêmes racines fraîches sont employées par les
paysans pour établir des exutoires au cou des bœufs. On s'en sert
pour faire périr les rats et les mulots qui dévastent les granges et les
greniers à grains. On a employé, avec moins de succès, la décoction
pour chasser les punaises.

La Renoncule scélérate (*R. sceleratus* L.) croît aussi dans tout l'hémisphère nord. Elle se trouve dans les lieux humides, les marais,
au bord des étangs et des ruisseaux, etc. Les moutons et les chèvres
seuls en broutent les sommités fleuries.

La Renoncule âcre ou Bouton d'or (*R. acris* L.) est vivace et très-
commune dans les prairies, qu'elle envahit rapidement et qu'elle
finit par épuiser. Peu recherchée des bestiaux à l'état frais, elle devient inoffensive par la dessiccation et donne alors un foin pas-
sable.

La Renoncule des champs (*R. arvensis* L.) est une des plus caustiques. Elle cause une grande mortalité dans les troupeaux de moutons, qui la mangent avec avidité.

La Renoncule flammette ou Petite douve (*R. flammula* L.) est
encore plus dangereuse sous ce rapport, à cause de sa petite taille,
qui fait que ses tiges dressées se mêlent abondamment à l'herbe,
au point qu'il est presque impossible aux animaux de l'éviter. Elle
fait périr un nombre considérable de bêtes à laine, surtout au printemps, et cause aux chevaux l'enflure, la gangrène et la paralysie.

La Renoncule langue ou Grande douve (*R. lingua* L.) (Pl. 2) croît,
comme la précédente, dans les endroits humides ou inondés. Elle

paraît être moins âcre, moins caustique. Dans tous les cas, elle est moins dangereuse, sa taille plus élevée permettant facilement de l'éviter.

Le nom vulgaire de ces deux plantes leur vient, soit de la forme de leurs feuilles, qui rappelle celle des vers intestinaux appelés *douves*, soit de la propriété qu'on leur a attribuée de provoquer, chez les animaux qui en mangent abondamment, des vers de ce genre.

Les Renoncules vénéneuses (*R. thora* D.C.), des Alpes (*R. alpestris* D.C.), à feuilles d'Aconit (*R. aconitifolius* D.C.), etc., participent plus ou moins aux propriétés du genre.

Quelques espèces paraissent faire une remarquable exception. La Renoncule d'eau (*R. aquatilis* L.), dont les formes très-variables ont donné lieu à l'établissement de plusieurs espèces, est regardée comme tout à fait inoffensive, du moins quand elle a crû dans les eaux courantes. D'après Pulteney, elle peut rendre de grands services dans l'économie rurale, en fournissant au bétail une excellente nourriture, qui constitue dans plusieurs localités de l'Angleterre l'aliment presque exclusif des vaches et des chevaux. Les porcs recherchent cette plante, qui suffit pour les engraisser. Les cultivateurs des bords de l'Ille la font sécher pour en faire un fourrage d'hiver.

Cette Renoncule a encore un autre avantage dans les pièces d'eau; c'est de procurer aux poissons, à l'époque du frai, un abri et une retraite contre les atteintes de leurs ennemis.

On pourrait enfin utiliser cette plante, dans les lieux où elle est abondante, pour augmenter la masse des engrais.

Les Renoncules tête d'or (*R. auricomus* L.) et rampante (*R. repens* L.) sont dépourvues de toute âcreté, et l'on n'a pas d'exemples d'accidents causés par elles. Leur abondance et leur précocité pourraient les faire utiliser pour la nourriture du bétail; elles fournissent un bon fourrage vert ou sec.

Genre V. *Ficaire.*

Ficaria Dill.

Plantes herbacées vivaces, à racines granuleuses, tuberculeuses. Fleurs jaunes, solitaires à l'extrémité de pédoncules axillaires ou terminaux. Calice à trois sépales herbacés, caducs; corolle de six à neuf pétales, munis intérieurement d'une fossette à l'onglet; étamines en nombre indéfini ; ovaires nombreux, libres, à une seule loge uniovulée. Fruit composé d'akènes nombreux, obtus, portés sur un réceptacle globuleux.

La Ficaire fausse renoncule (*F. ranunculoïdes* D.C., *Ranunculus ficaria* L.), vulgairement nommée Éclairette, Petite chélidoine, Herbe du siége, etc., est commune dans toute l'Europe. Elle croît dans les lieux humides et couverts, sur la lisière des bois et dans les prairies, dont elle indique l'épuisement.

Bien moins âcre que la plupart des Renonculacées, la Ficaire a seulement une saveur poivrée et une odeur qui rappelle celle des Crucifères. Aussi mange-t-on ses feuilles et ses racines dans plusieurs contrées du nord de l'Europe.

Les chevaux et les vaches la broutent ; mais les chèvres et les moutons la recherchent davantage. Les porcs mangent avidement ses racines. Ses fleurs sont aimées des abeilles.

SECTION II. HELLÉBORÉES.

GENRE VI. *Populage*.
Caltha L.

Plantes herbacées vivaces ; feuilles à pétioles engaînants. Fleurs jaunes, terminales. Calice de quatre à huit sépales pétaloïdes, caducs ; corolle nulle. Étamines en nombre indéfini ; ovaires peu nombreux, libres, à une seule loge pluriovulée. Fruit composé de follicules membraneux, sessiles, polyspermes, s'ouvrant en dedans.

Le Populage des marais (*C. palustris* L.) habite les prairies humides et les lieux inondés de l'hémisphère nord.

Cette plante est très-âcre et très-caustique. Aucun des animaux domestiques, sauf le cochon, ne la recherche ; cependant les jeunes pousses peuvent être broutées sans danger. Mais plus tard la plante est fort nuisible, et devient un véritable fléau pour les prairies. Il est vrai qu'elle perd ses qualités malfaisantes par la dessiccation, mais elle donne alors un mauvais foin. Il faut donc la détruire avec soin, en l'arrachant avant sa floraison, ou en en coupant les racines entre deux terres.

Les fleurs sont recherchées des abeilles. On s'en sert pour colorer le beurre. On fait confire les boutons à fleurs comme les câpres, et ils servent aux mêmes usages.

Genre VII. *Hellébore.*

Helleborus L.

Plantes herbacées, vivaces, à feuilles coriaces, palmées ou pédalées. Fleurs terminales, grandes, penchées. Calice à cinq sépales herbacés ou pétaloïdes, persistants ; corolle à cinq ou dix pétales très-courts, tubulés ; étamines en nombre indéfini ; ovaires peu nombreux, polyspermes, surmontés par le style.

Ce genre appartient aux régions boréales et tempérées de l'ancien continent.

L'Hellébore fétide (*H. fœtidus* L.), vulgairement Pied-de-griffon (Pl. 3), croît dans toute l'Europe. On le trouve dans les lieux incultes, stériles et pierreux, les pâturages des montagnes, sur la lisière des bois, etc. On le reconnaît de loin à sa couleur d'un vert sombre et à son odeur désagréable et nauséeuse. En général, le bétail ne touche pas cette plante. Il arrive pourtant quelquefois que les moutons en broutent les sommités : il en résulte une purgation violente ou la mort, suivant la quantité ingérée.

En médecine vétérinaire, on emploie souvent la racine, dépouillée de son écorce noirâtre, pour poser des sétons aux bêtes à cornes.

Les Hellébores noir ou Rose de Noël (*H. niger* L.), vert (*H. viridis* L.) et d'Orient (*H. orientalis* Lam.), possèdent des propriétés analogues et servent aux mêmes usages.

Genre VIII. *Nigelle.*

Nigella L.

Plantes herbacées annuelles, à feuilles très-découpées. Fleurs solitaires à l'extrémité des rameaux. Calice à cinq sépales pétaloïdes, caducs ; corolle de cinq à dix pétales petits, bilabiés ; étamines en nombre indéfini ; cinq ovaires uniloculaires, multiovulés. Fruit capsulaire membraneux à cinq loges polyspermes, à styles persistants, prolongés en bec. Graines noirâtres.

La Nigelle cultivée (*N. sativa* L.) habite les bords du bassin méditerranéen, où elle croît surtout dans les moissons. Elle est encore cultivée dans quelques localités, mais bien moins qu'autrefois. Ses graines, vulgairement appelées *Toute-épice*, servaient d'assaisonnement ; elles sont à peu près inusitées aujourd'hui, et on ne les emploie plus que pour sophistiquer le poivre. Dans le Levant, on les mélange souvent au pain.

En médecine vétérinaire, c'est un remède populaire, qu'on administre aux animaux malades chez lesquels on veut produire une stimulation.

Les Nigelles de Damas (*N. damascena* L.) et des champs (*N. arvensis* L.) ont des propriétés analogues, mais plus faibles.

Genre IX. *Ancolie.*

Aquilegia Tourn.

Plantes herbacées, à feuilles très-divisées. Fleurs solitaires terminales. Calice à cinq sépales pétaloïdes, caducs ; corolle à cinq pétales bilabiés, prolongés en éperon au-dessous de leur insertion ; étamines en nombre indéfini ; cinq ovaires libres, à une seule loge multiovulée. Fruit composé de cinq follicules membraneux, polyspermes, un peu connivents à la base et surmontés d'un style prolongé en bec.

L'Ancolie commune (*A. vulgaris* L.), vulgairement Aiglantine ou Colombine, est répandue dans le nord de l'ancien continent ; elle croît dans les prés et les bois. Les chèvres et les moutons sont les seuls animaux domestiques qui mangent cette plante. Les abeilles butinent le suc mielleux contenu dans ses nectaires. La racine est employée en médecine vétérinaire pour faciliter l'éruption du claveau.

Genre X. *Dauphinelle.*

Delphinium Tourn.

Plantes herbacées annuelles ou vivaces, à feuilles très-découpées. Fleurs en épis lâches ou en panicules. Calice à cinq sépales pétaloïdes, caducs, inégaux, terminé en un éperon creux ; corolle à quatre pétales, les deux inférieurs prolongés en un éperon logé dans celui du calice ; étamines en nombre indéfini ; ovaires au nombre d'un à cinq, à une seule loge multiovulée. Fruit composé de follicules

membraneux, terminés en bec, et renfermant des graines anguleuses.

Les Dauphinelles appartiennent aux régions tempérées de l'hémisphère boréal. Elles sont bien plus nombreuses dans l'ancien que
dans le nouveau continent.

La Dauphinelle des champs (*D. consolida* L.), vulgairement Pied
d'alouette sauvage, est répandue dans toute l'Europe. Lorsqu'elle est
très-abondante dans les moissons, elle devient nuisible en ce que
ses graines se mêlent aux céréales, au détriment de la qualité du
pain. Les chèvres, les moutons et les chevaux mangent cette
plante.

La Staphisaigre (*D. staphisagria* L.), ayant des propriétés plus
énergiques, est par cela même plus nuisible. Les chèvres seules la
broutent. Les graines ingérées en trop forte proportion peuvent
occasionner des accidents très-graves et quelquefois mortels. On
les emploie, comme la Coque du Levant, pour enivrer le poisson.

Genre XI. *Aconit*.

Aconitum Tourn.

Plantes vivaces, à racines tubéreuses, à feuilles palmatiséquées.
Fleurs en grappes terminales. Calice à cinq sépales pétaloïdes, inégaux, le supérieur très-grand, concave, en casque, les deux latéraux
arrondis, les deux inférieurs oblongs ; corolle à cinq pétales inégaux,
les trois inférieurs très-petits, les deux supérieurs situés sous le
casque, à onglet très-long, terminé au sommet par un capuchon
calleux et recourbé en dessus, prolongé à la base en un limbe oblong
échancré ; étamines nombreuses ; trois à cinq ovaires à une seule
loge pluriovulée. Fruit composé de follicules membraneux prolongés en bec et renfermant des graines rugueuses.

Les Aconits habitent les parties tempérées et froides de l'hémisphère boréal ; ils croissent surtout dans les régions montagneuses,
et sont remarquables par l'énergie de leurs propriétés, qui fait de la
plupart d'entre eux des poisons violents.

L'Aconit napel (*A. napellus* L.) est l'espèce la plus commune et
probablement aussi la plus vénéneuse. Les animaux qui mangent
cette plante en vert contractent de graves inflammations de la gorge
et de l'estomac. A l'état sec, elle est moins nuisible.

Bien que les abeilles recherchent ses fleurs, le miel qui en provient est regardé, non sans fondement, comme vénéneux.

On a employé l'extrait de cette plante pour faire des appâts destinés à faire périr les rats, les souris, les mulots, etc., et la décoction pour détruire les punaises. En médecine vétérinaire, on s'en sert pour tuer les insectes parasites des chevaux, des bœufs et des moutons.

On peut appliquer à l'Anthore (*A. anthora* L.) ce que nous venons de dire du Napel.

L'Aconit tue-loup (*A. lycoctonum* L.) (Pl. 4), paraît au contraire, malgré son nom, avoir des propriétés moins énergiques. Ce nom lui vient de l'emploi de sa racine pilée mélangée avec de la viande crue pour faire périr les loups. Matthioli ajoute qu'elle étrangle les renards, les chiens, les chats, les souris, et en général tous les animaux qui ne voient pas clair en naissant. Aujourd'hui on emploie encore sa décoction pour détruire les mouches et autres insectes.

Les chiens et les chevaux mangent cette plante quand elle est sèche.

GENRE XII. *Actée.*

Actæa L.

Plantes vivaces, à feuilles très-découpées. Fleurs blanches, en grappe. Calice à quatre ou cinq sépales pétaloïdes ; étamines nombreuses ; ovaire à une seule loge pluriovulée, surmonté d'un stigmate sessile. Fruit bacciforme, polysperme.

L'Actée en épi ou Herbe de Saint-Christophe (*A. spicata* L.), croît en Europe et en Sibérie. Elle habite les haies et les bois montueux. Les moutons et les chèvres la mangent sans inconvénient. On l'emploie en médecine vétérinaire, à l'intérieur comme purgatif, et à l'extérieur comme succédané de la racine d'hellébore. Elle a été préconisée aussi pour guérir la gale des moutons.

FAMILLE II. Magnoliacées.

La distribution géographique de cette famille est assez étendue. La plupart des espèces croissent dans l'Amérique du Nord et dans l'Asie orientale. On en trouve aussi un certain nombre en Afrique, en Australie, et à la Nouvelle-Zélande. En Europe, on ne les trouve que dans les jardins. Deux genres seulement peuvent y croître en pleine terre, et offrent assez d'intérêt pour être mentionnés ici. Nous ne dirons rien des propriétés générales de ces plantes, qui sont presque exclusivement du domaine de la médecine.

Genre I. *Magnolier*.

Magnolia L.

Arbres à feuilles alternes, entières, à stipules géminées caduques. Fleurs solitaires terminales. Calice à trois sépales caducs ; corolle à six ou douze pétales, disposés sur deux ou quatre rangs ; étamines nombreuses, disposées sur plusieurs rangs ; ovaires nombreux, libres, uniloculaires, biovulés, disposés en épi imbriqué. Fruit formé de capsules coriaces, imbriquées et formant une sorte de cône. Graines à long funicule, pendantes.

Plusieurs Magnoliers ont un beau bois dur, d'un grain fin, qu'on emploie pour faire des outils et des meubles. Mais beaucoup d'autres ont un bois mou, spongieux et sans usages. On cultive fréquemment dans les jardins le Magnolier à grandes fleurs (*M. grandiflora* L.) et quelques autres espèces.

Genre II. *Tulipier*.

Liriodendron L.

Arbre élevé, à feuilles alternes, palmées, tronquées au sommet, quadrilobées, à stipules caduques. Fleurs grandes, solitaires, terminales. Calice à trois sépales pétaloïdes, réfléchis, caducs ; corolle à six pétales, disposés sur deux rangs ; étamines nombreuses ; ovaires nombreux, libres, uniloculaires, biovulés, disposés en épi imbriqué. Fruit composé de capsules ligneuses, comprimées en forme de samare, et groupées en une sorte de cône ou strobile sur un axe ligneux persistant.

Le Tulipier de Virginie (*L. tulipifera* L.) est un grand et bel arbre qui, par ses dimensions, peut rivaliser avec le platane. Originaire de l'Amérique du Nord, où il habite surtout les lieux humides et les bords des rivières, il est aujourd'hui naturalisé en France et dans une grande partie de l'Europe.

Cet arbre demande un climat tempéré, un peu humide, et une exposition découverte. Peu difficile sur le choix du sol, pourvu que celui-ci soit frais, il préfère les bonnes terres franches, un peu argileuses et profondes ; le voisinage des eaux courantes lui est très-favorable. Il végète mal et succombe de bonne heure dans les terrains trop légers, trop secs et dans les fonds marécageux.

On le propage le plus souvent de graines semées au printemps à l'exposition du nord, et mieux encore à l'automne aux expositions de l'est et du midi.

Le semis se fait en planches ou en terrines, dans un sol léger, et mieux dans la terre de bruyère, pure ou mélangée de terre franche. En hiver, on étend sur le semis une couche de feuilles sèches ou de litière. Pendant les fortes chaleurs, on arrose. On continue ces soins pendant trois ou quatre ans.

Sous les climats plus froids que celui de Paris, il vaut mieux semer en pots ou en caisses, que l'on rentre l'hiver en orangerie, pendant le même laps de temps.

A la seconde ou à la troisième année, on repique les jeunes plants en pépinière, à $0^m,33$ de distance.

Le Tulipier craint la transplantation et reprend difficilement à un âge avancé ; aussi doit-on le mettre en place encore jeune, quand il a une hauteur d'environ deux mètres. Cette opération se fait au printemps, avant la pousse. On doit surtout éviter d'étêter les arbres, qui seraient souvent perdus.

Les soins à donner pendant les premières années qui suivent la plantation se réduisent à des sarclages et à des binages légers. En labourant profondément la terre dans le voisinage, on risquerait de blesser les racines. On fera bien, dans les climats froids, de couvrir, durant l'hiver, la base des tiges avec des feuilles ou de la fougère. Arrivé à l'âge de cinq ou six ans, le Tulipier n'a plus à craindre les fortes gelées. D'un autre côté, il n'est pas sujet aux attaques des insectes. Mais à toutes les époques, et surtout pendant sa jeunesse, il redoute l'élagage.

Dans les premières années, on doit n'y pas toucher avec la serpette, et se contenter de pincer les pousses latérales qui tendraient à s'emporter. Plus tard, il ne faut couper les branches qu'avec beaucoup de ménagement, et en plusieurs fois, en opérant un peu avant l'ascension de la sève, en mars ou en avril.

Le Tulipier a une croissance très-rapide. Les pousses annuelles dépassent souvent la longueur d'un mètre. Il arrive à des dimensions considérables. Les arbres de 33 mètres de hauteur sur 1 mètre de diamètre ne sont pas rares ; il y en a de bien plus forts, et, s'il faut en croire Catesby et Desfontaines, on trouverait aux États-Unis des sujets de 45 mètres de hauteur sur 3 mètres de diamètre. Chez nous, cette essence est loin d'atteindre une taille aussi colossale, mais elle n'en reste pas moins un arbre de première grandeur.

Jusqu'à ce jour, le Tulipier n'est guère sorti de l'enceinte des parcs et des jardins, dont il fait un des plus beaux ornements. On n'en trouve que quelques pieds disséminés dans les forêts, où, sans jamais devenir essence dominante, il pourrait rendre quelques services, à cause de la rapidité de sa croissance et de la facilité de sa propagation, favorisée par la dissémination de ses graines. Mais il est assez recherché, et mérite de l'être davantage, comme arbre de ligne.

Le bois de cette essence a l'aubier blanc, léger, assez tendre, sans être filandreux, assez analogue à celui du Peuplier franc, mais plus lourd et plus compacte. Il se décompose facilement à l'air ; aussi ne l'emploie-t-on qu'à l'intérieur des habitations. Le cœur du bois est jaune citron ; il est plus dur, se conserve mieux, et peut recevoir un beau poli ; séparé de l'aubier, il résiste mieux aux influences extérieures et n'est que rarement attaqué par les vers. Il n'est pas non plus sujet à se fendre, et, comme d'ailleurs il est flexible et se travaille bien, on l'emploie à une foule d'usages dans différentes parties de la construction, dans l'économie rurale, l'ébénisterie, la carrosserie, etc.

Marshall reconnaît deux sortes de Tulipier : l'une, à bois jaune, mou et cassant ; l'autre, à bois blanc, dur et pesant. Il est probable que ces différences sont dues à des influences locales, ou au développement relatif du bois parfait et de l'aubier dans les individus de différents âges. Quoi qu'il en soit, ce bois, comme celui de beaucoup d'essences exotiques, demande à être mieux connu. En général, il est d'un grain assez fin, odorant, et prend très-bien, quand il est sec, les couleurs qu'on lui donne. On en fait de la charpente légère, des solives, des planches, de la volige, des panneaux de voiture, des sculptures et ornements, des tables et autres meubles, de petits objets d'art, des talons de chaussures, etc. C'est un des arbres que les naturels emploient encore pour faire des canots d'une seule pièce.

L'écorce, celle des racines surtout, est plus odorante que le bois et a une saveur très-amère. On la fait entrer dans la fabrication de la bière, pour lui donner une odeur et une saveur agréables. Elle a aussi des propriétés médicinales.

FAMILLE III. Berbéridées.

La majeure partie des plantes de cette famille habite les régions montagneuses et tempérées de l'hémisphère septentrional, surtout de l'Asie et de l'Amérique. On en trouve aussi un certain nombre dans l'Amérique du Sud, au delà du tropique du Capricorne.

Les Berbéridées renferment, dans leurs diverses parties, des sucs acidulés et des alcaloïdes, qui leur communiquent leurs propriétés et ont fait employer un certain nombre d'espèces en médecine et en économie domestique.

GENRE I. *Épine-vinette.*

Berberis L.

Arbrisseaux souvent épineux, à feuilles fasciculées, entières, ci-liées. Fleurs jaunes, en grappe. Calice à six ou neuf sépales péta-loïdes, caducs, disposés sur deux ou trois rangs ; corolle à six pétales onguiculés, glanduleux à la base intérieurement ; six étamines, à filets comprimés ; ovaire ovoïde, à une seule loge pluriovulée ; stigmate pelté, presque sessile. Fruit bacciforme, à une seule loge renfermant un petit nombre de graines à test crustacé.

L'Épine-vinette commune (*B. vulgaris* L.) est très-répandue dans l'hémisphère septentrional. Elle croît dans les bois, les haies et les buissons, et on la cultive souvent sur le bord des champs pour, faire des haies défensives. Les chèvres, les moutons et les vaches en mangent les feuilles et les jeunes pousses. Les fruits servent à faire des gelées, des boissons acidulées et rafraichissantes. L'écorce, sur-tout celle des racines, donne une belle couleur jaune, qui sert à teindre divers objets.

Cet arbrisseau est très-rustique et d'une culture facile. Il croît dans tous les sols et à toutes les expositions. On le propage de graines, semées au printemps, ou mieux à l'automne, après la chute des feuilles; enfin de drageons enracinés, qui, plantés à la même époque, reprennent dans l'année.

Par suite de préjugés fort anciens et très-répandus, on a accusé l'Épine-vinette de rendre les blés stériles. Mais s'il est vrai que sa floraison coïncide avec celle du blé, rien ne prouve qu'un principe particulier, ses effluves ou son pollen, puissent arrêter la fécondation de cette graminée. On a été jusqu'à lui attribuer la propriété de produire la rouille, et même la carie et le charbon. On expliquait cette prétendue influence en disant que l'*Œcidium berberidis*, champignon microscopique qui se trouve souvent en abondance sur les feuilles de l'Épine-vinette, se changeait en *Uredo*, en tombant sur l'épi de blé.

Mais, outre que cette transformation d'un genre en un autre est au moins très-problématique, nous ferons observer que, dans beaucoup de localités où abonde l'Épine-vinette, on ne voit pas se produire ces effets, qui se montrent, au contraire, très-souvent dans des lieux où elle n'existe pas. Il faut donc chercher ailleurs la cause de ces parasites des céréales. Si cet arbrisseau exerce quelquefois évidemment une action nuisible, ce ne peut être que par son ombrage.

Le genre *Berberis* renferme encore un certain nombre d'espèces exotiques, qui possèdent les mêmes propriétés, se cultivent de la même manière et servent aux mêmes usages que l'Épine-vinette commune.

GENRE II. *Mahonie.*

Mahonia D.C.

Arbrisseaux à feuilles imparipennées, à folioles sinuées, dentées, épineuses. Fleurs jaunes, en grappe. Calice à six sépales, muni à sa base de trois bractées écailleuses; corolle à six pétales, dépourvus de glande à l'intérieur; six étamines, à filets portant au sommet une dent de chaque côté.

Ce genre, qui se distingue à peine du précédent, ne se trouve qu'en Asie et dans l'Amérique du Nord. Plusieurs espèces sont cultivées dans nos jardins. Les Mahonies possèdent des propriétés tout à fait identiques avec celles de l'Épine-vinette, sauf un peu plus d'acidité.

Genre III. *Léontice*.

Léontice L.

Plantes herbacées, à rhizomes tubéreux, vivaces. Fleurs en grappe lâche ou en panicule, accompagnées de bractées foliacées ovales. Calice à six sépales pétaloïdes, caducs; corolle à six pétales, à onglet muni d'une écaille; six étamines à filets plans, très-courts; ovaire à une seule loge quadriovulée. Fruit capsulaire, membraneux, vésiculeux, renfermant trois ou quatre graines arrondies.

La Léontice commune (*L. leontopetalon* L.) est très-commune dans l'Europe orientale et en Asie, où l'on s'en sert, en guise de savon, pour détacher les étoffes de laine.

La Léontice pigamon (*L. thalictroïdes* L.) croît dans l'Amérique du Nord. On regarde ses graines torréfiées comme un excellent succédané du café.

FAMILLE IV. Nymphéacées.

La plupart des Nymphéacées habitent les eaux douces et courantes de l'hémisphère septentrional. On en trouve aussi quelques-unes dans l'Amérique du Sud.

Les rhizomes de ces plantes renferment une grande quantité de fécule, qui peut servir à l'alimentation, lorsqu'on l'a débarrassée, par le lavage ou autrement, des principes amers ou âcres qui s'y trouvent mêlés. La matière amylacée est aussi très-abondante dans leurs graines.

Genre I. *Nymphéa*.

Nymphæa Sm.

Plantes vivaces, à rhizomes tubéreux, rampants, à feuilles radicales, longuement pétiolées, arrondies, entières, nageantes. Fleurs très-grandes, solitaires à l'extrémité de longs pédoncules cylindriques radicaux. Calice à quatre sépales lancéolés, pétaloïdes à la face interne, caducs; corolle de seize à dix-huit pétales lancéolés, disposés sur plusieurs rangs, les extérieurs égalant les sépales, les intérieurs passant insensiblement aux étamines en devenant de plus en plus petits et portant au sommet deux lobes d'anthère de plus en plus développés. Étamines nombreuses. Ovaire simple, globuleux, à plusieurs loges multiovulées, surmonté d'un stigmate sessile, pelté, rayonnant. Fruit capsulaire, globuleux, ressemblant extérieurement à celui du pavot, indéhiscent, enchâssé dans un disque persistant et portant les cicatrices qui résultent de la chute des pétales et des étamines ; intérieur partagé en un grand nombre de loges qui contiennent des graines éparses dans une pulpe charnue, couvertes d'un tégument épais, et renfermant un embryon entouré d'un gros albumen farineux.

Le Nymphéa blanc (*N. alba* L.), vulgairement appelé Nénuphar blanc ou Lis des eaux, est très-commun en Europe, et particulièrement en France, où il croît dans les eaux douces, courantes ou stagnantes, à fond limoneux.

Cette belle plante est une des plus propres à utiliser et à assainir les eaux marécageuses. Sa culture est facile ; il suffit de jeter dans ces eaux des graines bien mûres ou des fragments de rhizome récemment arrachés.

Le rhizome (vulgairement *racine*) du Nymphéa renferme une grande proportion de fécule amylacée, unie à un principe un peu âcre et narcotique ; on ne s'en sert guère aujourd'hui que pour nourrir les cochons. Ces animaux sont, avec les chèvres, les seuls qui mangent les feuilles. Les fleurs, légèrement aromatiques, narcotiques et sédatives, servent en médecine à préparer le sirop de nymphéa. Enfin, les graines sont féculentes, mais peu employées.

Les larges feuilles de cette nymphéacée, qui fournissent aux poissons un abri salutaire contre les rayons brûlants du soleil, auraient encore, d'après quelques auteurs, une autre utilité. Leur apparition, au printemps, serait le signe le plus assuré du retour et de la persistance des beaux jours, tandis que leur disparition, à l'automne, permettrait de conjecturer l'arrivée et la longueur de l'hiver. Quelques jardiniers se guident encore sur ces deux phénomènes pour sortir ou pour rentrer les plantes d'orangerie.

Le Lotos (*N. lotus* L.) et le Nénuphar bleu (*N. cærulea* Del.) sont assez répandus en Égypte, où l'on utilise, pour l'alimentation, la fécule de leurs rhizomes et de leurs graines.

Genre II. *Nénuphar.*

Nuphar Smith.

Plantes vivaces, à rhizome tubéreux, à feuilles nageantes. Fleurs grandes, solitaires à l'extrémité de longs pédoncules radicaux. Calice à cinq sépales ovales, arrondis, persistants. Corolle de dix à douze pétales obovales, beaucoup plus courts que le calice, épais, charnus, disposés sur deux rangs, présentant à la face interne des saillies longitudinales correspondant à des lobes d'anthère. Fruit libre, n'offrant de cicatrices qu'au-dessous de sa base. Les autres caractères, comme dans le genre précédent.

Le Nénuphar jaune (*N. lutea* Sm., *Nymphæa lutea* L.), ainsi nommé de la couleur de ses fleurs, se trouve dans les mêmes localités, possède les mêmes propriétés et sert aux mêmes usages que le Nymphéa blanc. Sa culture est aussi la même. Ses rhizomes renferment une fécule, que les Suédois, d'après De Candolle, ajoutent, dans des moments de disette, à la pâte du pain. Linné dit aussi que ce rhizome, pilé et humecté de lait, fait périr les blattes et les grillons, souvent très-incommodes dans les cuisines et les boulangeries.

FAMILLE V. Papavéracées.

Les plantes de cette famille habitent surtout les régions tempérées de l'hémisphère boréal. Elles sont très-rares entre les tropiques et dans l'hémisphère austral.

Les Papavéracées ont en général une odeur vireuse et désagréable qui suffirait pour les rendre suspectes. Elles renferment d'ailleurs dans leur diverses parties et laissent écouler, par incision, un suc laiteux blanc, jaune ou rougeâtre, plus ou moins âcre, tantôt narcotique, tantôt caustique et rubéfiant, tantôt enfin purgatif, émétique et drastique. Aussi ces plantes sont-elles souvent d'un emploi dangereux et peuvent-elles produire de graves accidents. Les graines seules ne présentent pas ces propriétés délétères, et renferment, dans plusieurs genres, une huile grasse, propre à l'alimentation.

Genre I. *Pavot*.

Papaver Tourn.

Plantes annuelles, à suc laiteux blanc. Fleurs grandes, solitaires à l'extrémité de longs pédoncules. Calice à deux sépales herbacés, concaves, très-cadues. Étamines nombreuses, à anthères noirâtres. Ovaire globuleux ou ovoïde, surmonté d'un plateau sur lequel sont soudés plusieurs stigmates disposés en roue. Fruit capsulaire, globuleux ou oblong, à une seule loge offrant de fausses cloisons incomplètes et renfermant un nombre considérable de graines très-petites.

Parmi les espèces très-nombreuses que comprend ce genre, il en est deux qui intéressent au plus haut degré l'agriculture, savoir le pavot proprement dit et le coquelicot.

Le Pavot somnifère ou des jardins (*P. somniferum* L.), appelé aussi Œillette par les agriculteurs, est une belle plante annuelle, originaire de l'Orient. Il présente deux variétés principales, l'une à graines blanches, l'autre à graines grises. La première n'est guère cultivée que pour les usages médicaux. La seconde plus spécialement désignée sous le nom d'*Œillette*, est surtout cultivée en grand comme plante oléagineuse ; elle a donné une sous-variété, appelée *Pavot aveugle*, qui diffère du type par ses capsules plus grosses et dépourvues d'ouvertures au-dessous des stigmates. La variété à graines blanches se reconnaît à ses fleurs de même couleur, tandis que le pavot à graines grises a les fleurs rouges ou lilacées.

Le pavot peut être cultivé sous tous les climats de la France ; mais sa culture ne s'est répandue jusqu'à ce jour que dans la région du nord. Il lui faut une exposition abritée contre les grands vents. Il préfère les terres légères, argileuses, mélangées de sable ou de calcaire, et à sous-sol très-perméable. Bien qu'on puisse le placer à peu près indifféremment dans la rotation, il réussit mieux néanmoins après le trèfle, la luzerne ou les autres légumineuses. Il peut aussi, comme plante sarclée, ouvrir l'assolement, et il prépare parfaitement le sol pour les céréales. Il exige, dans tous les cas, une terre bien ameublie et bien engraissée ; mais il faut que la fumure soit ancienne ou que l'engrais puisse se décomposer facilement et promptement.

Le pavot doit être semé le plus tôt possible, au printemps, souvent même dès le mois de février, jamais plus tard que la mi-avril. C'est presque toujours à la volée qu'on répand la graine, et cette opération est suivie d'un léger hersage, puis d'un roulage. Environ deux mois après, lorsque les jeunes plantes ont trois ou quatre feuilles et peuvent être facilement distinguées des autres végétaux, on donne le premier binage, lequel, vu son importance et sa difficulté, doit être exécuté avec beaucoup de soin et par des ouvriers habiles. Ce premier binage est suivi de deux autres, qui se succèdent à des intervalles de huit à dix jours, suivant la végétation.

Dans le midi, il y aurait avantage à semer à l'automne, à l'époque adoptée pour le blé. Dans ce cas, les binages seraient donnés plutôt au premier printemps, de manière à être terminés vers le quinze avril.

Quand le semis a été fait de bonne heure, par exemple à la fin de l'hiver, les jeunes plantes sont quelquefois détruites par les gelées ou par les insectes ; dans ce cas, il est souvent encore temps de procéder à un nouveau semis, ce que l'on ne doit pas manquer de faire. Les plantes plus développées sont sujettes aux attaques des vers blancs ; on les voit alors se faner subitement. Il ne faut pas négliger d'enlever les pieds attaqués, avec la terre qui les entoure. On peut ainsi détruire les larves, et empêcher le mal de s'étendre de proche en proche.

La récolte du pavot se fait ordinairement en août. On arrache les tiges, qu'on lie en bottes ; puis on dispose ces bottes sur deux lignes parallèles, et de manière à ce qu'elles s'appuient les unes sur les autres par leur sommet ; ce qui constitue une *chaîne*. Si le temps est beau, les capsules s'ouvrent au bout de dix à douze jours, ce qui est un indice de maturité. On procède alors à l'extraction de la graine. Pour cela, on prend les bottes ou poignées l'une après l'autre, on les incline au-dessus des cuveaux ou des draps disposés dans ce but, et on frappe légèrement les capsules avec un petit bâton ; on retourne la botte plusieurs fois, jusqu'à ce que toute la graine soit sortie. Il faut surtout veiller à ce que la terre ne se mélange pas avec les graines. Avant d'être livrées au commerce, celles-ci doivent être passées au tarare, puis dans un crible fin. Pour la conservation des graines et l'extraction de l'huile, nous ne pouvons que renvoyer à l'article *Colza*.

La culture du pavot destiné à produire l'opium est la même ; seulement, pour faciliter la récolte, on sème en lignes espacées de 0^m, 50. Quand la capsule passe du vert au jaune, on procède à cette récolte, qui est exposée dans la *Flore médicale*.

On a cherché à retirer de nos pavots, une sorte d'opium, dit *opium indigène*, dans le but de remplacer celui que le commerce tire de l'Orient. Mais le pavot à graines noires présente un inconvénient ; le péricarpe de la capsule est tellement mince qu'il est bien difficile de l'inciser, sans le traverser de part en part, et sans perdre ainsi la récolte de graine.

On préfère donc, avec juste raison, le pavot à graines blanches, dont le péricarpe est plus épais, et qui en outre fournit une plus grande quantité de suc. Toutefois M. Aubergier recommande de récolter le suc sur des capsules encore vertes, et de ne pas le laisser dessécher sur la plante, mais bien dans des vases spécialement destinés à cet usage.

C'est encore cette variété que l'on cultive de préférence pour fournir à la pharmacie et à l'herboristerie les capsules ou *têtes* de pavot. Le pavot à graines blanches présente en effet des capsules plus grosses et ovoïdes. La culture est encore la même que celle du pavot œillette. On récolte les *têtes* un peu avant leur complète maturité, en leur laissant environ 0^m, 10 de tige ; on les attache plusieurs ensemble et on les suspend à l'ombre, mais dans un endroit très-aéré. Quand elles sont desséchées à point, ce qu'on reconnaît à leur teinte d'un blanc sale, on les range et on les renferme dans des caisses, pour les expédier.

Le principal produit du pavot est son huile, appelée *huile d'œillette* ; ce mot vient sans doute par corruption du latin *oleohm*, diminutif d'*oleum*, huile, ou mieux de l'italien *olietta*, qui signifie aussi *petite huile*. L'huile d'œillette, obtenue à froid, est douce, de bon goût, presque blanche et sans odeur ; elle remplace souvent l'huile d'olive pour les usages alimentaires dans le nord de la France, et on l'emploie aussi pour sophistiquer cette dernière.

Cette huile n'est pas bonne pour l'éclairage ; elle brûle mal, et répand beaucoup de fumée. Le savon qu'on en fabrique est mou et de qualité inférieure.

Les graines ne participent point aux propriétés narcotiques et vénéneuses de la plante. Les anciens en faisaient des gâteaux et autres mets analogues très-estimés, usage qui s'est conservé jusqu'à nos jours en Allemagne, en Italie et dans quelques autres contrées. Dans plusieurs cantons de la France, on répand encore ces graines sur diverses pâtisseries.

Les tourteaux du pavot, d'après MM. Girardin et Du Breuil, sont aussi bons que ceux du colza, soit comme engrais, soit pour la nourriture des bestiaux.

Les capsules sèches sont fréquemment employées en médecine, et l'on préfère celles du pavot à graines blanches, uniquement parce qu'elles sont plus grosses. On en prépare le sirop *diacode*, justement estimé comme calmant.

Les tiges sèches sont utilisées pour faire le fond ou la couverture des meules ; pour chauffer le four ; pour servir de litière et augmenter ainsi la masse des engrais.

Le Coquelicot (*P. rhœas* L.) est une plante annuelle, très-répandue dans les moissons, auxquelles elle nuit souvent par son abondance. Les vaches, les chèvres et les moutons en mangent quelquefois ; mais il est nuisible aux chevaux. Ses fleurs sont employées en médecine comme calmant.

GENRE II. *Chélidoine.*

Chelidonium Tourn.

Plantes vivaces, à suc laiteux, jaune, à feuilles pennatiséquées. Fleurs jaunes, en petites ombelles terminales. Calice à deux sépales un peu colorés. Corolle à quatre pétales. Etamines nombreuses. Ovaire allongé, à une seule loge multiovulée. Fruit capsulaire, linéaire, siliquiforme, s'ouvrant en deux valves et renfermant un grand nombre de graines disposées sur deux rangs.

La Chélidoine commune (*C. majus* L.), vulgairement appelée *Grande Eclaire*, est commune dans toute l'Europe. Elle croît dans les fentes ou au pied des vieux murs, dans les haies, au voisinage des habitations. Elle exhale, quand on la froisse, une odeur désagréable. Sauf les vaches, qui en mangent quelquefois, tous les bestiaux la rejettent. Elle n'est pas sans usage en médecine. Son suc est un remède populaire pour brûler et détruire les verrues. La médecine vétérinaire s'en sert plus fréquemment, tant à l'intérieur qu'à l'extérieur.

Genre III. *Glaucie.*

Glaucium Tourn.

Plantes bisannuelles ou vivaces, à feuilles pennatifides. Fleurs jaunes, grandes, réunies en petit nombre au sommet des rameaux. Calice à deux sépales herbacés. Corolle à quatre pétales. Stigmate à deux lobes lamelleux. Fruit capsulaire, linéaire, siliquiforme, divisé en deux loges par une fausse cloison complète.

La Glaucie jaune (*G. flavum* Crautz, *Chelidonium glaucum* L.), vulgairement Chélidoine jaune ou Pavot cornu, est une plante bisannuelle, très-répandue dans le midi de la France, où elle croît surtout dans les lieux arides et sablonneux. M. Cloes, qui a extrait des graines de cette plante une huile abondante et de bonne qualité, pense qu'il y aurait avantage à la cultiver comme plante oléagineuse, et qu'on pourrait utiliser ainsi des sols ingrats où peu d'autres végétaux peuvent croître. Ses propriétés sont analogues à celles de la grande éclaire. On emploie ses feuilles pilées et additionnées d'un peu d'huile, pour les ulcères et les blessures des chevaux. Dans les lieux où elle abonde, on la coupe en été pour augmenter la masse des engrais.

FAMILLE VI. Fumariacées

Les plantes de cette famille sont répandues dans l'hémisphère boréal. Longtemps confondues avec les Papavéracées, elles s'en distinguent, non seulement par des caractères botaniques assez importants, mais encore par leurs propriétés. Leur suc, au lieu d'être laiteux et âcre, est aqueux et amer. Les Fumariacées sont employées en médecine comme toniques et dépuratives. Elles ne renferment d'ailleurs aucune plante vénéneuse. Quelques espèces seulement présentent un certain intérêt au point de vue agricole.

Genre I. *Fumeterre.*

Fumaria L.

Plantes annuelles, à tiges rameuses, diffuses, à feuilles très-découpées. Fleurs pourpres ou blanches, en grappes. Calice à deux sépales pétaloïdes, caducs. Corolle à quatre pétales inégaux, le supérieur prolongé en éperon à la base. Six étamines, soudées en deux faisceaux égaux. Style très-long, caduc. Fruit globuleux, monosperme.

La Fumeterre officinale (*F. officinalis* L.) est très-commune en Europe, dans les champs labourés, les vignes et les jardins. Sa saveur très-amère lui a fait donner le nom de *fiel de terre*. Les vaches et les moutons la mangent, les chèvres la broutent quelquefois. Elle est employée aussi en médecine vétérinaire. On peut en tirer un excellent parti, dans les endroits où elle est abondante, en l'enfouissant comme engrais vert.

GENRE II. Corydalis.

Corydalis D.C.

Plantes vivaces, à fleurs jaunes ou pourprées. Calice à deux sépales pétaloïdes, caducs. Corolle à quatre pétales inégaux, le supérieur prolongé en éperon à la base. Six étamines diadelphes. Style caduc ou persistant. Fruit capsulaire, siliquiforme, polysperme, déhiscent.

Le Corydalis bulbeux (*C. bulbosa* D. C.) se trouve dans les bois, les vignes, les champs, les prés. Les vaches et les chevaux broutent ses feuilles, et les cochons recherchent beaucoup ses bulbes.

FAMILLE VII. Crucifères.

Les Crucifères habitent surtout les régions tempérées et froides de l'hémisphère boréal. Elles sont plus rares dans l'hémisphère austral, et plus encore sous la zone tropicale, où on ne les trouve guère que sur les montagnes.

Les plantes de cette famille présentent une analogie aussi grande dans leurs caractères que dans leurs propriétés. Elles renferment des huiles essentielles et des huiles grasses. Leur odeur souvent forte et aromatique, leur saveur piquante et âcre à l'état sauvage sont modifiées heureusement par la culture, qui tend au contraire à favoriser les principes aqueux, sucrés et mucilagineux. Un grand nombre d'espèces sont riches en azote, en phosphore, en soufre. Cette famille fournit à l'économie domestique un grand nombre d'aliments sains et nourrissants, à la médecine des médicaments stimulants et surtout des antiscorbutiques, à l'élève du bétail des fourrages estimés, à l'industrie et aux arts des huiles et des matières tinctoriales, à l'horticulture d'agrément des fleurs et des plantes ornementales.

Le groupe si naturel des Crucifères est un de ceux qui présentent le plus d'intérêt en économie rurale. Plusieurs espèces sont cultivées en grand et entrent dans les assolements, comme plantes fourragères et industrielles ; d'autres, quoique appartenant plutôt à la culture maraîchère, sont assez importantes pour franchir l'enceinte des jardins et couvrir dans les champs de vastes espaces.

SECTION I. SILIQUEUSES.

GENRE I. *Chou.*

Brassica L.

Plantes herbacées, le plus souvent bisannuelles, à feuilles radicales pétiolées, lyrées ou pinnatifides, les caulinaires sessiles ou amplexicaules, entières. Fleurs jaunes en grappes terminales. Calice à quatre sépales dressés, les deux extérieurs bossués à la base ; corolle à quatre pétales onguiculés ; six étamines tétradynames ; ovaire linéaire, à deux loges multiovulées, surmonté d'un style très-court terminé par un stigmate bilobé. Fruit : silique bivalve, allongée, presque cylindrique, divisée par une fausse cloison en deux loges qui renferment plusieurs graines arrondies.

Le genre Chou renferme environ dix-huit espèces, originaires du littoral de la Méditerranée, des régions méridionales et orientales de l'Asie et des contrées extratropicales de l'Amérique du Sud. Six de ces espèces ont une importance plus ou moins marquée dans la grande et la petite culture ; la plupart d'entre elles ont produit des variétés très-nombreuses, qui rendent quelquefois les types spécifiques assez difficiles à déterminer.

1. Chou commun (B. oleracea L.).

Le Chou sauvage, type de cette espèce (*B. oleracea sylvestris*) croît spontanément sur les bords de la mer, en France, en Angleterre et dans le nord de l'Europe.

Cultivé de temps immémorial, il a produit de nombreuses variétés que l'on peut rapporter à cinq races principales.

A. Chou pommé ou Cabus. (*B. oleracea capitata*). Tige très-courte ;
feuilles lisses et glauques, charnues, entières ou lobées, concaves,
étroitement imbriquées en tête arrondie (*pomme*). On connaît aujourd'hui plus de trente variétés de ces choux, les plus savoureux et
les plus recherchés pour la nourriture de l'homme. Voici les plus
importantes, d'après M. Vilmorin :

Chou d'York. — C. pain de sucre. — C. cœur de bœuf. — C. Ba-
calan. — C. pointu de Winnigstadt. — C. de Poméranie. — C. de
Battersea. — C. femelle ou de Fumel. — C. de Saint-Denis. —
C. Joanet. — C. de Hollande. — C. d'Alsace. — C. de Vaugirard. —
C. tête de mort. — C. quintal. — C. rouge.

Toutes ces variétés sont du domaine de la culture maraîchère ;
plusieurs d'entre elles rentrent aussi dans la catégorie des *gros légumes*, qui sont cultivés dans les champs, surtout au voisinage des
grands centres de consommation. Nous n'avons donc pas à nous en
occuper ici.

Il en est une toutefois qui présente un grand intérêt et qui joue
un rôle important en agriculture ; c'est le chou quintal. Ce chou est
le plus estimé, soit pour la préparation de la choucroute, soit pour la
nourriture du bétail. Dans le nord, il forme la base de l'alimentation
des classes populaires. Aussi est-il l'objet de cultures très-étendues.

Le Chou quintal est, de tous les choux pommés, le plus tardif, le
plus productif et le plus rustique. Il peut être cultivé dans toute
l'Europe ; mais il réussit mieux dans les climats humides. Comme
sol, il préfère les terres argileuses, soit pures, soit mélangées de sable
ou de calcaire, les terres d'alluvion, les étangs desséchés, les sols
tourbeux assainis. On peut cependant le cultiver sous les climats ou
dans les sols secs, mais à la condition de pouvoir irriguer. Il faut
encore, si l'on veut obtenir de belles récoltes, que la terre soit profonde, bien ameublie, substantielle, enrichie par des amendements
calcaires et des engrais fortement azotés.

On propage le Chou quintal de graines semées en pépinière, dans
un sol riche, profond et frais, par exemple dans une terre de jardin.
C'est vers la fin de février et dans la première quinzaine de mars
qu'on répand sur le sol la graine, qui doit être peu recouverte. Le
semis doit être arrosé, sarclé et éclairci aussi souvent que le besoin
s'en fait sentir.

Vers la fin de mai jusque vers la fin de juin, on procède à la trans-

plantation. On arrache les plants à la main, en ayant soin de choisir
un temps humide, ou du moins d'arroser le sol de la pépinière quelques heures avant l'arrachage. Puis on s'occupe de l'*habillage* des
racines, opération qui consiste à couper l'extrémité du pivot et à rac-
courcir les racines latérales trop longues pour entrer dans les trous
faits avec le plantoir.

La transplantation doit suivre immédiatement l'arrachage, afin
de ne pas laisser les jeunes plants exposés à l'action desséchante des
hâles ou du soleil. Si l'on est forcé d'opérer par un temps et dans un
sol secs, il faut arroser les plants aussitôt après la transplantation. En
juin ou en juillet, suivant l'époque à laquelle les plants ont été mis
en place, on donne un premier binage, qui doit être suivi d'un
second environ un mois après.

Quand les têtes des choux commencent à se développer, on butte
légèrement le pied de chaque plante, afin d'y entretenir plus d'humidité. Un second buttage, opéré au commencement de septembre,
est nécessaire ou du moins très-utile dans les terres légères ou peu
profondes. Cette opération se fait généralement avec une charrue à
double versoir.

La récolte commence en octobre. On peut arracher les têtes successivement ; mais ce mode a l'inconvénient de laisser pénétrer dans
les feuilles une certaine quantité de terre ; il vaut donc mieux couper
les pieds avec une serpe. On peut conserver ces choux, de manière à
prolonger leur consommation jusque vers la fin de décembre ; pour
cela, on arrache les pieds, on les met en jauge en les plaçant les uns
près des autres, les têtes inclinées vers le nord. On les couvre de
paille longue lorsque la température s'abaisse, et on les découvre
après les dégels.

Dans une culture bien entendue, il n'est pas rare de récolter des
choux qui pèsent dix, douze et jusqu'à quinze kilogrammes.

B. Chou de Milan ou frisé (*B. oleracea bullata*). Ces choux ont des
feuilles ondulées, frisées et comme cloquées, d'un vert foncé, réunies
en tête, surtout dans les jeunes individus, mais moins serrées que
dans les choux pommés proprement dits. Les meilleures variétés sont
les suivantes :

C. de Milan court hâtif. — C. d'Ulm. — C. de Milan ordinaire. —
C. pancalier de Touraine. — C. des Vertus. — C. de Victoria. — C.

du Cap. — C. de Milan doré à tête longue. — C. de Russie. — C. vert glacé d'Amérique.

C'est encore à cette race qu'appartient le Chou à jets, plus connu sous le nom de Chou de Bruxelles, et qui produit, dans l'aisselle de ses feuilles, des bourgeons ou petits choux de la grosseur d'une noix, tendres et de bon goût.

Plusieurs des variétés ci-dessus, notamment le Chou des Vertus, sont cultivées en grand dans quelques localités. Mais, en général, les Choux frisés appartiennent à la culture maraîchère. Il y a même des sous-variétés, à feuilles rouges, jaunes ou panachées, qui sont culti-vées comme plantes d'ornement.

C. Chou vert ou non pommé (*B. oleracea acephala*). Tige plus ou moins élevée, atteignant quelquefois deux mètres et plus ; feuilles pétiolées, ordinairement très-allongées, ne formant pas de pomme. On range aussi dans ce groupe les choux à côtes (*B. oleracea costata*). Les variétés de choux non pommés sont très-nombreuses ; voici les plus estimées :

Chou cavalier ou grand chou à vaches. — C. caulet de Flandres. — C. branchu du Poitou. — C. moellier. — C. vivace de Dauben-ton. — C. frisé vert et rouge. — C. frisé prolifère. — C. palmier. — C. de Lannilis. — C. à grosse côte.

Les choux verts ont une importance réelle en économie rurale. Leur culture est presque entièrement semblable à celle des choux pommés, et n'en diffère que par quelques détails.

Ainsi le Chou cavalier se sème à la fin de juillet ou au commence-ment d'août, et se transplante en novembre.

Lorsque les plants des Choux verts ont des racines bien dévelop-pées, on facilite leur reprise dans la transplantation en remplaçant le plantoir par la pioche. Les jeunes plants ainsi repiqués ont moins à souffrir de la sécheresse de l'air.

Le buttage, indispensable pour les choux non pommés, a lieu dans le courant des mois d'août et de septembre.

La récolte des feuilles ou *effeuillage* se fait à trois époques diffé-rentes : 1° à l'automne, de la mi-septembre jusqu'à l'approche des gelées ; 2° à la fin de l'hiver, depuis la mi-février jusques vers la fin de mars ; 3° dans le courant de l'été.

Lorsque la plantation a été faite en mai ou en juin, la floraison a lieu au commencement du printemps suivant. Dès que celle-ci commence, et après l'effeuillage de mars, on enlève les pieds qui sont alors très-élevés et très-rameux. On fend ou on écrase les tiges avant de les donner aux animaux.

« Le Chou moellier, dit M. G. Heuzé, n'est pas assez rustique pour rester intact l'hiver en terre, surtout quand le sol est humide et que les gelées à glace sont très-intenses. Quand on manque de nourriture verte et qu'on prévoit que cette variété sera altérée par les gelées, on coupe les tiges presque à ras terre au fur et à mesure des besoins, et avant de les donner aux animaux on les divise longitudinalement en plusieurs parties. »

D. Chou-rave ou Chou de Siam (*B. oleracea caulo-rapa*). Tige renflée immédiatement au-dessus du sol et formant une sorte de boule d'où naissent les feuilles, qui sont pétiolées, lobées ou lyrées, et entièrement glabres. C'est cette partie renflée que l'on mange avant son entier développement. M. Vilmorin indique les variétés qui suivent :

Chou-rave blanc. — Chou-rave violet. — Chou-rave blanc hâtif. — Chou-rave blanc très-hâtif de Vienne. — Chou-rave violet très-hâtif de Vienne. — Chou-rave à feuilles d'artichaut.

Les Choux-raves sont presque uniquement cultivés dans les jardins maraîchers, du moins en France. Dans plusieurs provinces de l'Allemagne, on les cultive en grand comme plantes fourragères.

Ils demandent un climat très-tempéré et suffisamment humide. Ils végètent bien sur les terres argileuses, froides et humides, mais toujours bien ameublies. On sème en place, de la fin de mai à la mi-juillet, ou bien en pépinière, de la fin de février à la fin de mars.

Les semis en pépinière exigent des sarclages répétés et un ou plusieurs éclaircissages. Dans cette dernière opération, on recueille suivant le besoin, les plants superflus pour les repiquer. La transplantation doit être faite avant la fin de juin; elle est suivie de deux binages faits à quinze jours d'intervalle. Dans le courant de septembre, on butte avec la charrue à double versoir.

Vers la fin d'octobre, on peut enlever quelques feuilles sur chaque plante, ce qui donne un produit assez important, sans nuire sensiblement au développement des boules. L'effeuillage total ne se fait qu'à l'époque de l'arrachage, qui a eu lieu, dans la plupart des loca-

lités, vers la fin de novembre, et par un beau temps. Les choux-raves
se conservent dans des caves ou des celliers sains et aérés.

E. Chou-fleur et Brocoli (*B. oleracea botrytis*). Pédoncules floraux
formant, à leur extrémité, une masse charnue et grenue qui se compose de fleurs avortées. Le Brocoli a la pomme moins serrée. Voici
les variétés les plus estimées.

Chou-fleur tendre. — C. demi-dur. — C. dur de Paris. — C. dur
de Hollande. — C. dur d'Angleterre. — C. noir de Sicile. — Brocoli
blanc hâtif. — B. blanc Mammouth. — B. violet.

Les Choux-fleurs et les Brocolis, comme les Choux de Milan, peuvent quelquefois être avantageusement cultivés en grand dans les
champs, au voisinage des grandes villes, où il s'en fait une énorme
consommation. Mais en général ils ne sortent pas du domaine de la
culture maraîchère.

2. Chou champêtre (*B. campestris* L.).

Cette espèce présente trois types principaux, dont chacun se subdivise en un certain nombre de variétés.

A. Chou Colza (*B. campestris oleifera*). Tige de 1^m,50, portant des
feuilles glabres et d'un vert glauque ; fleurs jaune pâle ou blanches ;
silique longue de 0^m,06 à 0^m,08, contenant un assez grand nombre
de petites graines rondes et noires (Pl. 5).

Cette plante, cultivée depuis un siècle à peine dans le nord de la
France, présente des variétés annuelles (*colza de printemps*) qui, semées en mars, sont récoltées dans l'année même, et des variétés bisannuelles (*colza d'hiver*) qu'on sème en été pour faire la récolte l'année
suivante. Ces dernières sont les plus rustiques et les plus productives.
Elles se subdivisent en variétés à fleurs blanches et variétés à fleurs
jaunes. Plus fertiles et plus précoces, les colzas à fleurs blanches ont
le double inconvénient d'exiger plus d'engrais et de coïncider d'une
manière gênante avec la récolte des céréales d'hiver. Aussi préfère-
t-on aujourd'hui les colzas à fleurs jaunes, et parmi ceux-ci, la variété
dite *colza parapluie* ou *à rabou*, facile à distinguer par ses siliques
pendantes et non dressées comme dans les autres, et par la grosseur
de ses graines, mais qui dégénère facilement si l'on n'a pas soin de
bien choisir les semences.

Le Colza préfère les climats doux et frais. Il ne réussit bien que dans les bons sols, notamment dans les terrains calcaires mélangés d'argile ou de sable, perméables, bien ameublis et bien fumés.

Le colza d'hiver se sème, dans le nord, vers la fin de juillet, et dans les localités plus méridionales, dans le courant d'août. On choisit autant que possible un temps humide. Le semis pourrait se faire sur place. Mais, les terres étant rarement libres à cette époque, il serait difficile de faire entrer le colza dans un assolement régulier. Aussi préfère-t-on semer en pépinière, pour repiquer, suivant le climat, de la mi-septembre à la mi-novembre. Un sarclage, sans être indispensable, produit d'excellents résultats.

Dès que les siliques jaunissent, et sans attendre que les graines aient pris une teinte entièrement noire, indice d'une maturité parfaite, on coupe les plantes au pied avec la faucille, et on les met immédiatement en moyettes. Au bout de huit à dix jours, elles sont battues, soit au fléau, soit par le piétinement des animaux, soit enfin, dans les exploitations bien entendues, par les machines à battre. Lorsqu'on ne peut pas opérer à cette époque, on met le colza en meules, pour le battre ou le dépiquer quand le temps le permettra.

Le colza de printemps se sème sur place, vers la fin de l'hiver ou au commencement du printemps et dans un sol bien préparé. Il se récolte plus tard, mais de la même manière que l'autre.

On procède ensuite au vannage ; on se sert pour cela du van ordinaire, et mieux du tarare. On a remarqué que la graine, mélangée d'un peu de menue paille, se conserve mieux ; aussi se trouve-t-on bien de ne la nettoyer que lorsqu'elle a atteint le degré de dessiccation convenable, et qu'on veut la vendre ou la livrer au moulin. Jusqu'alors, on l'étend en couches minces dans le grenier, et on la remue fréquemment dans les premiers temps.

Lorsque ces graines ont perdu ainsi l'excès d'eau qu'elles renferment, leur tissu se divise plus facilement ; c'est alors seulement qu'il est avantageux d'en extraire l'huile. Lorsque ce produit n'est pas destiné à l'alimentation, mais à l'éclairage ou aux arts industriels, on peut hâter le moment favorable, en faisant subir aux graines une légère torréfaction. L'huile est alors obtenue en plus grande abondance ; mais elle contracte, surtout si les graines n'ont pas été torréfiées avec soin, une odeur et une saveur empyreumatiques, qui la rendent impropre aux usages alimentaires, et même malsaine. Dans tous les cas, la graine est soumise à l'action de la meule; et enfin, on la presse pour en extraire l'huile.

L'huile de colza peut à la rigueur, quand elle est de bonne qualité, servir à l'alimentation, bien qu'elle soit peu estimée sous ce rapport : mais on l'emploie surtout pour l'éclairage et la fabrication des savons mous. Les tourteaux ou trouilles constituent un excellent engrais; on les emploie aussi avec avantage pour nourrir durant l'hiver les animaux domestiques.

On utilise aussi pour ce dernier usage les siliques dont on a retiré les graines, et même les fanes ou tiges sèches mélangées avec des légumes verts. On emploie plus généralement ces tiges pour servir de litière au bétail.

Le colza d'hiver est aussi cultivé comme plante fourragère. On le sème en juin ou en août, en place et à la volée. On le coupe quand il commence à fleurir; plus tard, les tiges seraient trop dures pour les bêtes à cornes, auxquelles cette plante fournit un excellent fourrage vert.

B. Chou-Navet (*B. campestris napo-brassica*). Racine renflée à chair compacte; feuilles radicales hispides dans leur jeune âge, plus tard presque glabres, lobées ou lyrées, d'un vert gai, à pétiole et nervures blancs ou légèrement lavés de rouge.

Cette race se subdivise en Chou-Navet proprement dit, appelé aussi Chou de Laponie, et quelquefois Turnep, et en Rutabaga, connu également sous le nom de Navet de Suède. Les variétés les plus estimées sont les suivantes :

Chou-Navet blanc. — Id. à collet rouge. — Chou Rutabaga. — Id. à collet vert. — R. de Laing. — R. de Skirving.

La culture de ces plantes est presque de tous points semblable à celle des choux-raves (*B. oleracea caulo-rapa*) dont nous avons parlé plus haut. Elles peuvent se conserver pendant longtemps, soit en terre, soit dans des celliers, et fournissent, par leurs racines et par leurs feuilles, une précieuse nourriture aux animaux domestiques.

C. Chou a faucher ou Chou a vaches (*B. campestris pabularia*). Feuilles larges et épaisses, assez semblables à celles du colza, longues, profondément lobées ou lyrées, hispides aux bords et sur les nervures, d'un vert assez intense, à pétioles blanchâtres; jets latéraux partant du collet de la racine.

Ce chou a l'avantage de pouvoir être fauché plusieurs fois dans l'année, néanmoins il est peu estimé, soit comme légume, soit comme fourrage.

3. Rave (B. rapa L.).

Cette espèce a produit un certain nombre de variétés, dont quelques-unes portent le nom de navets dans le langage populaire. Avec Mérat, Vilmorin et d'autres auteurs, nous réunirons sous la dénomination de Raves, toutes les variétés à racine arrondie ou aplatie. Voici, d'après M. Heuzé, les plus importantes de ces variétés.

Turnep hâtif de Hollande. — Navet blanc plat hâtif. — Rave d'Auvergne hâtive. — Rave du Limousin (rave turnep ou rabioule). — Navet de Norfolk (rouge, blanc et vert). — N. Border impérial. — N. globe. — N. jaune d'Écosse. — N. boule d'or.

Les Raves sont des plantes bisannuelles, qui demandent un climat très-tempéré et humide ou brumeux durant l'été. C'est surtout d'humidité qu'elles ont besoin ; aussi réussissent-elles bien sur les bords de l'Océan.

Elles préfèrent les terres légères, sablonneuses, soit pures, soit mélangées de sable ou de calcaire, fraîches et ameublies par trois labours suivis de hersages et de roulages. On peut les cultiver de trois manières, soit comme culture spéciale ou sur jachère, soit comme culture dérobée, intercalaire ou sur chaumes, soit enfin avec abris.

Dans le premier mode, les semailles se font à la volée ou en lignes, soit sur billons, soit à plat. Les terres doivent être profondément ameublies et fortement fumées, si l'on veut obtenir des récoltes abondantes et assurées. D'après des expériences faites en Angleterre, les meilleurs engrais sont le fumier, le guano, les os en poudre ou concassés.

En France, on sème les Raves dans le courant de juillet ou au plus tard dans les premiers jours d'août. Sous les climats plus septentrionaux, le semis se fait au moins un mois plus tôt. Il faut choisir, autant que possible, un temps couvert ou qui annonce des pluies très-prochaines.

Les semis en lignes se font à l'aide du semoir. Dans les semis à la volée, on enterre la graine avec la herse ou le rateau, suivant l'étendue ensemencée ; quelquefois même par un léger labour, dans les terres légères sujettes à se dessécher en été.

Cette opération est ordinairement suivie d'un roulage, si le temps est sec. En Angleterre, le roulage est regardé comme indispensable quand les plantes commencent à végéter.

Lorsque celles-ci ont environ 0^m,10 de hauteur, on donne un premier binage, qui est suivi d'un second deux ou trois semaines après. En même temps, on éclaircit pour enlever les plants superflus. Enfin, on butte, une quinzaine de jours plus tard.

C'est vers la fin d'octobre ou au commencement de novembre que les Raves sont arrivées à leur entier développement; on les fait alors consommer sur place par les moutons, ou bien on les arrache et on les conserve pour l'hiver.

La culture dérobée ou sur chaumes est plus économique, mais moins productive que la précédente; elle a toutefois l'avantage de pouvoir être intercalée entre deux céréales, l'une d'hiver, l'autre de printemps. On choisit dans ce cas de préférence les variétés hâtives. Aussitôt après que la céréale d'hiver a été enlevée, on se hâte de déchaumer, de herser et de semer les Raves à la volée. Cette dernière opération est suivie d'un hersage, et, si le temps est sec, d'un roulage. Les soins d'entretien consistent en sarclages à la main et éclaircissages à la herse. La récolte se fait à la même époque et de la même manière que dans le mode précédent.

La culture avec abris se pratique dans l'ouest de la France. On sème les Raves en juin en même temps que le sarrasin et sur le même sol. La végétation vigoureuse du sarrasin protège les Raves, qui n'ont pas besoin de soins de culture. On récolte les deux plantes ensemble, en septembre ou octobre. Toutefois les racines ainsi obtenues sont moins volumineuses que dans les autres modes.

La Rave ne se recommande pas seulement comme plante fourragère. Elle entre aussi dans la nourriture de l'homme, et ses graines fournissent une huile, appelée *huile de ravette*, et confondue dans le commerce avec l'huile de navette.

4. Navet (*B. napus* L.).

On rapporte à cette espèce, très-voisine de la précédente, toutes les variétés à racine allongée, ovoïde ou fusiforme. Elle renferme aussi une variété oléifère.

A. *Navet* proprement dit (B. *napus esculenta*). Les variétés de Navets, qu'il ne faut pas confondre avec les choux-navets, décrits plus haut, sont assez nombreuses, surtout dans les jardins maraîchers. Mais deux seulement jouent un rôle assez important dans la grande culture, comme plantes fourragères. Ce sont le Navet rose du Palatinat, et le Navet d'Alsace, appelé aussi Navet long de campagne ou Navet gros de Berlin.

Tout ce qui concerne la culture et la récolte des raves (voir ci-dessus) s'applique aussi aux Navets.

On cultive dans l'ouest de la France une variété appelée *nabusseau* ou *navisseau*, dont les racines et les tiges fournissent aux bêtes à cornes le premier fourrage vert du printemps. On le sème à la volée, dans la première quinzaine de septembre. Dès la fin de février, et jusque dans le courant d'avril, en général dès que les premières fleurs s'épanouissent, on procède à l'arrachage des racines.

Plusieurs agronomes recommandent encore, comme propres à entrer dans la grande culture, les Navets de Freneuse, de Martot, des Sablons, gris de Marigny, de Meaux, des Vertus, etc.

B. NAVETTE (*B. napus oleifera*). Cette variété, à laquelle on donne souvent à tort le nom de Colza, se distingue de cette dernière plante par ses feuilles radicales d'un vert foncé, rudes au toucher, et par ses siliques dressées contre la tige. Cultivée quelquefois comme plante alimentaire ou fourragère, elle l'est surtout pour la production de l'huile. Moins productive que le colza, elle a l'avantage d'être aussi moins difficile et plus accommodante sur la nature et la richesse du sol. Elle supporte, mieux que le colza, les climats secs et les situations élevées, et préfère les sols légers, calcaires ou sableux, mélangés d'argile.

Sa culture est, du reste, à peu près la même. Le sol doit être ameubli par deux labours et par des hersages. On sème toujours à la volée, aussitôt après la récolte des céréales. On recouvre la graine par un hersage, puis on passe le rouleau pour plomber le sol. On sarcle, on éclaircit, on bine comme à l'ordinaire. La récolte se fait en juin ou en juillet, suivant la latitude.

L'huile de navette, quand elle est fraîche, peut servir aux usages culinaires; mais généralement on l'emploie pour l'éclairage, l'apprêt des laines et la fabrication des savons verts. Le tourteau est utilisé, soit pour nourrir les animaux domestiques, soit pour engraisser les terres.

5. Chou précoce (*B. præcox* D. C.).

Cette espèce a reçu aussi les noms de Navette d'été, de Colza d'été et de Quarantaine. C'est une plante annuelle, à feuilles glabres et glauques et à siliques dressées. Plusieurs auteurs la regardent comme une simple variété de la précédente. Sa graine est plus petite, et la plante est moins productive. Le seul avantage que présente cette espèce, c'est de pouvoir, grâce à la rapidité de sa végétation, qui s'achève ordinairement en soixante-dix jours, remplacer au printemps les autres plantes oléagineuses, lorsqu'elles ont manqué, en tout ou en partie, soit par la rigueur de l'hiver, soit pour tout autre cause. Elle peut aussi, d'après MM. Girardin et Du Breuil, être substituée aux céréales de printemps et recevoir le semis de trèfle. On la sème depuis avril jusqu'en juillet. Sa culture et sa récolte sont celles de la navette ordinaire.

6. Chou de Chine (*B. Sinensis* L.)

Ce chou, appelé aussi Pé-tsaï, parait former une espèce intermédiaire entre le chou commun et le navet. Il ressemble, quand il est bien développé, plutôt à une grosse laitue romaine qu'à un chou. Il est du reste très-variable dans ses caractères. Indiqué d'abord comme bisannuel, il s'est toujours montré, d'après M. Vilmorin, avec une végétation annuelle ; des semis faits en été montent et quelquefois mûrissent leur graine dans la même saison.

Genre II. *Moutarde.*

Sinapis L.

Plantes annuelles, bisannuelles ou vivaces, plus ou moins velues. Fleurs jaunes, en grappe. Calice à sépales ordinairement étalés. Silique linéaire ou oblongue, presque cylindrique, à valves convexes, marquées de trois ou cinq nervures longitudinales, droites et saillantes. Graines globuleuses.

Ces plantes sont généralement répandues dans les moissons, et quelques-unes sont cultivées en grand.

La Moutarde blanche (*S. alba* L.), appelée aussi Moutardon ou Herbe au beurre, est une plante annuelle, susceptible d'être cultivée dans toutes les contrées de l'Europe. Elle végète bien dans les terres calcaires mélangées d'argile ou de sable, dans les terrains d'alluvion et même dans les sols siliceux. On la fait succéder ordinairement au froment ou à l'avoine. Elle le sème dans le courant du mois de juillet et d'août, et le semis est suivi d'un hersage. La récolte se fait, si l'on cultive la moutarde blanche comme plante fourragère, lorsqu'elle commence à fleurir, et si l'on a eu soin de faire des semis espacés de quinze en quinze jours, cette récolte peut se prolonger depuis la fin d'août jusqu'en novembre. Quelquefois on la fait consommer sur place par les bêtes à cornes, auxquelles elle convient particulièrement, surtout aux vaches, qui, sous l'influence de cette nourriture, donnent beaucoup de lait et de beurre.

La Moutarde blanche est aussi cultivée comme plante oléagineuse ; mais, pour donner de beaux produits, elle exige une terre substantielle, bien préparée et surtout bien fumée. On sème dans les premiers jours d'avril, soit à la volée, soit en lignes. On éclaircit et on bine comme à l'ordinaire. La récolte se fait dès ques les tiges commencent à jaunir, avec les précautions que nous avons indiquées pour le colza. L'huile de moutarde se prépare aussi de la même manière, et demande les mêmes soins ; cette huile est douce ; on l'emploie surtout pour l'éclairage, l'apprêt des laines et des cuirs, etc.

Les feuilles de cette plante se mangent quelquefois en salade ou en guise d'épinards. Les graines servent à la préparation du condiment bien connu sous le nom de Moutarde.

La Moutarde noire ou Sénevé (*S. nigra* L., *Brassica nigra* Koch), est susceptible des mêmes usages que la précédente, mais surtout du dernier que nous avons cité, et en vue duquel on la cultive en grand dans plusieurs localités. Elle demande un sol meuble, substantiel, frais en été, bien ameubli par deux labours suivis chacun d'un hersage. On sème vers la fin de mars, soit à la volée, soit en rayons. Le semis est suivi d'un hersage et d'un roulage. On donne deux binages et deux éclaircissages dans le cours de la végétation. La récolte se fait dès que les tiges commencent à jaunir, avec les mêmes soins que pour les crucifères oléagineuses.

La Moutarde sauvage ou Sanve (*S. arvensis* L.) possède des propriétés analogues à celles des espèces précédentes, mais à un degré plus faible. Elle est très-commune dans les moissons et devient souvent nuisible par son abondance. On a proposé de la cultiver comme plante oléagineuse. Les vaches et les moutons la broutent, sans la rechercher.

GENRE III. *Radis.*

Raphanus L.

Plantes annuelles ou bisannuelles, plus ou moins velues. Fleurs violacées, jaunâtres ou blanches, marquées de veines plus foncées. Calice à quatre sépales dressés, les deux antérieurs bossués à la base. Silique oblongue ou conique, renflée, spongieuse, charnue, indéhiscente, souvent moniliforme et partagée transversalement en plusieurs articles monospermes, terminée par un long bec conique. Graines globuleuses.

Le Radis cultivé (*R. sativus*), que l'on regarde généralement comme originaire de la Chine, occupe aujourd'hui une large place dans les cultures maraîchères.

Le Radis sauvage (*R. raphanistrum* L.) ou Ravenelle, est une plante annuelle, très-commune dans les moissons. On le confond souvent avec la moutarde sauvage, dont il se distingue par les fleurs blanchâtres et ses siliques charnues. On peut du reste lui appliquer tout ce que nous avons dit de cette dernière plante.

GENRE IV. *Arabette.*

Arabis L.

Plantes annuelles, bisannuelles ou vivaces, à fleurs ordinairement blanches. Calice à quatre sépales connivents, les deux extérieurs bossués à la base. Ovaire surmonté d'un style très-court ou presque nul et d'un stigmate entier. Silique longue, dressée, linéaire, à valves munies d'une nervure longitudinale saillante.

L'Arabette de Thalius (*A. thaliana* L.) est une plante annuelle, commune en Europe. Elle croît dans les terrains sablonneux les plus secs et les plus arides, à tel point que les agriculteurs regardent la présence de cette plante comme un des indices les plus sûrs de la pauvreté du sol. Elle n'est mangée que par les moutons.

L'Arabette perfoliée (*A. perfoliata* Lam., *Turritis glabra* L.) est bisannuelle. Les vaches, les chèvres et les moutons broutent cette plante, et sa fleur est recherchée par les abeilles.

Genre V. *Alliaire.*
Alliara Adans.

Plante vivace, à fleurs blanches, en grappes. Calice à sépales dressés. Silique linéaire, à valves convexes, un peu bosselées, marquées de trois nervures saillantes. Graines oblongues, tronquées, striées longitudinalement.

L'Alliaire commune (*A. officinalis* D.C., *Hesperis alliaria* L.) est une plante bisannuelle, commune dans les bois, les haies, les lieux herbeux, humides et ombragés. Ses feuilles exhalent, quand on les froisse, une odeur alliacée qui se communique au lait et au beurre des vaches qui en mangent. Cette propriété, jointe à sa maigre végétation, empêche de la cultiver comme fourrage. Elle est employée en médecine.

Genre VI. *Cresson.*
Nasturtium R. Brown.

Plantes herbacées, le plus souvent vivaces, à fleurs jaunes ou blanches. Calice à quatre sépales étalés. Stigmate à deux lobes peu marqués. Silique cylindrique, linéaire, à valves convexes. Graines comprimées.

Le Cresson officinal (*N. officinale* R. Brown, *Sisymbrium nasturtium* L.) est une plante vivace, à tiges radicantes et à fleurs blanches. Elle croît en abondance dans les eaux courantes ou stagnantes, et on la cultive en grand dans quelques localités. Elle a produit plusieurs variétés ou races, dont la plus estimée est le Cresson Billet ou de Gonesse.

La culture du cresson a lieu dans des fosses ou cressonnières artificielles, séparées par des plates-bandes qui servent à l'exploitation. Quand ces fosses sont établies, et avant la plantation, on imprègne d'humidité la terre du fond en y faisant arriver de l'eau qu'on laisse écouler au bout de quelques heures.

« La plantation, dit M. Ad. Chatin, dans un excellent travail sur le Cresson, se fait en jetant par touffes ou petites poignées le plant qu'on a enlevé, autant que possible avec ses racines, dans des fosses anciennes..... Après quatre ou cinq jours, le cresson a pris racine et se redresse ; alors on donne à la fosse de l'eau jusqu'à une hauteur de

0ᵐ,06 ; cinq ou six jours plus tard, on fume abondamment en pressant avec un instrument en bois nommé *schuèle*, et l'on élève, pour l'y maintenir, l'eau à une hauteur de 0ᵐ,12.

« On peut aussi avoir recours à des semis faits sur le fond vaseux de la fosse ; mais cette méthode, qui peut conduire à la création de bonnes races, expose à des dégénérescences et fournit tardivement ses produits. »

On récolte la plante quand elle est bien garnie de feuilles, mais avant que les boutons floraux n'apparaissent, à moins qu'elle ne soit destinée aux usages médicinaux, auquel cas la récolte se fait au moment de la floraison.

Aussitôt après, on fume le fond de la fosse, on refoule les plantes soulevées, et on passe le rouleau pour les raffermir. Les fosses doivent d'ailleurs être replantées chaque année.

Le Cresson est fréquemment employé en économie domestique, soit comme aliment, soit comme condiment. Il jouit en médecine de propriétés actives et justement réputées, qui lui ont valu le nom populaire de *santé du corps*.

SECTION II. SILICULEUSES.

GENRE VII. *Cameline.*

Camelina Crantz.

Plantes annuelles plus ou moins velues. Fleurs jaunâtres. Calice à quatre sépales égaux. Silicule ovoïde, pyriforme, un peu comprimée, à valves très-convexes, terminée par le style persistant, divisée, par une cloison large, en deux loges qui renferment plusieurs graines ovoïdes.

La Cameline commune (*C. sativa* Crantz, *Myagrum sativum* L.) (Pl. 6), originaire d'Asie, est aujourd'hui cultivée et naturalisée dans une grande partie de l'Europe. Sa végétation, qui s'accomplit en trois mois, fait qu'on peut l'introduire avec avantage dans les assolements, pour remplacer les récoltes d'hiver ou de printemps détruites par une cause quelconque.

La cameline préfère les climats humides et brumeux. Peu exigeante sur la nature du sol, elle vient mieux néanmoins dans les terrains légers, sableux ou sablo-argileux.

Le sol étant préparé par deux labours et un hersage, on sème, dans les mois de mai ou de juin, à la volée, après avoir eu le soin de mélanger avec du sable la graine, qui est très-fine. Il n'y a plus ensuite qu'à éclaircir les plants dans les endroits où ils sont trop serrés, et à sarcler en même temps.

La récolte a lieu lorsque les silicules commencent à jaunir. Dans quelques localités, on coupe les plantes avec la faucille; dans d'autres, on les arrache simplement. Pour la fabrication de l'huile, elle est analogue de tout point à celle de l'huile de colza.

L'huile de cameline, appelée aussi par corruption *huile de camomille*, est préférée pour l'éclairage à celle de colza, parce qu'elle donne moins d'odeur et moins de fumée ; mais elle lui est inférieure pour le dégraissage des laines. On s'en sert aussi pour la peinture et pour la fabrication des savons noirs. Elle exhale, quand elle est fraîche, une odeur d'ail, qu'elle ne tarde pas à perdre.

Les graines peuvent encore servir à la nourriture des animaux domestiques et des oiseaux de basse-cour.

Le tourteau, inférieur à celui de colza, est néanmoins préféré comme engrais dans plusieurs localités, où on lui attribue la propriété d'éloigner les insectes par son odeur alliacée.

La plante verte constitue un bon fourrage.

On peut extraire des tiges une filasse propre à fabriquer des tissus. La cameline est néanmoins peu usitée sous ce rapport, parce qu'on possède d'autres plantes qui lui sont supérieures. On se contente ordinairement d'utiliser ces tiges pour faire des balais, pour couvrir les chaumières ou pour chauffer les fours.

Genre VIII. *Cranson.*

Cochlearia L.

Plantes bisannuelles ou vivaces, à fleurs blanches. Calice à quatre sépales un peu étalés. Silicule ovoïde, oblongue ou arrondie, à valves très-convexes, terminée par le style persistant, divisée, par une large cloison, en deux loges qui renferment chacune plusieurs graines comprimées.

Le Cochléaria ou Cranson officinal (*C. officinalis* L.) est une plante vivace, qui croît dans le nord de l'Europe, sur les bords de la mer, dans les lieux humides. Elle est employée en économie domestique, comme salade ou condiment, et en médecine, comme un excellent antiscorbutique. Les bestiaux recherchent beaucoup cette plante, mais leur chair et leur lait en contractent une saveur désagréable.

Le Cran ou Cranson de Bretagne (*C. armoracia* L.) est quelquefois appelée Grand Raifort sauvage. Il croît dans les lieux humides, au bord des ruisseaux, et sert aux mêmes usages que l'espèce précédente. Sa racine râpée sert à assaisonner les viandes ; on l'appelle *Moutarde de capucin*.

Genre IX. *Thlaspi.*

Thlaspi L.

Plantes annuelles, bisannuelles ou vivaces, à fleurs blanches. Silicule comprimée latéralement, échancrée au sommet, à cloison étroite, à valves carénées sur le dos, souvent ailées. Loges renfermant un petit nombre de graines ovoïdes.

Les plantes de ce genre sont communes sous nos climats. Elles croissent dans les champs, les lieux cultivés, au bord des chemins.

Le Thlaspi des champs (*T. arvense* L.), vulgairement appelé *Monnoyère*, est une plante annuelle, glabre, à odeur alliacée, très-commune dans les champs sablonneux. Les bestiaux le mangent, sans le rechercher. Si cette nourriture est continuée pendant quelques jours, elle communique un mauvais goût à la chair, au lait, au beurre et au fromage. Ses graines ont une saveur âcre, alliacée, et sont employées en médecine. Quand cette plante est abondante, il y a avantage à l'enterrer comme engrais vert ou à l'arracher pour en faire du fumier.

Le Thlaspi bourse à berger (*T. bursa pastoris* L., *Capsella bursa pastoris* Mœnch) est une des plantes les plus abondamment répandues partout. Tous les bestiaux, notamment les moutons, la recherchent, et dans plusieurs localités on la recueille pour la donner aux vaches. Ses graines servent à la nourriture des oiseaux.

Les Thlaspis sauvage (*T. campestre* L., *Lepidium campestre* R. Brown) et velu (*T. hirtum* L.) présentent des propriétés analogues à celles des précédents.

Les graines de plusieurs Thlaspis sont assez riches en huile pour que plusieurs agronomes aient conseillé de les recueillir, ou même de cultiver ces plantes comme oléagineuses.

Genre X. *Pastel.*
Isatis L.

Plantes bisannuelles, à feuilles entières et à fleurs jaunes. Calice à quatre sépales étalés. Silicule oblongue, comprimée, ailée, indéhiscente, uniloculaire par l'avortement de la cloison, et renfermant une seule graine oblongue.

Le Pastel des teinturiers (*I. tinctoria* L.), vulgairement appelé Guède ou Vouède (Pl. 7) croît dans plusieurs parties de l'Europe. Il se recommande à l'attention des agriculteurs, comme plante à la fois fourragère et tinctoriale.

Le pastel est très-rustique ; il supporte les froids les plus rigoureux, et s'accommode des sols les plus pauvres. Cependant il donne de meilleurs produits dans les terrains calcaires.

Lorsqu'on cultive cette plante comme fourrage, on sème à la fin de l'hiver ou au commencement du printemps. Dans les terrains frais, on peut même faire cette opération en mai et juin. Les semis d'automne ne réussissent que dans les sols fertiles. On sème à la volée, et l'on recouvre la graine par un hersage.

On peut faire pâturer le pastel sur place par les bêtes ovines pendant les mois de février et de mars, ou bien le faucher dès les premiers jours du printemps, lorsque les tiges commencent à monter. On obtient alors, en mai, une seconde pousse.

Le pastel n'est sans doute pas la plus productive des plantes fourragères ; mais il a l'avantage de végéter l'hiver, et de fournir ainsi un excellent fourrage vert dès le premier printemps.

Si l'on cultive le pastel comme plante tinctoriale, on doit choisir une terre calcaire, meuble, profonde, riche et bien exposée au midi. Après deux labours, suivis chacun d'un hersage, on sème la graine, au printemps, ou mieux à l'automne, soit à la volée, soit de préférence en lignes. On donne les sarclages et les binages nécessaires, et, quand la sécheresse est trop forte, il est bon d'irriguer, si l'on a de l'eau à sa disposition.

Dès que les bords des feuilles présentent une teinte violette, on coupe celles-ci avec une faucille et par un temps sec ; cette cueillette peut se renouveler jusqu'à cinq fois dans le courant de la saison, du moins sous le climat du midi. On fait subir ensuite aux feuilles diverses préparations pour en retirer la matière tinctoriale qui constitue le *pastel* du commerce.

GENRE XI. *Crambé.*

Crambe Tourn.

Plantes vivaces, à fleurs blanches ou pourprées. Calice à quatre sépales étalés. Filets des quatre grandes étamines présentant sous leur sommet une longue dent. Stigmate pelté, odinairement sessile. Silicule indéhiscente, à deux articles superposés, l'inférieur stérile, le supérieur ovoïde ou globuleux, uniloculaire, renfermant une seule graine arrondie et lisse.

Le Crambé maritime (*C. maritima* L.), vulgairement appelé chou marin, est abondamment répandu sur les plages sablonneuses maritimes de l'Europe centrale et septentrionale. Ses longues racines traçantes doivent le faire admettre au nombre des plantes propres à fixer les sables. Tous les animaux domestiques mangent ses feuilles. Le crambé est cultivé dans les jardins maraîchers, pour ses jeunes pousses. Cette plante se propage facilement par ses graines, semées au printemps sur un sol léger et sablonneux, ou par les éclats de ses racines.

GENRE XII. *Bunias.*

Bunias L.

Plantes annuelles ou vivaces, velues, à fleurs jaunes. Calice à sépales un peu étalés. Silicule indéhiscente, ovoïde ou tétragone, terminée par le style persistant, à deux loges souvent subdivisées chacune par une fausse cloison en deux loges secondaires monospermes.

Le Bunias d'Orient (*B. Orientalis* L.) (Pl. 8) est vivace et croît en Asie Mineure. Cette plante, très-rustique, croît chez nous en pleine terre, et s'accommode de tous les sols. Thouin la recommande pour les terres destinées à rester en jachère après avoir porté une avoine ; on doit alors semer clair, sur un labour. On la propage aussi par rejetons. Le bunias d'Orient craint bien plus l'humidité que la sécheresse. Son accroissement rapide et précoce, sa vigueur, sa longue durée, le développement abondant de ses feuilles, leur bonne qualité en font un excellent fourrage de printemps. Les moutons les mangent volontiers; les vaches, qui la refusent d'abord à l'état frais, s'y habituent facilement.

Le Bunias fausse-roquette (*B. erucago* L.) vulgairement Masse à bedeau, est annuel, et fournit un fourrage peu abondant, mais d'assez bonne qualité. Il est anti-scorbutique.

Le Caquilier (*B. Cakile* L., *Cakile maritima* Scop.), plus connu sous le nom de Roquette de mer, est une plante annuelle, commune sur les plages maritimes, où elle contribue à la bonté des pacages.

FAMILLE VIII. Capparidées.

Cette famille présente la plus grande affinité avec la précédente, tant par ses caractères que par ses propriétés. Comme les crucifères, les Capparidées possèdent un principe volatil, âcre et stimulant, qui les rend excitantes et antiscorbutiques. Les genres qui la composent appartiennent en général aux régions chaudes du globe; plusieurs sont cultivées dans nos jardins. Le genre qui donne son nom à cette famille est représenté dans la Flore de l'Europe méridionale.

GENRE I. *Câprier.*

Capparis L.

Arbrisseaux sarmenteux, à feuilles simples, souvent munies de stipules épineuses. Fleurs solitaires, axillaires. Calice à quatre sépales caducs. Corolle à quatre pétales grands et inégaux, les deux inférieurs concaves et comme bossus à la base. Étamines très-nombreuses, saillantes. Ovaire porté sur un podogyne très-long. Style très-court. Fruit charnu, stipité, obtus, renfermant de nombreuses graines éparses dans sa pulpe.

Le Câprier épineux (*C. spinosa* L., *C. sativa* Persoon) (Pl. 9) est originaire de l'Orient. Il croît sur les côtes de l'Asie Mineure, dans les îles de l'Archipel, dans les plaines et dans les fentes des rochers voisins de la mer. Introduit aux environs de Marseille par les Phocéens, il est aujourd'hui répandu dans le midi de la France et sur les bords du bassin Méditerranéen.

Le câprier ne présente qu'un petit nombre de variétés. Voici celles que l'on cultive dans le midi de la France.

Câpre ronde. — C. capucine. — C. plate. — C. tarrenque.

Le câprier sans épines, considéré par plusieurs botanistes comme une espèce distincte, ne présente pas l'inconvénient qui rend si pénible et si difficile la récolte des câpres. On ne saurait donc trop le recommander aux cultivateurs.

Arbuste des régions montagneuses, le câprier demande une exposition chaude, très-éclairée et bien abritée. On a observé que dans les plaines, surtout dans celles qui sont sujettes aux gelées, il végète moins bien, pousse plus tard, cesse plutôt de donner des bourgeons et périt plus fréquemment. C'est surtout sous le climat de Paris qu'il faut soigneusement choisir l'exposition, bien que le câprier y supporte des gelées assez fortes.

Cet arbuste n'est pas difficile sur le choix du sol; il croît dans les terrains les plus arides, et même sur les murs. Il préfère toutefois un sol léger, profond, substantiel, bien fumé et bien travaillé, susceptible d'être arrosé en été, mais ne retenant pas l'humidité pendant l'hiver; c'est là qu'il donne les meilleures récoltes. La présence des pierres, loin d'être un désavantage, favorise au contraire beaucoup sa végétation, car elle forme un drainage naturel qui facilite l'écoulement de l'eau surabondante.

Il est rare de trouver des terrains exclusivement consacrés au câprier. Le plus souvent on plante cet arbuste le long des chemins, sur la limite des terres, quelquefois dans les jardins, jamais bien loin des habitations, à cause des soins journaliers qu'exige la récolte. Sa rusticité permet d'utiliser par sa culture les terrains pierreux, où presque aucune autre plante ne pourrait venir. Toutefois, il y a des inconvénients à la planter sur les murs, quelque peu de soins que demande cette culture. Les racines ne trouvent pas toujours entre les pierres un aliment suffisant. De plus, les branches supérieures, en retombant sur les inférieures, privent celles-ci de la salutaire influence du soleil, et diminuent ainsi l'abondance des récoltes.

On multiplie le câprier de plusieurs manières.

1° *Semis*. On sème au printemps, dans une terre bien exposée et bien travaillée. Les jeunes plantes, repiquées en pépinière la seconde année, sont mises en place à la quatrième. C'est seulement à l'âge de sept ou huit ans que les câpriers venus de graine commencent à donner des produits passables.

2° *Éclats.* Au printemps, avant le développement des nouvelles pousses, on découvre la partie supérieure des souches, celle d'où doivent sortir les bourgeons; puis, avec un instrument tranchant, on enlève, de préférence dans les endroits qui font saillie, des morceaux de $0^m,02$ à $0^m,03$ en carré, en ayant soin de ne pas faire de plaies trop larges et d'endommager le moins possible l'écorce; puis on recouvre de terre les souches. Les éclats sont mis en pépinière; l'année suivante, ils sont assez forts pour être mis en place, et dès la troisième ou la quatrième année, ils donnent d'abondantes récoltes.

Les plaies faites à la souche-mère se referment dans l'année, et la production ne s'en ressent nullement, si l'on a pris les précautions indiquées. Mais si l'on a négligé ces précautions, comme on ne le fait que trop souvent, les pieds souffrent, donnent des récoltes moindres, et finissent par succomber.

3° *Boutures.* En automne, on coupe les tiges les plus belles, les plus vigoureuses et les mieux aoûtées; on les divise en tronçons de $0^m,33$ de longueur, que l'on plante en pépinière, dans un sol semblable à celui des semis. On les place à la distance de $0^m,12$, sur des lignes espacées elles-mêmes de $0^m,30$, et on les enfonce de manière à ce qu'il y ait seulement $0^m,08$ à $0^m,10$ hors de terre.

Pour parer aux chances d'insuccès, on met quelquefois dans le même trou deux boutures, que l'on greffe par approche si elles reprennent toutes deux, et l'on obtient ainsi des pieds très-vigoureux. Les boutures, recouvertes de feuilles sèches ou de fougère pendant l'hiver, sont mises à demeure la deuxième, ou, au plus tard la troisième année, et, deux ans après, elles donnent d'assez bons produits. Quelquefois aussi ces boutures sont faites au printemps.

4° *Rejetons enracinés* ou *marcottes par cépée.* Ce procédé, fort usité dans le midi, consiste à butter les pieds, au printemps, avec de la terre bien amendée. Les pousses qui traversent cette couche de terre s'enracinent, en même temps qu'elles s'aoûtent, dans le cours de l'été. On les sépare à l'automne pour les repiquer en pépinière, où elles restent un an; après quoi on les plante à demeure. On pourrait aussi séparer les rejetons au printemps, après avoir butté les souches à l'automne, un peu plus haut qu'on ne le fait d'ordinaire;

les racines se développeraient dans le cours de l'hiver, et la reprise en serait plus assurée.

5° *Marcottes.* En février dans le Midi, et en mars sous les climats plus froids, en un mot dès que les fortes gelées ne sont plus à craindre, on peut faire des marcottes par étranglement, que l'on sèvre lorsqu'elles sont enracinées, pour les repiquer en pots, sur couche tiède, à l'ombre.

Les arrosements doivent être très-modérés et cesser aussitôt que les marcottes ont repris, ce que l'on reconnaît quand on les voit commencer à verdir.

Quel que soit le mode de propagation adopté, le terrain où les câpriers seront plantés à demeure doit être défoncé uniformément à 0^m,50 de profondeur. Si l'on plante en quinconce, disposition la plus usitée, on espace les pieds à 3 mètres dans les terrains les plus fertiles, à 2 mètres seulement dans les terres légères et sèches. On arrose immédiatement après la plantation. En automne, on coupe les tiges à 0^m,12 ou 0^m,15 de la souche, et l'on recouvre celle-ci d'une butte conique de terre de 0^m,20 à 0^m,25 de hauteur.

En février ou mars, suivant les climats, on découvre les souches et on coupe les restes des tiges ; on donne alors à tout le terrain un labour à la charrue ou à la houe, et l'on enterre en même temps la fumure destinée à maintenir aux arbustes leur vigueur. On emploie surtout dans ce but les chiffons de laine, bien que tous les engrais conviennent au câprier.

Vers la fin d'avril, on donne un binage, suivi autant que possible d'un arrosement. Les nouvelles pousses ne tardent pas à se développer ; il est bon alors d'en supprimer quelques-unes. La végétation des autres en devient plus vigoureuse et plus prolongée, et l'on obtient ainsi un plus grand nombre de boutons à fleurs.

Dans le nord, on place toujours les câpriers en espalier, soit contre un mur ou une terrasse, à l'exposition du midi ou du levant, soit le long d'une serre ou d'un bâtiment chauffé à l'intérieur. On arrose très-modérément. A l'automne, on coupe les tiges à la longueur de 0^m,10, et l'on recouvre les pieds avec de la fougère et de la paille.

Il y aurait tout avantage à palisser ainsi les câpriers dans le Midi ; cela ne se fait néanmoins nulle part. Rozier insiste avec raison sur l'utilité de cette pratique ; la dépense qu'elle occasionnerait serait certainement bien compensée par les avantages nombreux qu'elle présente.

Le câprier jouit d'une longévité extraordinaire; il ne périt que par les grandes sécheresses ou par les grands froids. M. Ch. Martins a fait sur ce dernier point, au Jardin des Plantes de Montpellier, des observations précises; il en résulte que le câprier, cultivé en plein air, loin de tout abri, succombe à un froid de — 8°, tandis qu'au sud d'un mur ou d'un bâtiment, il est atteint jusqu'aux racines par un froid de — 16°, mais qu'il repousse vigoureusement du pied. Il faut tenir compte de l'humidité du sol, plus nuisible peut-être à cet arbuste que les gelées. Le câprier craint la sécheresse; mais il est rarement attaqué par les insectes.

Vers la fin de juin, les câpriers commencent à fleurir. A partir de cette époque jusque vers la fin de septembre, on va tous les huit jours d'abord, puis tous les trois ou quatre jours, enfin tous les jours, cueillir les boutons. Des femmes et des enfants sont chargés de cette opération, qui se fait dans la matinée. Ces boutons appelés *câpres*, doivent être cueillis, autant que possible, quand ils ont tout au plus un demi-centimètre de diamètre, dès que le duvet cotonneux qui les couvre à leur naissance a disparu ; on a soin de couper le moins qu'on peut du pédoncule.

M. Du Breuil estime le produit moyen d'un câprier à deux kilogrammes, et le produit maximum à 4 kilogrammes de boutons. Mais M. de Gasparin cite des pieds qui en ont porté jusqu'à 13 kilogrammes.

Les boutons qu'on a laissés sur la plante continuent à grossir ; ils atteignent jusqu'à 0^{m},01 et plus avant de s'épanouir ; mais ils perdent, en grossissant, de leur valeur commerciale.

En cueillant les câpres on détache chaque fois les fleurs épanouies et les fruits, afin de favoriser la formation de nouveaux boutons.

Les câpres recueillies sont apportées à la maison et jetées dans un tonneau rempli de vinaigre fort et un peu salé ; s'il était faible, elles deviendraient molles et pâles, et seraient moins estimées. On ajoute chaque fois la dernière récolte, en mettant un peu de vinaigre, de manière que les câpres soient toujours recouvertes.

Lorsque le tonneau est plein, on vend les câpres aux marchands qui les trient d'après leur grosseur et leur qualité, et en font les cinq sortes suivantes, en commençant par les plus petites qui sont les plus estimées : *nonpareille*, *capucine*, *capotte*, *seconde et troisième*. Ce triage se fait au moyen de cribles en fer-blanc dont les trous sont de divers calibres.

On peut conserver les câpres pendant cinq ou six ans, si l'on a soin de les placer dans un endroit frais et de renouveler le vinaigre de temps en temps.

Les usages culinaires des câpres sont suffisamment connus ; on les emploie surtout pour relever la saveur de certains aliments dont elles facilitent la digestion. Elles excitent l'appétit ; mais il faut tenir compte de l'action du vinaigre dont elles sont imprégnées. La grosseur des câpres influe beaucoup moins sur leurs qualités culinaires que sur leur prix de vente.

Les fruits du câprier, appelés *cornichons de câpres*, se préparent, se conservent et s'emploient comme les boutons ; mais ils sont moins estimés, sauf toutefois celui de la câpre capucine que l'on prise, dans certaines localités, à l'égal de la câpre elle-même. Les jeunes pousses présenteraient sans doute des propriétés analogues ; mais on n'a pas encore, que nous sachions, essayé de les utiliser. Les câpres, ainsi que l'écorce de la racine du Câprier, sont quelquefois employées en médecine.

FAMILLE IX. Résédacées.

Cette petite famille habite surtout la région Méditerranéenne. Ses propriétés sont en général peu remarquables. Le genre qui lui donne son nom présente seul un certain intérêt pour le cultivateur.

Genre I. *Réséda.*

Reseda L.

Plantes annuelles ou bisannuelles. Fleurs blanchâtres ou jaunâtres. irrégulières. Calice de quatre à sept sépales inégaux, soudés à la base, persistants. Corolle de quatre à sept pétales inégaux, les supérieurs palmés, les inférieurs entiers et très-petits. Dix à trente étamines insérées sur un disque charnu oblique. Fruit capsulaire, uniloculaire, s'ouvrant au sommet et renfermant de nombreuses graines réniformes.

L'espèce la plus intéressante pour nous que renferme ce genre est la Gaude (*R. luteola* L.) (Pl. 10), appelée aussi Vaude ou Herbe à jaunir. Elle présente deux variétés : la Gaude d'automne et la Gaude de printemps, qui diffèrent seulement par l'époque à laquelle on les sème. La première est généralement préférée, comme étant plus productive, exigeant moins de soins et mûrissant plus tôt.

La Gaude peut croître sous tous les climats de la France et dans tous les sols ; elle préfère néanmoins les terres légères, argileuses, mélangées de sable ou de calcaire, ou même siliceuses.

La Gaude d'automne se sème en juillet ou en août, et celle de printemps en mars. Un seul labour suffit pour la préparation du sol. Comme la graine est très-fine, il faut la mélanger avec du sable pour la répandre uniformément. Les soins d'entretien se réduisent à un éclaircissage et à un ou plusieurs sarclages, suivant le besoin.

La récolte a lieu généralement vers la fin de l'été, lorsque les tiges commencent à passer du vert au jaune. On a soin de choisir pour cela un temps humide afin de pouvoir plus facilement arracher les plantes. Elles sont mises, aussitôt après la récolte, en javelles peu épaisses que l'on expose au soleil, en les retournant de temps en temps, de manière à obtenir une dessiccation rapide et complète. Quand celle-ci est terminée, ce qui a lieu au bout de trois à six jours, suivant le climat, on secoue légèrement les tiges sur un drap pour recueillir les graines ; puis on les lie en bottes que l'on conserve dans des greniers ou sous des hangars jusqu'au moment de la vente. La Gaude peut ainsi se garder très-longtemps si elle a été bien desséchée.

Les teinturiers rejettent les plantes qui ont conservé leur couleur verte et celles qui sont dépourvues de racine. Ce sont là deux préjugés regrettables, car les tiges vertes sont aussi riches que les autres en matière colorante, et ce principe est presque nul dans la racine.

On a conseillé de faucher la Gaude au lieu de l'arracher ; on aurait ainsi l'avantage d'obtenir une seconde récolte ; nous venons de voir le motif peu plausible qui s'oppose à l'adoption de cette pratique.

On a proposé aussi de semer cette plante dans les taillis récemment coupés, afin d'utiliser le sol de la coupe pendant la première année; mais, dans ce cas, les tiges ne se ramifieraient pas et auraient peu de valeur aux yeux des marchands.

La Gaude est, de toutes les plantes tinctoriales, celle dont la préparation commerciale exige le moins de frais, puisqu'il suffit de faire sécher les tiges et de les lier en bottes.

On retire des graines de cette plante une assez grande quantité d'huile bonne pour l'éclairage. On utilise les tiges de rebut en les faisant brûler pour en extraire de la potasse, ou en les transformant en engrais. Il ne paraît pas que la plante fraîche soit propre à la nourriture du bétail.

Le Réséda jaune (*R. lutea* L.) est une plante annuelle dont les tiges et les feuilles renferment aussi une matière colorante jaune, mais d'une qualité inférieure à celle de l'espèce précédente et en moindre quantité; aussi n'est-elle pas employée.

Le Réséda odorant (*R. odorata* L.) est cultivé dans les jardins, à cause du parfum agréable de ses fleurs.

FAMILLE X. Violariées.

Cette famille intéresse surtout l'horticulture par l'élégance ou le parfum de ses fleurs, et la médecine par ses propriétés adoucissantes, calmantes ou émétiques. Nous n'aurons à nous occuper ici que du genre dont elle tire son nom.

GENRE I. *Violette.*
Viola Tourn.

Plantes herbacées, annuelles ou vivaces. Fleurs solitaires à l'extrémité de pédoncules axillaires ou radicaux. Calice à cinq sépales prolongés à leur base au-dessous du point d'insertion. Corolle à cinq pétales étalés, inégaux, l'inférieur prolongé et creusé en éperon à sa base. Cinq étamines à filets très-courts, à anthères conniventes, terminées au sommet par un appendice membraneux. Style recourbé. Fruit capsulaire, uniloculaire, polysperme, s'ouvrant en trois valves.

La Violette odorante ou Violette de mars (*V. odorata* L., *V. suavis* Bieb., *V. martia* Schimp.) est une plante vivace, commune en

Europe dans les bois et les haies, où son odeur la fait aisément découvrir. Cultivée depuis longtemps dans les jardins, elle a produit des variétés assez nombreuses dont deux présentent un intérêt particulier, parce qu'elles sont cultivées en grand, dans certaines localités, pour les besoins de la parfumerie. Ce sont la Violette des quatre saisons et surtout la Violette de Parme.

Cette plante croît à peu près dans tous les sols, excepté dans ceux qui présentent un excès d'humidité ou de sécheresse. Un peu plus délicate que les autres variétés, la Violette de Parme gèle quelquefois en hiver sous le climat de Paris. Aussi doit-on la placer dans une terre très-saine, à une exposition chaude et abritée, autant que possible inclinée au midi.

On propage quelquefois la Violette par semis ; mais le plus souvent c'est par la division des pieds ou bien par les stolons ou coulants. La plantation se fait à toutes les époques de l'année, mais de préférence au printemps ou vers la fin de l'été. Dans les localités septentrionales, la Violette de Parme doit être abritée, en hiver, par des paillassons, de la fougère ou des châssis vitrés. Sous les climats plus chauds, ces précautions ne sont pas nécessaires. La floraison a lieu au printemps et à l'automne, et même en hiver, si on la soumet à la culture forcée.

Outre ses usages en parfumerie, la violette est usitée en médecine, et sa teinture est un réactif fréquemment employé.

Les animaux domestiques broutent volontiers cette plante, dont la fleur est recherchée par les abeilles.

Quelques autres espèces, telles que la Violette canine (*V. canina* L.), hérissée (*V. hirta* L.), tricolore ou pensée sauvage (*V. arvensis* L.), etc., communes dans les champs et les pâturages, sont aussi consommées par les bestiaux.

FAMILLE XI. Polygalées.

Les genres peu nombreux de cette famille sont disséminés dans les régions tempérées du globe, sans être nulle part très-abondants. Plusieurs d'entre eux fournissent à la matière médicale des toniques ou des astringents.

Genre-I. *Polygala*.

Polygala L.

Plantes vivaces, à feuilles lancéolées. Fleurs munies de bractées colorées caduques, réunies en grappes terminales. Calice à cinq sépales inégaux, les deux intérieurs (*ailes*) beaucoup plus grands, pétaloïdes, membraneux. Corolle caduque, à trois pétales inégaux, soudés en tube entre eux et avec les filets des étamines. Capsule oblongue ou ovoïde, échancrée au sommet, comprimée, entourée d'un rebord ailé, renfermant des graines oblongues, velues, noirâtres.

Le Polygala commun (*P. vulgaris* L.), appelé aussi Laitier ou Herbe au lait, facile à reconnaître à ses fleurs bleues, roses ou blanches, est très-commun le long des bois et dans les pâturages des montagnes, qu'il contribue à améliorer. Tous les animaux domestiques, notamment les vaches, les chèvres et les brebis, le recherchent avidement ; on lui a même autrefois attribué la propriété d'augmenter la production du lait. Il est aussi employé en médecine.

FAMILLE XII. Tamariscinées.

Répandue dans l'hémisphère nord de l'ancien continent, et particulièrement sur les bords du bassin Méditerranéen, cette famille renferme un petit nombre d'espèces dont plusieurs présentent un certain intérêt en agriculture.

Genre I. *Tamarix*.

Tamarix L.

Arbres ou arbrisseaux, à feuilles très-petites et squammiformes. Fleurs groupées en épis, dont l'ensemble forme une grande panicule terminale. Calice à quatre ou cinq divisions profondes. Corolle à quatre ou cinq pétales persistants. Quatre à dix étamines, à filets soudés à la base. Ovaire trigone, surmonté d'un style simple ou tripartit. Fruit capsulaire, trigone, à une seule loge polysperme.

Le Tamarix de France ou de Narbonne (*T. Gallica* L.) est abondamment répandu dans la partie occidentale du bassin Méditerranéen. Il croît au bord des cours d'eau, dans les lieux humides et marécageux, sur les plages maritimes, etc. On le voit végéter avec succès dans des conditions qu'aucune autre essence ne pourrait supporter. Aussi peut-on l'employer avantageusement pour utiliser et fixer les terrains sablonneux et mouvants abandonnés par les eaux, ainsi que pour s'opposer à l'action impétueuse des vagues ou aux débordements des rivières. On en fait de très-bonnes haies défensives.

D'une extrême rusticité, le Tamarix peut croître en pleine terre jusque sous le climat de Paris. Tous les sols un peu frais lui conviennent. Il se propage avec la plus grande facilité, soit de marcottes, soit de boutures faites au printemps, à l'exposition du nord, et relevées au printemps suivant pour être mises en pépinière, où elles passent deux ou trois ans, jusqu'à la plantation à demeure. Le Tamarix a une croissance très-rapide, et ses pousses annuelles dépassent quelquefois la hauteur d'un mètre.

Dans le midi, notamment en Camargue, on propage le Tamarix d'une manière bien plus expéditive. On le bouture, en divisant ses jeunes rameaux en tronçons de 0^m,33 de longueur, que l'on enfonce dans le sol à 0^m,25 de profondeur, après avoir préalablement taillé en biseau l'extrémité inférieure. Quand on plante cet arbrisseau sur les digues, on peut le marcotter ou le provigner par plusieurs procédés. Voici celui que donne M. Rivière dans un savant mémoire sur la Camargue :

« Au bout de deux ou trois ans, on donne, à un mètre de terre, un coup de hache à la tige des Tamarix qu'on coupe ainsi à moitié. La tête se renverse et ne se relève pas ; la cicatrice est bientôt fermée ; les branches couchées à terre offrent à l'action des eaux une molle résistance, retiennent le limon, prennent racine et poussent de nouveaux jets. »

Loin d'épuiser le sol, le Tamarix l'améliore au contraire ; il paraît avoir surtout la propriété de le *dessaler*, et, par suite, de rendre à la culture des terrains devenus infertiles par le séjour des eaux de la mer. On le cultive avantageusement dans les terrains salés. Là on le coupe tous les deux ou trois ans, soit simplement pour étendre ses rameaux sur le sol, soit pour chauffer les fours et les foyers, soit enfin pour extraire la soude. Au bout de dix ans, on l'arrache, et le sol peut alors porter du blé ou d'autres cultures.

Le bois du Tamarix n'est pas sans quelque utilité pour l'industrie et les arts ; il est bon pour le tour et on peut en faire des vases ou d'autres petits objets. Mais il a peu d'importance sous ce rapport, parce qu'on laisse rarement cet arbrisseau (nous venons d'en dire le motif) atteindre de grandes dimensions. On utilise les rameaux pour faire des tuyaux de pipe. En Danemark, on substitue ses feuilles au houblon pour la fabrication de la bière. Les fruits sont employés, en guise de noix de galle, pour la teinture en noir. Enfin, les diverses parties du Tamarix ont servi ou servent encore dans la médecine, bien que peu actives.

Les Tamarix d'Afrique (*T. africana* L.), d'Allemagne (*T. germanica* L., *Myricaria* Desv.), et quelques autres possèdent les mêmes propriétés et servent aux mêmes usages.

FAMILLE XIII. Caryophyllées.

Les plantes de cette famille sont plus abondamment répandues dans les régions arides et montueuses des contrées méridionales, et c'est là seulement qu'elles acquièrent des propriétés assez prononcées. Dans le nord, elles n'offrent en général que des herbes insipides, presque complétement dépourvues d'intérêt au point de vue industriel ou médical. Néanmoins plusieurs espèces ont, en agriculture, une utilité réelle.

TRIBU I. Dianthées.

Genre I. *Œillet*.

Dianthus L.

Plantes herbacées, rarement sous-frutescentes, à tige noueuse, articulée, à feuilles lancéolées ou linéaires, opposées et connées. Fleurs solitaires ou en cymes, terminales. Calicule formée de quatre bractées écailleuses, opposées par paires. Calice monosépale, tubuleux, à cinq dents. Corolle à cinq pétales, longuement onguiculés. Dix étamines. Ovaire surmonté de deux styles. Fruit capsulaire, à une seule loge, s'ouvrant au sommet par quatre valves et renfermant de nombreuses graines en forme d'écusson, plus ou moins relevées sur les bords.

L'OEillet des fleuristes (*D. caryophyllus* L.) est une plante vivace, originaire du nord de l'Afrique, et depuis longtemps cultivée et naturalisée en Europe, où elle a produit un grand nombre de variétés.

La variété dite *OEillet grenadin* ou *à ratafia*, et qui est la plus rapprochée du type sauvage, est quelquefois cultivée en grand pour la parfumerie et la distillerie. Le semis est dans ce cas le meilleur mode de propagation; les pieds qui en proviennent donnent des fleurs plus nombreuses et plus colorées. On plante par rangées, à $0^m,65$ de distance. On donne trois ou quatre labours par an. À l'époque de la floraison, les tiges sont fixées sur des échalas. Lorsque les fleurs sont complétement épanouies, on les cueille une à une, en les coupant avec des ciseaux, et on les livre le jour même, sans les éplucher. Au bout de quatre ou cinq ans, on renouvelle la plantation.

Les autres variétés de l'OEillet des fleuristes sont du domaine de l'horticulture d'agrément.

Quelques espèces indigènes sont broutées par les bestiaux. Telles sont, entre autres, les OEillets prolifère (*D. prolifer* L.) et velu (*D. armeria* L.), qui se trouvent, le premier, sur les pelouses sèches et arides; le second, dans les bois et les buissons.

Genre II. *Saponaire*.

Saponaria L.

Plantes annuelles ou vivaces, à tige glabre, à feuilles ovales ou lancéolées. Fleurs en cyme ou en panicule. Calice tubuleux, cylindrique ou anguleux, à quatre ou cinq dents, dépourvu de calicule. Corolle à cinq pétales longuement onguiculés. Dix étamines. Ovaire surmonté de deux styles. Fruit capsulaire, s'ouvrant au sommet par quatre valves.

La Saponaire officinale ou commune (*S. officinalis* L.) est une plante vivace, très-répandue dans toute l'Europe, et qui croît de préférence dans les sols argileux et frais. Ses racines, écrasées et macérées dans l'eau, donnent une écume savonneuse qui peut servir, jusqu'à un certain point, à nettoyer le linge. De là le nom de cette plante, qui conviendrait bien mieux au genre suivant, dans lequel cette propriété est beaucoup plus marquée. Les bestiaux ne la mangent point, et l'agriculture ne peut en tirer parti qu'en la transformant en engrais, ou en la brûlant pour en retirer de la potasse. Elle a une certaine utilité en médecine.

La Saponaire des vaches (*S. vaccaria* L., *Gypsophila vaccaria*, Sm., *Vaccaria sessilifolia* Med.) (Pl. 14) est appelée aussi Saponaire rouge ou à cinq angles, Blé de vache, etc. C'est une plante annuelle, très-commune dans les moissons. Les bestiaux, et surtout les vaches, la recherchent avidement, d'où lui vient son nom vulgaire. On a même proposé de la semer, pour cet objet, dans les champs en jachère. Dans plusieurs localités, on assure que, lorsqu'elle est très-abondante, ses graines mélangées au blé, donnent au pain un mauvais goût, comme celles de la Nielle, dont nous allons parler.

La Saponaire faux-basilic (*S. ocimoïdes* L.) se trouve dans le midi de la France. Elle est quelquefois cultivée, comme les précédentes, dans les jardins d'agrément.

GENRE III. *Gypsophile.*

Gypsophila L.

Plantes herbacées, à feuilles linéaires. Fleurs en cyme terminale. Calice campanulé, anguleux, à cinq dents membraneuses sur les bords. Corolle à cinq pétales à onglet très-court, à limbe un peu échancré. Dix étamines. Deux styles. Capsule globuleuse, uniloculaire, s'ouvrant au sommet par quatre valves.

Les Gypsophiles croissent généralement dans les lieux incultes, les rochers, sur les murs, etc. Les racines de plusieurs espèces possèdent au plus haut degré la propriété de produire, quand on les écrase dans l'eau, une émulsion savonneuse, employée avec succès au lavage des laines, dans plusieurs contrées, notamment dans le midi de l'Europe, en Autriche et dans le Levant. Cet usage était connu des anciens. Pline et Dioscoride rappellent la blancheur et le moelleux que la laine acquiert par le lavage avec le *Struthion* des Grecs (*G. struthium* L.). Les Gypsophiles fastigiée (*G. fastigiata* L.) et paniculée (*G. paniculata* Jacq.) possèdent des propriétés analogues.

Genre IV. *Lychnide*.

Lychnis Tourn.

Plantes annuelles ou vivaces. Fleurs en cymes ou en panicules terminales. Calice tubuleux, renflé, à cinq divisions au sommet. Corolle à cinq pétales longuement onguiculés. Dix étamines. Cinq styles. Capsule uniloculaire, s'ouvrant au sommet par cinq ou dix valves.

La Lychnide dioïque (*L. dioica* L., *Melandrium dioicum* Roehl), vulgairement appelée Compagnon blanc, Jacée, Passe-fleur sauvage, etc., est une plante vivace, à fleurs dioïques, commune dans les champs, les prés, au bord des chemins, etc. Tous les bestiaux la mangent, et ses fleurs servent à la nourriture des oiseaux. La plupart des animaux domestiques broutent également quelques autres espèces de ce genre, notamment les Lychnides visqueuse (*L. viscaria* L.), laciniée (*L. flos cuculi* L.), etc. Plusieurs Lychnides étaient employées par les anciens pour faire des mèches de lampe, et les paysans des Alpes se servent des feuilles de la Lychnide fleur de Jupiter (*L. flos Jovis* L.), en guise de charpie, pour étancher le sang de leurs blessures.

La Lychnide des moissons (*L. githago* Lam., *Agrostemma githago* L., *Githago segetum* Desf.) (Pl. 12), plus connue sous le nom de Nielle des blés, est une plante annuelle, très-commune dans les moissons, auxquelles elle nuit beaucoup par son abondance. On attribue généralement à ses graines la propriété, quand elles sont mélangées au blé, de donner au pain une couleur noire et un goût amer. Selon plusieurs auteurs, c'est l'enveloppe seule de la graine qui possède ces fâcheuses propriétés; la graine proprement dite donne une farine composée d'amidon presque pur, n'ayant aucune qualité nuisible. On peut, dans tous les cas, utiliser cet amidon pour les usages industriels.

Genre V. *Silène*.

Silene L.

Plantes annuelles ou vivaces. Fleurs en cyme, en panicule ou solitaires. Calice tubuleux, souvent renflé, à cinq dents. Corolle à cinq pétales longuement onguiculés. Dix étamines. Trois styles. Capsule uniloculaire, s'ouvrant au sommet par six valves.

Le Silène à fleurs penchées (*S. nutans* L.) est une plante vivace, commune dans les endroits arides et sablonneux. Les moutons, les chèvres et les chevaux la recherchent. Les premiers de ces animaux mangent aussi le Silène à petites fleurs (*S. otites* Sm., *Cucubalus otites* L.). Quant au Silène renflé (*S. inflata* Sm., *Cucubalus behen* L.), vulgairement Béhen blanc, il convient à tous les bestiaux et surtout aux vaches.

TRIBU II. ALSINÉES.

GENRE VI. Spergule.
Spergula L.

Plantes annuelles, à feuilles linéaires, disposées en fascicules opposés, et en apparence verticillées, munies de stipules scarieuses. Fleurs blanches, en cymes irrégulières ou en grappes unilatérales. Corolle à cinq pétales entiers. Cinq à dix étamines. Cinq styles. Capsule s'ouvrant presque entièrement en cinq valves.

La Spergule des champs (*S. arvensis* L.) (Pl. 13), appelée aussi Spargoute, Sporée, Morgeline, etc., est une plante annuelle, commune dans toute l'Europe, où elle croît surtout dans les champs sablonneux.

La Spergule est très-rustique; toutefois elle préfère les climats humides et brumeux; c'est là seulement que l'on peut la cultiver avec avantage. Elle redoute la sécheresse.

Les terrains sablonneux, légers et frais sont ceux qui lui conviennent particulièrement. Elle végète mal dans les terres argileuses ou calcaires, à moins qu'elles ne soient irrigables.

La variété appelée *Spergule géante* exige, en outre, que le sol soit riche et fertile.

Dans ces circonstances, un labour et un hersage suffisent ordinairement pour disposer le sol à recevoir la Spergule. On sème, au commencement du printemps et à la fin de l'été, à la volée, et l'on recouvre la graine par un hersage léger ou par un roulage. La végétation de cette plante étant très-rapide, on peut la faucher, pour fourrage vert, cinquante jours environ après le semis, c'est-à-dire quand les fleurs commencent à s'épanouir. On peut aussi la faire consommer sur place, ou bien encore la convertir en foin ; mais pour cela, il faut attendre que les tiges aient perdu sur pied une partie de leur eau de végétation, ce que l'on reconnaît à leur teinte jaune d'or. Fauchées avant cette époque, la quantité d'eau qu'elles contiennent rendraient la dessiccation et le fanage longs et difficiles. Au reste, ce dernier mode présente peu d'avantages, et la consommation de cette plante à l'état sec est tout à fait exceptionnelle.

La Spergule constitue un excellent fourrage pour tous les animaux domestiques, mais plus particulièrement pour les vaches, chez lesquelles elle augmente la quantité et la qualité du lait. Le beurre qu'on obtient par ce régime alimentaire est connu sous le nom de *beurre de Spergule*, et regardé comme étant de qualité supérieure.

La propriété que possède la Spergule d'améliorer le sol, au lieu de l'épuiser, et la rapidité de son développement permettent de l'employer avec succès, soit comme récolte intercalaire, soit comme engrais vert. Enterrée par un labour, elle produit d'excellents effets sur les sols pauvres.

Les graines, d'après MM. Girardin et Du Breuil, sont employées à l'alimentation des bestiaux, et considérées comme plus nutritives que les tourteaux de colza ; on les fait broyer au moulin, et on les donne aux chevaux et aux vaches laitières ; elles produisent chez celles-ci les mêmes effets que la plante.

Dans plusieurs provinces de la Scandinavie, on ajoute les graines de Spergule aux céréales, pour faire du pain, dans les années de disette. Dans beaucoup d'autres localités, on les utilise avantageusement pour la nourriture des pigeons. Pour récolter ces graines, on sème de préférence au printemps, afin qu'elles mûrissent mieux. Mais, comme ces graines se disséminent facilement, il faut se hâter, dès que la maturité arrive, de faucher, de faner et de battre les capsules.

Genre **VII**. *Stellaire.*

Stellaria L.

Plantes annuelles ou vivaces, à fleurs blanches disposées en cymes terminales. Corolle à cinq pétales plus ou moins profondément bifides. Dix étamines, ou moins. Trois styles. Capsule s'ouvrant presque jusqu'à la base en six valves.

La Stellaire moyenne (*S. media* Sm., *Alsine media* L.), vulgairement appelée Mouron des oiseaux, Morgeline, etc., est une plante annuelle, très-commune dans toute l'Europe, où elle croît dans les lieux frais ou humides, au bord des fossés, dans les champs, le long des murs. Bien que très-abondante quelquefois dans les champs cultivés, elle ne doit cependant pas être regardée comme nuisible. Elle procure aux graines qui lèvent un peu d'ombrage et de fraîcheur. Son faible développement fait qu'elle épuise peu le sol ; elle produit même, lorsqu'on l'enfouit comme engrais vert, une légère amélioration. « Il ne faut donc pas s'inquiéter, dit Bosc, de la voir couvrir les jardins, les champs et les vignes. D'ailleurs il n'est rien moins que facile de la détruire, ses graines, pour peu qu'elles soient enfoncées en terre, se conservant un nombre d'années indéterminé et germant aussitôt que le hasard des labours les ramène à la surface. Elle est en fleur toute l'année, parce qu'elle se sème continuellement, et qu'il lui faut un faible degré de chaleur pour végéter. »

Tous les bestiaux, surtout les vaches et les cochons, aiment cette plante. Dans quelques localités, on la recueille avec soin pour les donner à ces animaux ; mais c'est surtout pour la nourriture des oiseaux qu'elle est employée avec succès, et qu'elle fait, notamment à Paris, l'objet d'un petit commerce. La médecine vétérinaire s'en sert quelquefois ; la décoction est donnée aux bestiaux, comme rafraîchissante.

La Stellaire aquatique (*S. aquatica* Poll., *Larbræa aquatica* St Hil.) est aussi annuelle, et possède des propriétés analogues. Elle croît dans les lieux humides et au bord des eaux. Les Stellaires holostée (*S. holostea* L.) et graminée (*S. graminea* L.) servent également à la nourriture du bétail.

GENRE VIII. *Céraiste.*

Cerastium L.

Plantes annuelles ou vivaces, à fleurs en cymes ou solitaires. Calice à quatre ou cinq sépales. Corolle à quatre ou cinq pétales. Quatre à dix étamines. Quatre ou cinq styles. Capsule s'ouvrant au sommet par huit ou dix dents.

Ce genre, voisin du précédent, renferme un certain nombre d'espèces, tels que les Céraistes vulgaire (*C. vulgatum* L.), des champs

(*C. arvense* L.), rampant (*C. repens* L.) et quelques autres, assez abondantes dans certains endroits pour servir à l'alimentation des animaux domestiques.

FAMILLE XIV. Malvacées.

Les Malvacées sont abondamment répandues dans les régions tropicales, et vont en diminuant d'importance à mesure qu'on s'avance vers le Nord. Elles sont plus nombreuses dans le nouveau que dans l'ancien continent. Une parfaite uniformité se fait remarquer dans leurs propriétés, en général peu énergiques. Toutes les plantes de cette famille contiennent un suc mucilagineux abondant, qui les rend adoucissantes et émollientes. Leurs graines renferment souvent une huile grasse. Elles sont quelquefois entourées de poils qui constituent une matière textile très-estimée (*coton*). Les fibres de leurs tiges peuvent souvent être employées au même usage. Quelques Malvacées servent à la nourriture de l'homme. On ne trouve d'ailleurs dans cette famille aucune plante vénéneuse.

GENRE I. *Mauve.*

Malva L.

Plantes herbacées ou arbrisseaux, à fleurs axillaires ou terminales. Calicule composé de trois folioles étroites. Calice monosépale, à cinq divisions. Corolle à cinq pétales cordiformes, échancrés au sommet, légèrement soudés à la base. Étamines nombreuses, à filets soudés en tube. Fruit composé de capsules monospermes, indéhiscentes, réunies en verticille.

Ce genre renferme un assez grand nombre d'espèces, dont la plus répandue est la Mauve sauvage (*M. sylvestris* L.). Cette plante est vivace et très-commune dans les haies, les lieux incultes, au bord des chemins, dans le voisinage des habitations. Très-estimée comme alimentaire chez les Romains, elle est encore employée aux mêmes usages dans quelques contrées, mais surtout lorsqu'elle a été améliorée par la culture. On s'en sert fréquemment en médecine. Les bestiaux, et notamment les vaches, la mangent quelquefois. En somme, elle est plutôt nuisible qu'utile dans les prairies, où elle tient la place et gêne le développement des Graminées. Les Mauves alcée (*M. alcea* L.), musquée (*M. moschata* L.) et à feuilles rondes (*M. rotundifolia* L.) possèdent des propriétés analogues.

GENRE II. *Guimauve.*

Althæa L.

Plantes herbacées ou arbrisseaux, à fleurs axillaires ou en grappes terminales. Calicule formé de cinq à neuf folioles aiguës. Calice monosépale, à cinq divisions. Corolle à cinq pétales entiers ou échancrés. Étamines nombreuses. Fruit composé de capsules monospermes, indéhiscentes, réunies en verticille.

La Guimauve officinale (*A. officinalis* L.) est une plante vivace, très-répandue en Europe, où elle croît dans les lieux frais, au bord des ruisseaux, etc. On l'emploie en médecine, soit à l'intérieur, soit à l'extérieur. C'est un remède populaire, assez important pour que cette plante fasse, dans plusieurs localités, l'objet de cultures assez étendues.

La Guimauve croît dans tous les sols, excepté dans ceux qui sont trop arides ou marécageux. Elle préfère néanmoins les terres légères, profondes et fraîches. Après avoir bien labouré le sol, on sème la graine au printemps, assez clair pour que les plants puissent être facilement binés, ce qui a lieu deux ou trois fois par an. Dans les cultures moins étendues, on propage plus avantageusement la plante par éclats de racines. La récolte peut se faire à la fin de la première année; mais généralement on préfère attendre la seconde, parce que les racines sont alors plus riches en mucilage. C'est pour le même motif que cette récolte se fait surtout durant l'hiver.

La Guimauve est aussi fréquemment employée en médecine vétérinaire. Elle entre dans la composition de l'onguent d'Althéa. La racine pulvérisée est donnée, comme béchique et adoucissante, aux chevaux, aux bœufs et aux moutons. On administre aux chiens la décoction de cette racine, ou l'infusion des fleurs, coupée avec du lait.

La Guimauve passe-rose (*A. rosea* Cav., *Alcea rosea* L.), vulgairement appelée Rose trémière, est une plante bisannuelle ou vivace, originaire d'Orient. Elle possède à peu près les mêmes propriétés que la précédente. On pourrait retirer de la filasse de ses tiges. Mais en général cette plante se trouve surtout dans les jardins d'agrément, où elle se fait remarquer par l'éclat et le coloris varié de ses fleurs.

La Guimauve à feuilles de chanvre (*A. cannabina* L.) est vivace, et habite les contrées méridionales de l'Europe. En Espagne, on extrait de ses tiges, par le rouissage, une matière textile, qu'on dit presque aussi bonne que celle du chanvre, et qui a l'avantage de revenir à un prix bien moins élevé. Si sa filasse avait en effet les qualités qu'on lui attribue, il y aurait avantage à cultiver cette plante, qui, croissant dans les plus mauvais sols, peut, une fois semée, durer dix à quinze ans, sans autre soin qu'un ou deux binages annuels. On pourrait utiliser de la même manière la Guimauve de Narbonne (*A. Narbonensis* L.), semblable à la précédente, mais moins élevée ; elle croît dans les mêmes régions. La Guimauve officinale elle-même donne une filasse de qualité inférieure, mais qui peut servir à la fabrication du papier.

GENRE III. *Abutilon*.

Sida L.

Plantes herbacées, arbrisseaux ou arbres à feuilles alternes. Fleurs axillaires ou terminales, solitaires ou en corymbe. Calice à cinq divisions, dépourvu de calicule. Étamines nombreuses. Fruit composé de cinq à trente capsules uniloculaires, bivalves, réunies en verticille et contenant chacune une à trois graines.

Les tiges des Abutilons renferment, surtout dans l'écorce, des fibres textiles, qui peuvent servir à des usages économiques. Les feuilles et les graines sont employées en médecine.

L'Abutilon commun (*S. Abutilon* L., *Abutilon Avicennæ* Gaertn.) croît dans les marais du midi de l'Europe. On retire de sa tige une filasse inférieure à celle du chanvre, mais dont on fait des cordes qui sont assez recherchées, ne fût-ce que pour leur bon marché. On a fait en France, pour la culture de cette plante, quelques essais qui n'ont pas eu de suite.

On fabrique au contraire des tissus très-fins avec les fibres de l'écorce de la Napée (*S. napæa* Cav., *Napæa levis* L.). On mange les feuilles de cette plante en guise d'épinards. Ces deux plantes sont usitées comme émollientes et mucilagineuses.

Genre IV. *Ketmie.*

Hibiscus L.

Plantes herbacées ou arbrisseaux, à fleurs axillaires et terminales. Calicule formé de trois à trente folioles. Calice à cinq divisions. Style simple, surmonté de cinq stigmates. Fruit capsulaire, ovoïde conique ou anguleux, à cinq loges polyspermes, rarement monospermes, s'ouvrant en cinq valves.

La Ketmie comestible ou Gombo (*H. esculentus* L.) est une plante annuelle, originaire de l'Inde, d'où elle a été introduite dans presque toutes les régions chaudes du globe, et jusque dans le midi de la France. On mange ses fruits mucilagineux, après les avoir coupés par tranches; on les met dans les bouillons pour les rendre plus épais, plus visqueux. Ses graines torréfiées remplacent quelquefois le café, dont elles ne partagent pas la propriété excitante.

La culture de cette plante est facile. On sème au printemps, ordinairement en place; on éclaircit le semis de telle manière que les pieds soient espacés de $0^m,40$ à $0^m,50$, et on utilise les plants superflus pour regarnir les vides. On donne enfin deux binages dans le cours de l'été. On récolte les capsules un peu avant leur entier développement. Il va sans dire que sous le climat de Paris, cette culture exige plus de soins et ne sort pas de l'enceinte des jardins potagers.

La Ketmie rose (*H. roseus* L.) est une plante annuelle, qui croî dans les terrains marécageux du sud-ouest de la France. Ses tiges, rouies par les procédés les plus simples, donnent, d'après M. A. Boitel, une filasse longue, blanche et brillante, moins fine que le lin et le chanvre, mais aussi tenace et d'un rendement plus abondant. Cette plante a d'ailleurs l'avantage de croître dans des sols où la culture des autres végétaux textiles serait impossible. Elle permettrait donc d'utiliser des marais improductifs. Elle se propage facilement par ses graines, qu'elle produit en abondance et qui paraissent renfermer une assez grande proportion d'huile.

La Ketmie des jardins (*H. Syriacus* L.) est un arbrisseau originaire du Levant, et cultivé depuis longtemps dans les jardins. On prétend que son bois servait aux anciens pour faire des houlettes. En Italie, on fait avec cet arbrisseau de bonnes haies défensives.

GENRE V. *Cotonnier*.

Gossypium L.

Arbrisseaux ou arbustes, rarement plantes herbacées, à fleurs axillaires. Calice très-grand, composé de trois folioles dentées ou laciniées. Calice en coupe, à cinq lobes ponctués. Style simple, surmonté de trois ou quatre stigmates. Capsule à cinq loges, s'ouvrant en autant de valves, et renfermant des graines entourées de longs poils cotonneux.

Ce genre renferme un assez grand nombre d'espèces, qui sont loin d'être rigoureusement déterminées. Plusieurs de celles-ci ont produit de très-nombreuses races ou variétés, répandues dans toutes les parties du monde. Voici, d'après M. J.-Léon Soubeiran, les types spécifiques auxquels on peut les rapporter :

1° Cotonnier herbacé (*G. herbaceum* L.), souvent ligneux, malgré son nom, et dont la taille varie de 0ᵐ,20 à 2 mètres. Originaire de l'Inde, il est passé de là en Syrie, puis à Malte et en Sicile, et plus tard dans l'Amérique du Nord. C'est surtout cette espèce que l'on a tenté d'introduire en Espagne, et dans le midi de la France.

2° Cotonnier en arbre (*G. arboreum* L.) (Pl. 14), arbrisseau haut de 3 à 6 mètres, originaire de l'Égypte, de l'Arabie et des îles de l'océan Indien, d'où il a été importé aux Canaries et dans l'Amérique du Nord. Son coton passe pour être inférieur à celui de l'espèce précédente et de la suivante.

3° Cotonnier de l'Inde (*G. Indicum* L.), espèce originaire de l'Inde, et qui paraît intermédiaire aux deux précédentes.

4° Cotonnier à feuilles de vigne (*G. vitifolium* L.) arbuste de 3 à 4 mètres, originaire des Indes orientales et des îles Célèbes, et introduit à l'île Maurice et dans l'Amérique du Sud.

5° Cotonnier velu (*G. hirsutum* L.), à tige herbacée, annuelle ou bisannuelle ; croît dans les parties les plus chaudes de l'Amérique du Sud.

6° Cotonnier religieux (*G. religiosum* L.), arbuste de 1 à 2 mètres de hauteur, dont la patrie n'est pas bien connue. Il serait originaire de l'Amérique, d'après Lamarck, du Cap de Bonne-Espérance, suivant Cavanilles. On le cultive à l'île Maurice.

7° Cotonnier à larges feuilles (*G. latifolium* L.), arbuste de 1 à 2 mètres, cultivé aux Antilles, et dont la patrie est inconnue.

8° Cotonnier de Barbade (*G. Barbadense* L.), originaire de la région que son nom indique, et introduit aux Antilles, dans l'Amérique du Nord, aux îles Maurice et de la Réunion.

9° Cotonnier à petites fleurs (*G. micranthum* L.), espèce herbacée, haute de 0^m,50, originaire de la Perse.

10° Cotonnier du Pérou (*G. Peruvianum* L.), originaire de cette région et cultivé dans toute l'Amérique du Sud.

On voit que les Cotonniers sont en général originaires des régions les plus chaudes, d'où ils se sont répandus de proche en proche sous des climats plus tempérés. Le voisinage de la mer paraît être convenable aux variétés dites *longue soie*.

« D'ailleurs, dit M. Paul Madinier, cette plante exige une certaine humidité et ne donne de produits supérieurs que sous des climats à la fois chauds et humides, ou dans lesquels on remédie à l'inconvénient de la sécheresse par une irrigation abondante. Les meilleurs cotons sont produits dans des pays qui remplissent ces conditions; ceux de qualité inférieure viennent de contrées où il tombe peu d'eau et où les pratiques d'irrigation ne sont plus usitées. Le défaut de produits vient aussi quelquefois d'un excès contraire, d'une trop grande humidité. En outre, pour que les pluies soient favorables au cotonnier, il faut qu'elles se répartissent sur un large espace de temps, qui s'étende depuis sa croissance pour cesser ensuite, ou tout au moins diminuer notablement, lorsque arrive l'époque de l'épanouissement des capsules et de leur cueillaison. »

Les États-Unis se trouvent, sous ce rapport, dans les conditions les plus favorables. Il n'en est pas de même de l'Inde. Quant à l'Algérie, la sécheresse du climat sera un obstacle, qui à la vérité n'est pas insurmontable, pourvu que l'on puisse irriguer à volonté. Il faudra tenir compte de ces conditions dans tous les essais de culture qu'on pourrait entreprendre dans les régions méridionales de l'Europe. Il est surtout une circonstance qui ne saurait être prise en trop sérieuse considération, c'est la durée du temps pendant lequel on peut récolter, et qui doit être le plus long possible pour donner de bons résultats.

A l'exception des terres purement calcaires ou argileuses, le Cotonnier s'accommode à peu près de tous les sols. Il préfère toutefois les terrains siliceux, riches en sels alcalins et en oxyde de fer, et les terres volcaniques. Le sol, dans tous les cas, doit être meuble, profond, riche en matières organiques, frais sans être humide, et reposer sur un sous-sol très-perméable. Comme engrais, on doit préférer le fumier d'étable, et particulièrement celui de mouton, le guano, les nitrates de soude et de potasse, les phosphates de chaux, les os, les cendres, les engrais riches en matières organiques et surtout en azote, enfin les tourteaux de graines oléagineuses, notamment de celles du Cotonnier.

Le sol doit être labouré profondément, soit à la bêche, soit à la charrue, et parfaitement ameubli et nettoyé. Ce soin est surtout indispensable lorsqu'on veut établir des plantations sur un terrain resté longtemps en friche, et chargé de broussailles et d'herbes. Dans les terres en culture, trois labours à la charrue suffisent : le premier à la fin de l'automne, le second au commencement du printemps, et le troisième immédiatement avant le semis. Chaque labour est suivi d'un hersage, et l'épandage du fumier se fait avant le dernier. Le sol est disposé en billons, lorsque le climat est humide ou qu'on doit irriguer; à plat, dans le cas contraire. L'espacement varie suivant la richesse des terres; il augmente si l'on doit donner les façons avec des instruments attelés.

Les graines destinées au semis doivent être choisies parmi les plus belles variétés, et récoltées sur les pieds les mieux développés et donnant le duvet le plus long; on rejettera celles des capsules qui ont mûri les premières ou les dernières. La graine peut conserver pendant trois ans ses facultés germinatives; mais il vaut toujours mieux employer, autant que possible, des semences de l'année. Le pralinage des graines dans un engrais pulvérulent très-actif, tel que colombine, guano, poudrette ou sang desséché, donne, suivant M. Hardy, d'excellents résultats, car il favorise la continuité de la végétation, et prévient le développement des pucerons qui attaquent la plante. Il importe de ne pas semer ensemble des graines de variétés différentes. Le semis a lieu de la fin de mars au 15 mai, suivant les climats; il se fait à la volée, en rayons, par fosses ou par trous. Le semis au plantoir ne peut être employé que dans les jardins ou les très-petites exploitations.

Un mois environ après l'ensemencement, on donne un premier

sarclage à la main, et on réitère assez fréquemment cette opération, les plantes adventives nuisant beaucoup à la croissance du Cotonnier. On éclaircit le semis à diverses reprises. Dans les climats secs, il faut arroser, si l'on veut obtenir de belles récoltes. « Notons que, si l'irrigation doit être faite à des intervalles assez rapprochés pour que la plante ne souffre pas de la sécheresse, il ne faut pas non plus la répéter trop fréquemment, car alors le Cotonnier offre une végétation luxuriante en feuilles, mais ne produit que très-peu de fruits; on doit avoir aussi le soin de diminuer la quantité d'eau au moment de la floraison, pour obtenir des filaments d'aussi belle qualité que possible. » « A la Guyane, où l'on plante le cotonnier en pépinière, on fait quelques irrigations d'eau de mer, qui paraissent très-favorables à son développement. » (J.-Léon Soubeiran.)

Lorsque le Cotonnier occupe le sol pendant plusieurs années, ce qui a lieu toujours pour les espèces arborescentes, on a l'habitude, dans certaines localités, de pincer et d'ébourgeonner les jeunes sujets, dans d'autres, de les tailler à la fin de chaque année. Dans plusieurs cantons de l'Espagne et de l'Amérique, on est aussi dans l'usage de les butter.

L'époque de la récolte varie suivant les climats et les variétés cultivées. En Algérie, les graines sont mûres cinq mois environ après le semis; la cueillette se fait au fur et à mesure de la maturité des capsules et se continue durant toute la belle saison. Aux approches du mauvais temps, on recueille les capsules non encore mûres, et on les met dans une étuve ou dans un four, pour que la maturité s'achève; mais les produits ainsi obtenus sont de qualité inférieure. Un bon signe du reste que le coton est bon à récolter, c'est lorsque ses filaments n'adhèrent plus aux capsules. Ordinairement, on attend que celles-ci soient bien ouvertes et que le coton s'épanouisse au dehors.

« La récolte ne doit se faire que lorsque le coton est bien sec; car s'il est mouillé, il ne se dessèche qu'avec difficulté, et est fréquemment maculé par l'huile qui transsude des graines. Les planteurs se trouvent bien de ne pas mêler le coton tombé à terre avec celui qu'on recueille sur la plante, car, étant toujours plus ou moins souillé de matières étrangères, il ôterait de sa valeur au produit. Il est essentiel aussi de ne pas imiter la pratique de certaines contrées de l'Orient, où l'on détache les cosses vertes avec leur contenu, car leurs fragments ne sont que très-difficilement, après la récolte, séparés de la fibre; il faut que les personnes chargées de la cueillette détachent le coton et les graines des capsules qui restent sur la plante : outre l'avantage d'avoir un coton plus propre, on a celui de pouvoir le dessécher plus facilement et le nettoyer plus vite. Du reste, ce travail est très-facile quand les cosses sont bien ouvertes, seul cas où l'on doive faire la récolte.

« Le coton qui vient d'être récolté doit être exposé sans retard au soleil, jusqu'à ce que les graines soient devenues dures, ce qui demande en général trois jours quand le temps est beau. Il est indispensable de garantir le coton de la poussière, qui le souillerait. Si le temps est mauvais, on met dans des chambres le coton, qu'on étale en couches minces, fréquemment retournées pour faciliter l'évaporation. Par l'emploi de ces procédés, les filaments se dessèchent parfaitement, et l'égrenage à la main, ou mieux à la machine, est singulièrement facilité. » (Porter.)

Les usages du coton sont suffisamment connus pour que nous n'ayons pas besoin d'insister sur ce sujet. On sait l'immense consommation qui s'en fait dans toutes les régions du monde civilisé, pour la fabrication des tissus et des étoffes. C'est aussi avec le coton que l'on prépare le fulmicoton et le collodion, dont l'emploi est très-fréquent en chirurgie et en photographie. Les fleurs, les feuilles et les racines présentent les propriétés générales de la famille des Malvacées.

Les graines, lorsqu'on a enlevé le duvet qui les entoure, sont utilisées pour la nourriture du bétail, surtout des bêtes bovines et porcines. Mais pour cela il faut qu'elles soient débarrassées de leur enveloppe corticale, qui est assez dure et indigeste. Dans certaines localités, on ne les donne aux animaux que lorsqu'elles ont subi un commencement de germination.

On extrait encore de ces graines une assez grande proportion d'une huile grasse, très-colorée, d'un goût âcre, légèrement purgative. Impropre à l'alimentation, elle est surtout employée pour l'éclairage; mais elle a l'inconvénient de donner beaucoup de fumée, à moins qu'on n'ait encore soumis les graines à la décortication. Les tourteaux des graines traitées de cette manière sont employés pour nourrir le bétail. On se sert encore de cette huile pour le graissage des machines, et en peinture, comme pouvant remplacer l'huile de lin.

FAMILLE XV. Tiliacées.

Les Tiliacées habitent, pour la plupart, les régions intertropicales du globe ; mais c'est dans les régions tempérées de l'hémisphère boréal que se trouvent les plus belles espèces. Ces végétaux possèdent, comme ceux de la famille précédente, un principe mucilagineux, qui leur donne des propriétés émollientes, modifiées souvent par la présence de principes astringents. L'odeur agréable et caractéristique des fleurs du tilleul se retrouve dans plusieurs espèces. Les tiliacées sont également remarquables par la ténacité des fibres de leur écorce, qui servent, dans certains pays, à faire des cordages et des tissus.

Genre 1. *Tilleul.*

Tilia Tourn.

Arbres à feuilles alternes, simples et cordiformes. Fleurs en corymbe, à pétiole commun soudé avec la bractée qui accompagne l'inflorescence. Calice caduc, à cinq divisions profondes. Corolle à cinq pétales. Étamines nombreuses. Ovaire à cinq loges ; style et stigmate simples. Fruit capsulaire, globuleux, indéhiscent, à cinq loges contenant chacune une ou deux graines.

Deux espèces ou variétés de cet arbre se trouvent dans nos bois : le tilleul de Hollande ou à grandes feuilles (*T. platyphyllos* Scop., *T. grandifolia* Ehrh.) et le tilleul sauvage ou à petites feuilles (*T. microphylla* Willd., *T. parvifolia* Ehrh.). Cette dernière espèce est plus commune que l'autre.

Le tilleul, surtout la variété sauvage, est très-rustique, et s'accommode de toutes les expositions, tout en préférant celles du nord et du nord-ouest. Il croît dans les terrains les plus ingrats, excepté dans les fonds glaiseux ou marécageux ; mais il végète avec plus de vigueur dans les terrains argileux suffisamment ameublis, et mieux encore dans les sols sablonneux, profonds et frais.

Le tilleul se multiplie souvent de graines, semées aussitôt après leur maturité ; si l'on attend au printemps, il est rare qu'elles lèvent avant la seconde année. Les jeunes plants, repiqués en pépinière et soignés comme les autres essences, peuvent être plantés à demeure depuis la sixième jusqu'à la dixième année. On propage aussi les tilleuls par rejetons, par marcottes et par boutures, et les espèces exotiques par la greffe en écusson sur le tilleul sauvage. La croissance de cet arbre est très-rapide, sa longévité très-grande, et il arrive quelquefois à des dimensions extraordinaires; mais, quand il est vieux, il est sujet à se creuser à l'intérieur.

Le bois du tilleul est léger, blanc, tendre, d'un grain égal et fin, point sujet à se gercer ou à se tourmenter, et peu exposé à la vermoulure. Impropre à la charpente, il est estimé pour la menuiserie, l'ébénisterie, la sculpture et les ouvrages de tour. Comme bois de chauffage, il est médiocre; le charbon qu'on en obtient est aussi peu estimé, si ce n'est pour la fabrication de la poudre.

L'écorce, ou mieux sa partie intérieure (*liber*) est très-tenace ; on en fait des toiles grossières, et surtout des cordes à puits, qui ont la propriété de se conserver longtemps dans l'eau. On s'en sert aussi pour attacher les paquets de cigares.

Les feuilles, vertes ou sèches, sont utilisées pour la nourriture des bêtes à laine. On s'en sert quelquefois en médecine, mais bien moins que des fleurs, dont l'infusion théiforme est un remède très-populaire.

Les graines renferment une huile douce et grasse, analogue, mais inférieure en qualité, à celle du cacao.

GENRE II. *Corète.*
Corchorus L.

Herbes ou arbrisseaux, à fleurs axillaires. Calice à cinq sépales caducs. Corolle à cinq pétales. Étamines nombreuses, à anthères arrondies. Style court ou nul. Un à trois stigmates. Fruit capsulaire, offrant deux à cinq loges polyspermes.

Les fruits de plusieurs espèces de ce genre se mangent comme légumes, en Orient. La culture de la Corète potagère (*C. olitorius* L.) a été essayée en Europe avec quelques chances de succès. On mange aussi ses feuilles, en guise d'épinards ou d'oseille, ou bien en salade. La Corète capsulaire (*C. capsularis* Rumph., *C. textilis* L.) est aussi cultivée en Asie, et ses fibres corticales fournissent une très-bonne filasse.

FAMILLE XVI. Hespéridées.

Les Hespéridées ou Aurantiacées habitent en général les régions tropicales de l'Asie. Elles renferment, dans leurs diverses parties, une huile volatile d'une odeur suave et pénétrante, à laquelle elles doivent leurs propriétés stimulantes. Leurs fruits, plus ou moins acides et rafraichissants, fournissent des aliments et des boissons très-agréables.

GENRE I. *Oranger*.
Citrus Tourn.

Arbres ou arbrisseaux, souvent épineux, à feuilles articulées et à fleurs terminales. Calice monosépale, persistant, à limbe étalé, denté. Corolle à quatre ou cinq pétales sessiles. Étamines nombreuses, à filets réunis en plusieurs faisceaux. Ovaire à plusieurs loges multiovulées ; style cylindrique, épais; stigmate simple, déprimé. Fruit charnu (*hespéridie*).

Ce beau genre renferme un grand nombre d'espèces et surtout de variétés, que Poiteau et Risso rapportent aux huit groupes suivants :

Orangers proprement dits ou à fruits doux. — Bigaradiers. — Bergamotiers. — Limettiers. — Pampelmouses. — Lumies. — Limoniers ou Citronniers. — Cédratiers.

Nous n'aurons à nous occuper ici que de la culture des Orangers en pleine terre.

Les arbres de cette famille ne peuvent être ainsi cultivés que dans les climats chauds, car ils sont très-sensibles aux gelées et leur fruit exige, pour acquérir toutes ses qualités, une température assez élevée. Ce que nous dirons de l'oranger proprement dit s'applique aux autres espèces.

L'oranger demande une terre forte et substantielle, mais il n'exige pas beaucoup de profondeur. On peut le propager par semis ; mais on n'emploie guère ce mode que pour se procurer des variétés nouvelles, ou pour obtenir des sujets sur lesquels on greffe les variétés à cultiver. Pour ce dernier objet, on donne la préférence aux plants venus de graines de citrons. Toutefois des expériences récentes ont démontré que le Bigaradier était encore préférable.

La propagation par marcottes est à peu près complétement abandonnée aujourd'hui.

Tous les orangers reprennent aussi de bouture ; mais on n'applique guère ce mode qu'aux cédrats, aux poncires et à quelques autres races.

La greffe, soit à la Pontoise, soit en écusson, est le moyen de propagation le plus généralement mis en pratique. Si l'on veut avoir du fruit de bonne heure, on plante des boutures de citronnier, et, quand elles sont enracinées, on les greffe en écusson. Si l'on tient au contraire à avoir des arbres de longue durée, on les plante en pépinière, et on ne les greffe qu'après les avoir mises en place, ce qui a lieu au bout de trois ou quatre ans.

Sous le climat qui lui convient, l'oranger n'exige pour ainsi dire pas d'autres soins que nos arbres fruitiers en plein vent. Tout se réduit à la suppression du bois mort, à l'élagage des branches chiffonnes de l'intérieur, et enfin à quelques légers arrosages.

Nous devons rappeler sommairement la haute utilité de ces végétaux, qui sont cultivés en grand sur presque tout le pourtour du bassin méditerranéen, et dans plusieurs autres régions, où leurs produits forment des branches d'industrie et de commerce très-importantes.

Le bois des orangers, dur, fin, odorant, presque incorruptible, est très-recherché pour l'ébénisterie, la marqueterie et le tour. Les feuilles sont antispasmodiques ; leur infusion est un remède populaire. Les fleurs fournissent, par la distillation, l'*eau de fleurs d'Oranger*, fréquemment usitée en médecine et en parfumerie. Les fruits constituent, dans la plupart des espèces, un aliment délicieux, et on en prépare des confitures, des gelées, des pâtes, des conserves, des sirops, des liqueurs, etc. L'écorce (*péricarpe*) sert à faire le *curaçao* ou à fabriquer des bonbonières. L'essence de bergamotes est encore fournie par une espèce de ce genre, l'un des plus précieux sans contredit que renferme le règne végétal.

FAMILLE XVII. Acérinées.

Les espèces assez nombreuses de cette famille habitent les régions tempérées de l'hémisphère septentrional. Elles fournissent à l'industrie et aux arts des bois d'excellente qualité, et la séve de plusieurs d'entre elles renferme une proportion plus ou moins considérable de sucre.

Genre I. *Érable*.

Acer Tourn.

Arbres ou arbrisseaux, à feuilles opposées, simples, palmées. Fleurs polygames, en grappes. Calice généralement à cinq divisions. Corolle offrant un nombre égal de pétales. Dix étamines environ, à anthères oblongues. Ovaire didyme; style simple, surmonté de deux stigmates. Fruit composé de deux samares soudées par la base.

Les Érables constituent un genre très-nombreux en espèces et en variétés. Quelques-uns habitent l'Europe centrale ou méridionale et sont assez répandus dans les forêts, sans former toutefois des essences dominantes; on les trouve le plus souvent cultivés dans les plantations de ligne, auxquelles ils paraissent convenir particulièrement. Le genre Érable est un des plus intéressants pour les forestiers, les pépiniéristes et les horticulteurs.

L'espèce la plus remarquable est l'érable sycomore ou faux Platane (*A. pseudo-platanus* L.) (Pl. 15), appelé à tort *Plane* dans quelques localités. C'est un arbre de première grandeur, originaire des régions montagneuses de la France centrale, de l'Allemagne, de la Suisse, etc., d'où il s'est répandu dans les plaines. Bien que les pentes et les plateaux paraissent être sa station naturelle, il réussit mieux néanmoins dans les plaines et les vallées ombreuses et fraîches.

Le sycomore préfère les climats tempérés; mais il prospère aussi dans des régions très-froides, et sur les Alpes il atteint une altitude de 1,700 mètres. On le trouve surtout à l'exposition nord; celle du midi paraît lui être défavorable.

Cet arbre végète dans presque tous les terrains; mais il préfère un bon sol substantiel, frais, bien divisé, perméable et foncé en couleur; une profondeur de $0^m,60$ à $0^m,90$ suffit pour produire de très-beaux sujets. On le voit réussir assez bien dans des terrains maigres, des sables rouges mêlés de pierres, dans les craies de la Champagne. Mais l'argile compacte, les sables secs et les marais lui sont contraires.

La difficulté de conservation des graines et la lenteur de leur germination, qui n'a lieu souvent que la deuxième année, doivent engager à les semer au printemps qui suit la récolte. Mais si les circonstances forcent d'attendre jusqu'à l'année suivante, on devra les stratifier dans du sable mélangé de terre. La stratification est encore avantageuse dans le premier cas.

Quelques auteurs ont conseillé de semer en automne. Mais les semis faits en cette saison ont à craindre, dans le nord surtout, les dégâts des mulots, et les gelées printanières, et restent jusqu'à dix-huit mois à lever. Il est donc bien préférable, dans la plupart des cas, de semer au printemps, soit en place, soit en pépinière.

Les semis seront binés et sarclés comme à l'ordinaire, pendant les deux ou trois premières années. En pépinière, ils doivent être éclaircis et recevoir des façons plus multipliées. A la fin de la première année, on repique les jeunes plants à la distance de $0^m,40$ à $0^m,50$; on les élague modérément, pour les faire monter bien droit. On met en place à la troisième, ou mieux à la quatrième année.

On peut encore employer, pour la multiplication, les drageons et les jeunes pieds enracinés qu'on trouve dans les bois ; il est bon de les repiquer préalablement en pépinière.

Les jeunes plants se trouvent bien d'un léger abri pendant les premières années ; mais ensuite ils sont robustes et résistent parfaitement au froid et aux vents.

L'Érable sycomore a, dès sa jeunesse, une croissance rapide. Dans un bon sol, il a souvent, à l'âge de soixante à soixante-dix ans, une hauteur de 20 à 25 mètres sur deux mètres de tour. Comme il vit plus de deux siècles, il peut acquérir des dimensions bien plus fortes.

Le sycomore est très-répandu comme arbre de ligne. On le cultive aussi quelquefois en têtards, et, si l'on a soin de couper les branches latérales à $0^m,50$ environ de la tige, on obtient, quand on exploite celle-ci, un bois plus veiné, plus bigarré et fort recherché pour la marqueterie et le placage. Enfin, cette essence est une de celles qui servent à faire des haies vives.

Comme cet érable forme rarement à lui seul des massifs forestiers d'une certaine importance, il est peu exploité en futaie. Ce mode paraît néanmoins lui convenir beaucoup, car l'abondance de ses graines facilite le replantement naturel, et les échantillons assez forts sont avantageusement employés pour la menuiserie, la boissellerie, l'ébénisterie, etc. On pourrait l'exploiter à 90 ou 100 ans, et lui appliquer le même traitement qu'au hêtre, avec lequel on le trouve souvent mélangé. Toutefois il est moins délicat, et s'il formait l'essence dominante, il faudrait procéder plutôt à la coupe claire.

L'exploitation en taillis est un mode très-avantageux, car cette essence repousse très-bien de souche, drageonne même quelquefois, résiste aux froids et se défend très-bien contre les végétaux les plus gourmands, tels que le coudrier, vu qu'elle est par elle-même assez envahissante. D'un autre côté, sa croissance rapide fait que les taillis de sycomores âgés de cinq ou six ans sont aussi forts que ceux de chêne deux fois plus âgés, et peuvent être exploités avec avantage pour faire des fagots. Le prix élevé des pièces d'un certain volume devra engager à laisser d'assez nombreux baliveaux.

Le bois de cet arbre est blanc, avec une légère teinte jaunâtre ou cendrée, agréablement veiné, élastique, ferme sans être très-dur, d'un tissu dense, d'un grain très-fin et susceptible d'un beau poli. Il se travaille facilement.

Il peut être employé dans la charpente, pourvu qu'on le mette à l'abri des variations atmosphériques. Il n'est pas sujet à se tourmenter ou à être attaqué par les vers. Quelques forestiers prescrivent de le conserver en grume, et de ne le débiter qu'au fur et à mesure des besoins; mais il prend alors à l'intérieur une teinte jaunâtre ou grisâtre. Varennes-Fenilles, au contraire, conseille, pour lui conserver tout son éclat, de le débiter en feuilles pendant qu'il est encore plein de séve.

Ce bois est très-recherché pour la menuiserie, l'ébénisterie, le tour, le charronnage, la tonnellerie, etc. On l'emploie pour la fabrication des instruments de musique, pour les montures de fusil et les parquets. On en fait des arcs, des pilons, des rouleaux, des tables, des vases divers, etc. Les racines et les broussins, qui sont mieux veinés, sont surtout recherchés pour la marqueterie.

On l'emploie rarement pour le chauffage ou pour la fabrication du charbon, et cela tient surtout à son prix élevé qui le fait réserver pour les arts. Comme bois de feu, il est supérieur à la plupart des autres essences, et Hartig le place même au premier rang sous ce rapport. Ajoutons que ses cendres sont très-riches en potasse.

La séve de l'érable sycomore, comme celle de presque tous ses congénères, renferme une certaine proportion de sucre; mais son exploitation pour cet objet serait peu avantageuse et ne saurait lutter contre celle des autres plantes saccharifères généralement cultivées.

Dans les régions du Nord, on en obtient quelquefois une boisson fermentée.

Les feuilles peuvent servir à l'alimentation des bestiaux, et les fleurs sont recherchées par les abeilles.

Les jeunes pieds d'érable sycomore sont employés comme sujets, par les pépiniéristes, pour recevoir la greffe des variétés précieuses ou des espèces exotiques.

L'Érable plane (*A. platanoïdes* L.), appelé aussi Platelain ou érable de Norwège, est un peu plus petit que le précédent. Nous aurons peu de chose à ajouter pour cette essence, à laquelle peuvent s'appliquer presque tous les détails que nous avons donnés pour le sycomore. Elle s'élève un peu moins haut sur les montagnes, mais s'accommode mieux des terrains légers, secs et arides. Le bois n'est pas tout à fait aussi recherché pour l'ébénisterie. Il est d'un blanc moiré, ferme sans être dur, se travaille facilement et prend bien toutes les couleurs. On l'emploie plus particulièrement pour les instruments de musique, les tables, les coffres, etc.

Le plane est, comme le sycomore, au nombre des plus beaux arbres qu'on puisse employer pour les avenues, les jardins, les parcs, etc. Les greffes qu'on y place manquent souvent, ce qui tient probablement à la présence d'un suc laiteux et âcre. C'est peut-être cette dernière circonstance qui fait que l'érable plane est encore moins sujet que le sycomore aux attaques des insectes.

L'érable champêtre (*A. campestre* L.) est notablement plus petit que les deux autres; il dépasse rarement 10 à 12 mètres, et souvent il affecte la forme d'un arbuste buissonneux. Sa croissance est très-lente; mais il peut vivre jusqu'à deux siècles. Il se trouve dans les bois et les haies, surtout dans les terrains secs et pierreux. Il croît du reste dans tous les sols. On le propage de graines (qui mettent une année à lever), de rejetons, de boutures et de marcottes. Les jeunes plants peuvent être mis en place à l'âge de quatre ou cinq ans.

Cette essence n'est pas propre à la futaie, mais convient beaucoup au taillis. C'est, après le charme, la meilleure pour les haies et les palissades, surtout dans les terrains arides.

Le bois est dur, homogène, fin, d'un blanc un peu terne, susceptible d'un beau poli. Il sert, comme celui des autres érables, pour le tour, la menuiserie, l'ébénisterie, la lutherie, les montures d'armes à feu, etc. On en fait des perches, des manches de fouet, de petits meubles, des tabatières, etc. Les broussins sont estimés et se vendent fort cher.

Ce bois est excellent pour le chauffage et le charbon.

Les feuilles constituent un très-bon fourrage, soit à l'état vert, soit à l'état sec.

On emploie quelquefois l'érable champêtre comme sujet pour recevoir la greffe des autres espèces ; mais il est, sous ce rapport, bien inférieur au sycomore.

L'érable de Montpellier ou érable trilobé (*A. Monspessulanum* L.) est un arbre de 10 à 12 mètres au plus, mais dont le tronc est souvent très-gros. Il habite les régions méridionales, où il croît dans les plus mauvais terrains, sur des rochers qui n'ont de terre végétale que dans leurs fissures. Il vient bien jusque sous le climat de Paris. C'est une des essences qui conviennent le mieux aux pays montagneux et arides. On la propage de semis faits en automne, de boutures et de marcottes. Le bois, plus dur et plus pesant que celui de ses congénères, est employé aux mêmes usages et sert notamment pour l'ébénisterie. Cet arbre est excellent pour faire des haies vives.

L'érable de Crète (*A. Creticum* Willd.) est plus petit que le précédent, dont il n'est peut-être qu'une simple variété. On le cultive de la même manière. On en fait plus particulièrement des haies et des palissades.

L'érable duret ou à feuilles d'Obier (*A. opulifolium* Willd.), appelé *ayart* dans quelques localités, dépasse rarement la hauteur de 10 mètres ; mais sa tige atteint plus d'un mètre de tour. Il habite les Alpes et les Pyrénées, et peut croître en pleine terre jusque dans le nord de la France. On le propage de graines, semées immédiatement après la maturité ; celles qu'on sème au printemps ne lèvent souvent que la seconde année.

Son bois est jaunâtre ou blanc grisâtre, dur, d'un grain fin, homogène, serré et susceptible de recevoir un beau poli. Il a peu d'aubier et n'est pas sujet à se fendre par la dessiccation. Il est excellent pour le tour, la menuiserie et l'ébénisterie ; dans le Bugey, on l'emploie au charronnage.

L'érable de Tartarie (*A. Tataricum* L), haut de 5 à 6 mètres, paraît être une simple variété de l'érable duret.

On trouve dans l'Amérique du Nord plusieurs espèces, parmi les-

quelles nous citerons les érables rouge ou tomenteux (*A. rubrum* L.),
à sucre (*A. saccharinum* L.), jaspé (*A. pensylvanicum* L.), de montagne (*A. spicatum* Lam.), de Virginie (*A. eriocarpon* Mich.), etc.
On les cultive dans les jardins, et plusieurs sont susceptibles d'entrer
avec avantage dans nos forêts ou dans nos plantations de ligne.

Genre II. *Négundo.*

Negundo Mœnch.

Arbres à feuilles imparipennées. Fleurs dioïques, les mâles fasciculées, les femelles en grappe. Calice très-petit, à quatre ou cinq
dents inégales. Corolle nulle. Anthères linéaires sessiles.

Le Négundo à feuilles de frêne (*N. fraxinifolium* Nutt., *Acer negundo* L.) est un arbre de 12 à 15 mètres, originaire de l'Amérique
du Nord et presque naturalisé en France. Il se cultive comme les
érables. Son bois, un peu tendre, jaunâtre, veiné de violet, d'un
grain fin et uni, se travaille très-facilement, et on le recherche surtout pour les ouvrages de marqueterie.

FAMILLE XVIII. Hippocastanées.

La plupart des arbres qui composent ce groupe sont originaires
des régions tempérées de l'Asie ou de l'Amérique du Nord. Plusieurs
sont cultivés en Europe. Leur bois blanc et mou est utilisé dans l'industrie. L'écorce possède quelques propriétés médicales. Les graines,
très-volumineuses, renferment une grande proportion de fécule, alimentaire dans quelques espèces, mélangée, dans d'autres, d'un principe amer qui les rend impropres à cet usage, mais dont l'économie
rurale et l'industrie peuvent tirer parti.

Genre I. *Marronnier.*

Æsculus L.

Arbres à feuilles opposées, digitées. Fleurs en panicules terminales. Calice campanulé, caduc, à cinq divisions. Corolle à quatre
ou cinq pétales ovales, étalés. Sept ou huit étamines, à filets recour-

bés en dedans. Fruit capsulaire, hérissé de piquants. Graines volumineuses, féculentes, à testa coriace, brun, luisant.

Le Marronnier d'Inde (*Æ. hippocastanum* L.) est un arbre de première grandeur, originaire de l'Asie orientale, cultivé et presque naturalisé en Europe. Il est surtout très-répandu comme arbre d'avenue, et commence à s'introduire dans les bois, où il paraît appelé à rendre quelques services par la rapidité de sa croissance, qui permettrait de l'exploiter avec succès en taillis.

Le Marronnier est très-rustique et s'accommode de toutes les expositions. Peu difficile sur la nature du sol, il préfère les terres profondes, fraîches et substantielles. On le multiplie de graines semées au printemps, après avoir été stratifiées durant l'hiver. Nous n'insisterons pas ici sur les détails de cette culture, qui concernent surtout l'art du jardinier et du pépiniériste.

Le bois de cet arbre est mou, blanc et filandreux ; bien qu'il soit de qualité inférieure et de peu de valeur, il n'est pas néanmoins dépourvu d'applications. On s'en sert pour les constructions légères. Son emploi principal consiste dans la fabrication de la volige pour les caisses d'emballage. D'après Miller, il dure plus longtemps, employé dans les conduites d'eau souterraines, que d'autres bois plus durs et plus solides.

Quand il est d'un beau blanc et d'un grain fin, il sert, sous le nom de *bois de Spa*, à faire de petits meubles et objets d'art, tels que boîtes à thé, à ouvrage, corbeilles, guéridons, etc., sur lesquels on peint divers sujets, notamment des figures chinoises, pour imiter les meubles de laque de Chine. Il prend bien la teinture noire et imite alors passablement l'ébène.

Comme bois de chauffage, il brûle assez lentement et donne peu de chaleur. Son charbon est médiocre.

L'écorce, réputée autrefois comme amère, astringente et fébrifuge, est peu usitée aujourd'hui. D'après Dambourney, elle teint en jaune avec l'alun, en gris noirâtre avec le sulfate de fer. Les feuilles teignent en jaune la laine alunée ; en orangé vif celle qui a été traitée par les sels d'étain.

Les graines (*marrons*) que cet arbre produit en abondance ont dû attirer de bonne heure l'attention des industriels. Nous avons vu qu'elles sont, à cause de leur amertume, impropres à l'alimentation de l'homme. Les essais tentés par Francheville pour améliorer ces graines par la culture ont été sans résultat. On a cherché aussi à les débarrasser de leur principe amer. Bon a employé dans ce but la chaux et les cendres ; Baumé, l'esprit de vin ; Parmentier, la simple expression, suivie de lavage et de décantation. Tous ces procédés avaient l'inconvénient d'être très-dispendieux. De nos jours, le problème de l'utilisation de la fécule du marron d'Inde a été repris par MM. Thibierge, Remilly et de Callias, qui paraissent être arrivés à une solution satisfaisante.

Le meilleur parti qu'on ait jusqu'à présent tiré des marrons consiste à les donner aux chèvres, aux moutons et aux porcs, qui les mangent sans répugnance. D'après Matthiole, on les donne avec succès aux chevaux poussifs. On peut aussi les utiliser pour le chauffage, car ils donnent en brûlant beaucoup de chaleur, et leurs cendres sont riches en potasse.

Broyé et réduit en poudre, le marron d'Inde peut servir à nettoyer le linge, et on en fait aussi une colle qui, en raison de son amertume, éloigne les insectes. L'extrême abondance de ce produit doit engager les agronomes et les industriels à tenter de nouvelles expériences sur les meilleurs moyens de l'utiliser.

Genre II. *Pavia.*

Pavia Boehr.

Arbres ou arbrisseaux à feuilles opposées, digitées. Fleurs en panicules terminales. Calice tubuleux, caduc, à cinq dents. Corolle à quatre pétales étroits, dressés. Sept ou huit étamines dressées. Capsule coriace, inerme. Graines arrondies, volumineuses.

Ce genre ressemble beaucoup au précédent. Il renferme des arbres de troisième grandeur ou des arbrisseaux, généralement originaires de l'Amérique du Nord, et dont plusieurs sont cultivés dans nos jardins. On les propage de graines, de boutures, de marcottes ou de greffes sur le marronnier. Les graines du Pavia nain (*P. macrostachya* D.C.) sont alimentaires.

FAMILLE XIX. Méliacées.

La plupart des Méliacées habitent les régions intertropicales. Les arbres de cette famille fournissent des bois très-recherchés pour l'ébénisterie, parmi lesquels il suffit de citer l'acajou. Les écorces et les graines renferment des principes très-actifs, et sont usitées en médecine ou en économie domestique.

Genre I. *Azédarach.*

Melia L.

Arbres ou arbrisseaux à feuilles pennées. Fleurs en panicules axillaires. Calice très-petit, à cinq divisions. Corolle à cinq pétales oblongs. Dix étamines, à filets soudés dans presque toute leur longueur en un long tube cylindrique. Fruit drupacé, polysperme.

L'Azédarach (*M. azedarach* L.), appelé aussi Lilas des Indes, Faux Sycomore, Arbre saint, Lilas de la Chine, Arbre à chapelets, Pater noster, Margousier, Orgueil de l'Inde. Arbre aux patenôtres, Cyrouenne, Laurier grec, Lotier blanc, Lotier à feuilles de frêne, etc., est un arbre de moyenne grandeur, originaire de l'Inde et naturalisé dans la région Méditerranéenne, ainsi que dans l'Amérique du Nord.

Dans le midi de la France, il croit très-bien en pleine terre ; aussi est-il souvent planté dans les jardins et les promenades. Il demande une terre franche, légère et substantielle, et une exposition méridionale. On le multiplie surtout de graines semées en terrine ou sur couche chaude et repiquées en pots, que l'on rentre en hiver dans la serre, pour les remettre, en mars, sur une couche nouvelle. Les graines lèvent au printemps, et l'arbre fleurit dès la quatrième année de semis. Il lui faut des arrosements copieux en été et modérés en hiver. La taille doit se réduire à peu près à la suppression des branches mortes.

Le bois de l'Azédarach est rouge clair, fort dur, d'un grain assez fin, susceptible de recevoir un beau poli. Il est bon pour les meubles, et peut devenir d'une grande utilité pour la tabletterie, surtout dans le midi de la France. A la Caroline, on l'emploie pour la menuiserie. Ce bois produit une sorte de gomme assez analogue à la gomme arabique.

Les racines sont quelquefois employées en médecine.

Les feuilles teignent en noir avec le sulfate de fer ; en jaune rougeâtre avec l'alun et les sels d'étain. On les emploie en médecine comme astringentes et stomachiques. Les fleurs, en infusion ou en

décoction, passent pour apéritives et dessiccatives. On leur attribue la
propriété d'éloigner ou de faire périr les insectes.

Les fruits ont une saveur fade et nauséabonde. D'après Jaume-
Saint-Hilaire, on s'en est servi pour empoisonner les chiens. Cependant Turpin assure qu'en ayant donné en très-grande quantité à ces
animaux, ceux-ci n'en ont été nullement incommodés. Il paraît
même qu'à la Caroline les enfants mangent ces fruits sans qu'il en
résulte aucun accident. Leur pulpe est d'ailleurs recherchée par plusieurs oiseaux, notamment par les grives et les ramiers. Ils paraissent
néanmoins, ainsi que la Coque du Levant, faire périr le poisson. Dans
le doute, la prudence commande de les considérer comme vénéneux.

On retire de ces fruits une huile qu'on employait autrefois dans
l'Inde contre les affections rhumatismales ; elle a encore de nos jours
des usages médicaux en Perse et en Syrie. Aux Antilles, on l'emploie
pour la peinture ; mais son utilité principale est pour l'éclairage,
car elle donne une lumière vive et pas de mauvaise odeur. Quand
ces fruits sont secs, ils possèdent des propriétés médicales analogues à celles des racines. Enfin, les noyaux servent à faire des
chapelets.

FAMILLE XX. Ampélidées.

Cette famille, qui a également reçu les noms de Sarmentacées et de
Vinifères, renferme un assez grand nombre d'espèces qui sont répandues dans les régions tropicales et tempérées des deux hémisphères.
Le genre principal a acquis une grande importance par ses fruits et
surtout par la boisson qu'on en retire.

GENRE I. *Vigne.*

Vitis L.

Arbustes sarmenteux, à feuilles alternes, à vrilles et à panicules florales opposées aux feuilles. Calice très-court, sinueux ou légèrement
denté. Corolle à cinq pétales adhérents au sommet et tombant tout
d'une pièce comme une sorte de coiffe. Cinq étamines opposées aux
pétales. Style très-court ou nul. Baie à deux loges, contenant chacune une ou deux graines.

La Vigne cultivée (*V. vinifera* L.) est originaire de l'Asie, d'où elle passa successivement en Grèce et en Italie. On pense généralement qu'elle fut introduite dans les Gaules par la colonie Phocéenne qui fonda Marseille. Depuis, sa culture s'est progressivement étendue dans presque toutes les régions tempérées du globe. Ce végétal s'est même en quelque sorte naturalisé dans plusieurs localités ; on trouve souvent dans les haies, les lieux incultes, sur les rochers, etc., des pieds de vigne qui paraissent revenus à l'état sauvage ou primitif, et que l'on désigne sous le nom de *Lambrusque*.

Les variétés que ce précieux arbuste a produites par la culture sont très-nombreuses. Elles portent sur le volume, la forme, la couleur, la saveur, la composition chimique du fruit, et sur l'époque de la maturité. Les unes donnent des fruits destinés surtout à être consommés en nature ; on les nomme *raisins de table*. Elles sont cultivées dans les vignobles, mais plus particulièrement dans les jardins ; on en trouve une longue liste dans le volume d'Horticulture. Les autres, appelées aussi *Cépages* ou *Complants*, sont cultivées en grand dans les vignobles, pour servir à la fabrication du vin et de l'alcool. Voici les plus importantes et les plus répandues.

Pineaux noir, blanc et gris. — Gamet. — Gros noir. — Sauvignon. — Chasselas. — Pique-poule. — Noir de Pressac ou Pied de perdrix. — Semillon. — Picardan. — Muscats. — Blanquettes ou Clairettes. — Grenache. — Mourastel. — Duras. — Malvoisie. — Alicante. — Terrets. — Teinturier.

La vigne croit surtout dans les pays tempérés ; elle s'élève, dans les Alpes, à plus de 1,000 mètres d'altitude. L'exposition qui lui convient le mieux est celle du Sud, puis celle de l'Est, du moins si l'on n'a égard qu'à la végétation et aux produits ; mais, à cette dernière exposition surtout, la vigne est sujette aux gelées printanières. Il faudra donc, dans les régions élevées et exposées aux gelées, planter de préférence au couchant, ou même au nord.

Tous les sols conviennent plus ou moins à la vigne. Il n'est pas, dit Gasparin, une seule nature de terrain qui ne fournisse un exemple d'un vin célèbre. Cet arbuste permet ainsi d'utiliser des sols où rien ne pourrait prospérer. Toutefois les terrains calcaires, secs et chauds, principalement sur les coteaux inclinés, sont préférables, si l'on tient à la qualité du vin. Mais, si l'on recherche surtout la quantité, on devra choisir un sol frais et meuble. Il semble probable, ajoute l'illustre agronome que nous venons de citer, que c'est aux propriétés physiques du sol qu'il faut s'adresser pour expliquer les différences qui existent entre les produits de la vigne. Sur les sols colorés, les racines mûrissent plus tôt. Les pierrailles répandues à la surface ne présentent aucun inconvénient. Si elles se trouvent dans les couches inférieures, la chaleur s'insinue à une plus grande profondeur et se perd plus lentement ; mais aussi l'évaporation est plus forte et la vigne peut souffrir de la sécheresse.

Sur les sols argileux, la vigne est sujette à la coulure, à la gelée, à une maturation incomplète, et le vin a moins de qualités. Une terre trop riche donne beaucoup de bois et peu de fruits.

Quant aux engrais, les meilleurs sont les terres neuves, le marc de raisin, le noir animal, les chiffons, les engrais verts, les composts de terre, feuilles d'arbres, herbes sèches et gazons, etc. Le fumier de ferme, employé dans le midi, donne d'abondantes récoltes, mais c'est aux dépens de la qualité des produits.

Les procédés de multiplication de la vigne sont assez nombreux. Le *semis* paraît être le mode le plus naturel ; mais, vu la lenteur des plants ainsi obtenus à se mettre à fruit, on ne l'emploie que pour obtenir de nouvelles variétés.

Dans ces derniers temps, on a préconisé une méthode désignée sous le nom de *semis d'yeux*. Elle consiste à détacher les bourgeons accompagnés d'une petite plaque de bois, comme pour la greffe en écusson, et à les répandre dans le sol comme des graines. Ce mode paraît donner de bons résultats.

Les *boutures* se font avec des sarments de l'année, que l'on fait tremper dans l'eau pendant quelques jours ; puis on les enfonce en terre verticalement, à la profondeur de 0^m,30 à 0^m,40, de telle sorte que deux yeux seulement sortent de terre.

La *crossette* diffère de la bouture en ce qu'elle est munie à sa base d'un talon pris sur le bois de deux ans. Ce procédé, qui donne une réussite plus assurée, une croissance plus prompte, présente encore l'avantage de prévenir le desséchement du jeune plant.

La *bouture en ramée* est un moyen très-expéditif, qui consiste à coucher horizontalement dans un sol humide, à la profondeur de 0^m,10 environ, les sarments provenant de la taille. Il se produit à chaque nœud des tiges et des racines, et par conséquent de nouveaux pieds, qu'on peut planter l'année suivante. Les plants enracinés de deux ans sont préférables.

Mais le mode le plus prompt, le plus facile, celui qui donne les meilleurs sujets, c'est le *marcottage*; aussi l'emploie-t-on de préférence à tout autre. Les marcottes, appelées aussi Chevelées ou Chevelus, se font en courbant en terre, à $0^m,08$ de profondeur moyenne, un sarment que l'on fixe à l'aide d'un crochet et que l'on recouvre de terre; on rabat ce sarment sur deux yeux, et l'on ébourgeonne toute la partie comprise entre le cep et le point où le sarment entre en terre, afin d'empêcher l'absorption de la séve par les yeux de cette partie. Ceux de la partie enterrée sont, au contraire, soigneusement conservés. Les marcottes, préparées au printemps, reçoivent quelques arrosements en été; à l'automne, ou mieux au printemps suivant, on les sèvre et on les met en place.

Les *provins* ne sont autre chose que des marcottes faites dans les vignes pour remplacer les ceps épuisés ou manquants. Il se pratiquent de la même manière, et on les sèvre dès qu'ils sont assez forts et bien enracinés.

On arrive à rajeunir les vieilles vignes, soit par le provignage, soit par la coupe des vieux ceps faite entre deux terres. En Lorraine, on élève un sarment (*asté*) partant de la base des ceps, et, quand il est assez fort, on coupe le cep immédiatement au-dessus de l'insertion du sarment qui le remplace.

La *greffe* est un procédé rarement usité, et que nous indiquons seulement pour mémoire.

Le sol destiné à la culture de la vigne doit être bien préparé par de bons labours de $0^m,30$ à $0^m,50$ de profondeur, ou par un défoncement à la bêche, dans lequel on a soin d'enlever les mauvaises herbes. On creuse ensuite des tranchées larges et profondes d'environ $0^m,40$, séparées par des intervalles dont la largeur varie, suivant les circonstances, de $0^m,20$ à $1^m,60$, et sur lesquels on dépose la terre enlevée. On a soin d'ameublir le sol au fond des tranchées. Si un défoncement total est impossible, on creuse des fossettes ou augets de $0^m,30$ à $0^m,35$ de profondeur. Dans les sols en pente, on pratique des fossés transversaux destinés à retenir les terres entraînées par les pluies.

La plantation, plus tardive dans le Nord que dans le Midi, a lieu depuis l'époque de la chute des feuilles jusqu'à celle du développement des bourgeons, quand le sol n'est pas gelé.

L'espacement varie depuis $0^m,60$ jusqu'a 2 mètres ; en général les ceps sont d'autant plus serrés que l'on s'avance davantage vers le Nord.

La plantation se fait d'après le mode et avec les soins ordinaires. Immédiatement après, on coupe le sarment à deux yeux au-dessus du sol, en ayant soin de faire la section aussi haut que possible au-dessus du deuxième œil. Il ne faut pas pour cela attendre la reprise, car on risquerait alors d'ébranler le plant et d'endommager les racines.

La vigne exige, pour donner de bonnes récoltes, des soins de culture assez nombreux. Il faut d'abord nettoyer le sol en enlevant les mauvaises herbes, et biner assez souvent pour que l'air et la chaleur puissent facilement pénétrer jusqu'aux racines. Dans certaines localités, on cultive des céréales et d'autres plantes dans les intervalles des ceps ; c'est une mauvaise opération.

Lorsque la vigne est en rapport, ce qui a lieu de la troisième à la cinquième année, on déchausse les ceps avec précaution, pour les *essarter*, c'est-à-dire enlever les drageons qui auraient poussé au pied, et en même temps rogner les racines superficielles.

Il faut s'attacher à tenir la terre constamment ameublie ; on obtient ce résultat par des labours ou *façons* dont le nombre varie suivant les conditions culturales dans lesquelles on se trouve, et surtout suivant l'instrument dont on se sert. En général, les labours faits à la charrue doivent être plus nombreux que les façons données avec la bêche ou la houe.

« Les cultures sont généralement au nombre de deux quand on travaille à bras ; la première se fait avant la pousse de la vigne, avec une écobue ou forte houe, qui pénètre profondément. La houe plate est employée pour la deuxième œuvre où il ne s'agit que d'ameublir la surface et de détruire les plantes adventices annuelles ; elle a lieu après le développement des bourgeons et quand les jeunes scions ont $0^m,06$ à $0^m,08$ de longueur.

« Dans les pays humides et les vignes échalassées, où de nouvelles herbes se produisent, il faut une troisième façon à la houe, à la fin de juin. Dans les terres argileuses et fortes, où cette nouvelle végétation n'est pas à craindre, on se contente d'une seule façon à la

bêche ; mais elle coûte aussi cher que deux à la houe. Il faut quatre
façons quand on travaille à la charrue, parce qu'on ne peut nettoyer
le sol qu'en croisant les labours. Il ne faudrait pas employer la bêche
dans des vignes accoutumées à des œuvres plus superficielles, on at-
taquerait ainsi le chevelu des ceps et on stériliserait la vigne pour
plusieurs années. » (Gasparin.)

En général, toutes les fois que la terre se durcit et que les mauvaises herbes se montrent, il faut une nouvelle façon et un sarclage
pratiqués en temps convenable. On doit éviter de les faire par les
temps humides, comme aussi de blesser ou d'endommager les tiges
avec les instruments.

Toutes ces façons influent favorablement sur la durée de la vigne
et sur l'abondance des récoltes.

La vigne craint les gelées, et surtout les dégels subits ; la coulure,
surtout pour les variétés hâtives ; les attaques de divers animaux et insectes nuisibles ; mais nous ne pouvons qu'indiquer ici ces divers
points. L'excès de sécheresse exerce aussi une fâcheuse influence ;
on y remédie, en Andalousie et dans quelques autres contrées méridionales de l'Europe, par des irrigations.

Les dimensions qu'on laisse acquérir aux ceps de vigne, et, par
suite, la taille qu'on leur applique, varient suivant les conditions cli-
matériques ou culturales. Les vignes *basses* sont celles dont la tige
ne dépasse pas $0^m,50$; les vignes *moyennes* ont 0^m50 à 1 mètre de tige ;
les vignes *hautes*, ordinairement appelées *hautains* ou *hutains*, dépassent plus ou moins cette dernière dimension et grimpent sur des
arbres ou des échalas ; les treilles rentrent dans cette dernière catégorie et couvrent les murs, les tonnelles et les berceaux.

« Quand les vignes sont tenues basses et sans échalas, le cep est
plus ou moins court, selon que le terrain est humide ou sec et selon
que la variété cultivée soutient bien son bois ou traîne. Dans les terrains secs et avec des variétés fortes, il suffit que le cep ait $0^m,10$ de
hauteur au-dessous de sa bifurcation ; dans le cas contraire, on lui
donne $0^m,20$ et même $0^m,30$. » (Gasparin.)

La taille commence à être appliquée à la vigne dès l'année qui
suit la plantation. Le sarment est alors rabattu à un œil ; il l'est à
deux yeux la seconde année ; à deux ou trois la troisième. L'année
suivante, il l'est de nouveau à un œil. A la cinquième année, les
ceps étant en plein rapport, la taille devient un peu plus compliquée.

La vigne donnant son fruit sur le bois de l'année, il importe de faire tous les ans la taille en temps utile ; c'est ordinairement en janvier et février, avant le réveil de la végétation. On débarrasse ainsi l'arbuste des rameaux qui, ayant porté fruit, deviennent inutiles. On rajeunit ainsi, en quelque sorte, la vigne tous les ans, et on favorise la croissance des branches fruitières. Il faut que le nombre des coursons laissé à chaque cep soit proportionné à sa force et à l'espace dans lequel il végète.

Les bons *bourgeons* (pousses de l'année) se reconnaissent à leur vigueur et à leur fraîcheur. On les rabat ordinairement à deux ou trois yeux. Une taille plus longue aurait, dans la plupart des cas, l'inconvénient d'épuiser trop promptement la vigne, et on ne la pratique guère que dans des circonstances exceptionnelles. On doit tailler le courson de telle manière que les raisins puissent recevoir l'influence des agents extérieurs : lumière, chaleur et rosée.

Le sécateur tend aujourd'hui de plus en plus à remplacer la serpette, jadis exclusivement employée pour la taille. Il a bien l'inconvénient de faire une coupe moins nette et d'exercer une pression qui provoque le dessèchement du sarment au point de section ; mais on y remédie en faisant cette section un peu plus haut, en d'autres termes, en laissant l'onglet un peu plus long. Le sécateur présente d'ailleurs l'immense avantage de faire un travail bien plus expéditif.

La taille est accompagnée de quelques opérations accessoires.

L'*ébourgeonnement* consiste à supprimer les faux jets, les faux bourgeons et les vrilles, qui absorberaient la sève au détriment des pousses fruitières.

L'*épamprage* ou *pincement* se pratique en coupant le sommet du sarment lorsqu'il est encore à l'état herbacé ; cette opération a pour résultat d'arrêter la sève et de la forcer à se porter sur le fruit qui grossit et mûrit plus promptement.

L'*effeuillage*, qui se fait environ quinze jours avant la maturité du fruit, consiste à enlever quelques-unes des feuilles qui recouvrent la grappe, afin que celle-ci soit mieux exposée à l'action du soleil.

Quand les sarments ont acquis une longueur suffisante, on les relève et on les attache sur des échalas, ou bien encore, dans certaines localités, sur des roseaux, des perches horizontales, des fils de fer, le long des arbres, etc. Dans quelques parties du Midi, on se contente d'attacher les sarments de chaque cep à ceux du cep voisin, et ils se soutiennent ainsi mutuellement.

On reconnaît que le raisin est mûr quand le pédoncule et les pepins prennent une teinte brune ; quand le suc devient visqueux, enfin quand le grain se ride. On procède alors à la récolte ou vendange. Elle a lieu ordinairement en septembre ou octobre ; mais des circonstances diverses peuvent la faire avancer ou retarder. L'ouverture en est souvent fixée par l'autorité locale.

La vendange est immédiatement suivie des opérations nombreuses qui constituent la fabrication du vin ou la *vinification*, et qui varient suivant plusieurs circonstances, et notamment suivant la nature et la qualité des produits qu'on veut obtenir.

Ces qualités elles-mêmes varient à l'infini. Le nombre des sortes de vins est considérable. Les vins présentent des différences trèsgrandes dans leur couleur, leur saveur, leur arome, leur richesse alcoolique, leur action sur l'économie animale, etc.

A. Richard les divise en trois classes :

1° *Vins spiritueux*, caractérisés par leur richesse en alcool et par leur saveur chaude. On les subdivise en vins spiritueux *sucrés*, dans lesquels la fermentation n'a pas été suffisante pour que tous les principes sucrés se soient convertis en alcool ; tels sont les vins de Frontignan, de Lunel, de Malvoisie, etc.; — vins *cuits*, dont la fermentation a été arrêtée par une chaleur artificielle et qui sont aussi plus ou moins sucrés ; exemples : les vins d'Espagne, Alicante, Grenache, Malaga, etc.; — vins *secs*, dont tout le sucre a été converti en alcool, comme dans les vins de Madère, de Xérès, etc. Cette classe de vins, qui possède au plus haut degré les propriétés excitantes, appartient surtout aux régions méridionales.

2° *Vins âpres*, moins alcooliques que les précédents, plus ou moins âpres au goût et essentiellement toniques ; tels sont les vins de Bordeaux, de Bourgogne, de Tavel, etc.

3° *Vins acidulés*, ordinairement blancs, d'une saveur plus ou moins aigrelette et piquante, souvent mousseux et possédant une action généralement diurétique. On peut citer ici les vins du Rhin, de la Moselle, de Champagne, et généralement des contrées les plus septentrionales.

Par la distillation, le vin donne l'alcool, esprit-de-vin ou eau-devie. Abandonné au contact de l'air, il subit la fermentation acide et se transforme en vinaigre. Le dépôt qui se forme à l'intérieur des vases où l'on conserve le vin est le *tartre* brut, d'où l'on extrait l'acide tartrique qui sert à préparer le tartre de potasse, etc.

Le jus du raisin mûr est connu sous le nom de moût ; c'est un liquide épais, très-sucré, très-nourrissant et d'un fréquent emploi dans l'économie domestique. Il en est de même des raisins, soit à l'état frais, soit à l'état sec. La préparation de ces derniers constitue, dans certaines contrées du Midi, une branche d'industrie et de commerce fort importante.

Avant leur maturité, les grains de raisin ont une saveur astringente. On leur donne alors le nom de *verjus*, ainsi qu'au suc très-acide qu'on en extrait. Ils servent, dans l'art culinaire, à assaisonner certains mets.

Les graines ou pepins de raisin contiennent une assez grande portion d'une huile grasse et douce, bonne pour l'éclairage et qui, en Italie, constitue un important produit. Les feuilles fournissent aux bestiaux un très-bon aliment. Les sarments et les jeunes ceps servent à faire quelques ouvrages d'art.

Nous ne parlerons pas ici des propriétés médicales de la vigne et de ses produits qui sont exposés dans une autre partie de cet ouvrage.

FAMILLE XXI. Linacées.

Cette petite famille est répandue dans les régions centrales de l'Europe et de l'Asie. Tout l'intérêt qu'elle présente se concentre à peu près sur une seule espèce.

Genre I. *Lin*.

Linum L.

Plantes herbacées ou sous-frutescentes, à feuilles alternes, à fleurs terminales. Calice à cinq sépales persistants. Corolle campanulée, à cinq pétales caducs. Cinq ou dix étamines. Trois ou cinq styles. Capsule à cinq loges, dont chacune est divisée par une cloison complète ou incomplète et renferme deux graines.

Le Lin cultivé ou commun (L. *usitatissimum* L.) (Pl. 16) est une plante annuelle originaire de l'Orient et cultivée, de toute antiquité, dans presque toute l'Europe et sur les bords du bassin méditerranéen. Il présente deux variétés principales : le *Lin d'hiver* ou *Lin chaud*, et le *Lin d'été* ou *Lin froid*. Ce dernier se subdivise en deux sous-variétés : le Lin commun et le Lin de Riga.

Le lin peut être cultivé dans toute l'étendue de la France, mais mieux dans le Midi, du moins le lin d'hiver. Les expositions du nord et de l'est sont celles qui lui conviennent le mieux. Il s'accommode de tous les terrains frais, substantiels et assez profonds, comme les terres d'alluvion. Il préfère toutefois les sols riches en sels alcalins.

Les engrais qui renferment en abondance ces dernières substances sont aussi ceux qui favorisent le mieux la végétation du lin. On emploie particulièrement les cendres, la charrée, l'engrais flamand, le guano, les fumiers de vache ou de mouton bien consommés, le noir animal ou celui des raffineries, la poudrette, les tourteaux de lin, les eaux ammoniacales des usines à gaz, enfin celles qui ont servi au rouissage de cette plante.

Le sol doit être ameubli profondément par trois labours, suivis chacun de deux hersages et d'un roulage.

Le lin d'hiver se sème de bonne heure, à l'automne, ordinairement à la même époque que le seigle. Le lin d'été se sème, suivant le climat, depuis mars jusqu'en mai. On sème à la volée, et l'on recouvre la semence par un hersage, qu'on fait suivre par un roulage léger. Dès que le plant atteint la taille de 0^m,05 environ, on bine légèrement et on sarcle pour enlever les mauvaises herbes. On réitère ce sarclage deux ou trois fois, à une dizaine de jours d'intervalle. Dans le Midi, les cultures de lin sont souvent irriguées.

La tige de cette plante est si grêle qu'elle verse facilement ; aussi a-t-on en Flandre l'habitude de *ramer* le lin. Dès qu'il a environ 0^m,15 de hauteur, on enfonce en terre de petites fourches sur lesquelles de longues perches sont établies et maintenues par des liens d'osier ; des baguettes transversales les unissent entre elles, et l'ensemble offre l'aspect d'un vaste grillage.

L'époque de la récolte varie suivant le climat et suivant le produit que l'on se propose d'obtenir.

Le lin cultivé comme plante textile, ou *lin doux*, est bon à récolter vers la fin de juin, lorsque les feuilles commencent à jaunir et que les dernières fleurs sont passées. Le *lin en graine* ne se récolte guère qu'un mois à cinq semaines plus tard.

Dans le premier cas, aussitôt après l'arrachage et le fanage, on fait rouir le lin. Dans le second, on ne procède à cette dernière opération qu'après avoir séparé la graine à l'aide du peigne à égrener. Le rouissage peut se faire à la rosée, en eau dormante ou en eau courante. Ce dernier mode est à tous égards le meilleur ; mais il n'est pas toujours praticable.

Après le rouissage, le lin est lavé, et on le fait sécher à l'air libre, si la température est encore assez élevée, et, dans le cas contraire, au four ou à l'étuve. Quand il est bien sec, on frappe sur les tiges pour détacher le tissu cellulaire qui adhère aux fibres ; puis on complète cette opération à l'aide d'un instrument appelé *mâchoire* ou *broyoire*. Il ne reste plus alors que la partie fibreuse que l'on peigne pour lui donner plus de finesse, de souplesse et de douceur.

Les usages des fibres du lin comme substance textile sont connus de temps immémorial. Moins forte et moins durable, mais plus fine que celle du chanvre, la filasse du lin sert à faire des étoffes et des tissus très-estimés.

La graine de lin est employée en médecine, soit à l'intérieur, soit à l'extérieur. Dans les temps de disette, on a essayé de mélanger sa farine à celle des céréales ; mais le pain ainsi obtenu était lourd, indigeste, et occasionnait de graves maladies.

La principale utilité de cette graine réside dans la préparation de l'huile qu'on en extrait à chaud. L'huile de lin, jaune, fluide, d'une saveur repoussante, exhale une odeur désagréable et rancit très-vite ; aussi est-elle impropre à l'alimentation et même à l'éclairage. Mais la propriété qu'elle possède de se dessécher promptement à l'air la rend propre aux usages industriels ou économiques. Elle entre dans la composition des vernis gras et de l'encre d'imprimerie. L'addition de la litharge la rend encore plus siccative et la fait employer en peinture pour la préparation des couleurs. On peut même lui faire acquérir assez de ténacité pour qu'elle puisse remplacer le caoutchouc dans la fabrication des appareils de chirurgie, tels que bougies et sondes élastiques.

Les tourteaux de lin servent à la nourriture du bétail et constituent aussi un très-bon engrais.

Le Lin vivace (L. *perenne* L.), qui croît dans le nord de l'ancien continent, donne une filasse moins fine que celle de l'espèce précédente, mais avec laquelle on fabrique néanmoins des toiles très-bonnes, très-solides et de longue durée.

FAMILLE XXII. Oxalidées.

Les Oxalidées renferment un très-petit nombre de genres ; les espèces assez nombreuses qui les composent sont disséminées dans les régions tempérées du globe. Elles sont surtout remarquables par les propriétés acides de leurs feuilles.

Genre I. *Oxalide.*

Oxalis L.

Plantes herbacées, à feuilles trilobées ou pennées. Fleurs terminales. Calice persistant, à cinq divisions profondes. Corolle à cinq pétales égaux. Capsule à cinq loges, s'ouvrant en cinq valves, contenant ordinairement plusieurs graines munies d'un arille.

Ce genre comprend une centaine d'espèces. Toutes ont une saveur acide agréable, semblable à celle de l'oseille. On en retire l'oxalate de potasse, vulgairement appelé *sel d'oseille*, qui sert à préparer des boissons rafraîchissantes, à enlever les taches d'encre, et dont on extrait l'acide oxalique, un des réactifs les plus employés en chimie. L'Oxalide oseille (*O. acetosella* L.), vulgairement *Alleluia*, *Surelle*, *Pain de coucou*, etc., est assez abondante dans les bois du centre et du nord de l'Europe. L'Oxalide crénelée (*O. crenata* Jacq.) porte des tubercules qui fournissent un aliment assez délicat ; mais jusqu'à présent elle n'est cultivée que dans les jardins.

FAMILLE XXIII. Rutacées.

Les Rutacées habitent surtout les régions chaudes ou tempérées de l'ancien continent. Elles sont en général âcres, aromatiques, un peu amères, et ont une action tonique ou excitante très-marquée. Ces propriétés énergiques se trouvent principalement dans les feuilles.

Genre I. *Rue*.
Ruta L.

Plantes herbacées ou sous-frutescentes, à feuilles alternes, pennées, très-découpées. Fleurs en cymes ou en corymbes terminaux. Calice à quatre divisions aiguës, planes, étalées, persistantes. Corolle à quatre ou cinq pétales concaves, unguiculés. Huit ou dix étamines. Ovaire marqué de quatre ou cinq côtes rugueuses ; style et stigmates simples. Fruit capsulaire, à quatre ou cinq loges polyspermes, s'ouvrant seulement par la partie supérieure et interne.

La Rue odorante (*R. graveolens* L.) est un sous-arbrisseau qui croît dans les lieux secs et pierreux du midi de l'Europe. Son odeur est très-forte, très-pénétrante, peu agréable ; sa saveur âcre, un peu amère, très-chaude et aromatique. Tous les bestiaux repoussent cette plante. La rue est un remède populaire ; mais, vu ses propriétés énergiques, son emploi exige beaucoup de circonspection. La médecine vétérinaire en fait aussi un fréquent usage.

Genre II. *Pégane*.
Peganum L.

Plantes herbacées, à feuilles simples ou très-découpées. Fleurs solitaires, extra-axillaires. Calice à cinq divisions allongées, étroites, persistantes. Corolle à cinq pétales. Quinze étamines à filets dilatés à la base. Stigmate trigone. Fruit capsulaire, arrondi, à trois polyspermes, s'ouvrant au sommet en trois valves.

Le Pégane harmale (*P. harmala* L.) est une plante vivace qui croît dans les régions méridionales. Ses graines renferment une grande proportion d'huile, et l'on a essayé avec succès de cultiver cette plante comme oléagineuse. On en retire aussi une substance tinctoriale, l'*harmaline*. Employé autrefois en médecine, ce végétal est aujourd'hui inusité.

FAMILLE XXIV. Zanthoxylées.

Les arbres et arbrisseaux qui composent cette famille habitent les régions chaudes ou tempérées des deux continents, et surtout de

l'Amérique. Ils possèdent des propriétés analogues à celles des Rutacées, et se recommandent en outre par les qualités de leur bois.

GENRE I. *Clavalier.*

Zanthoxylon Mich.

Arbres à feuilles alternes, imparipennées. Fleurs axillaires, généralement dioïques et disposées en fascicules. Calice à cinq divisions.
Corolle nulle. Cinq étamines. Cinq ovaires stipités, rarement plus
ou moins, surmontés de styles et de stigmates en nombre égal. Fruit
composé d'un même nombre de capsules stipitées, bivalves, uniloculaires, renfermant une seule graine arrondie et luisante.

La plupart des Clavaliers fournissent des bois propres à l'ébénisterie, et mériteraient pour ce motif d'être l'objet de quelques essais
d'introduction. Jusqu'à ce jour, on ne cultive guère en Europe que
le Clavalier à feuilles de frêne (*Z. fraxineum* Willd.), appelé aussi
Frêne épineux. Ce petit arbre, originaire des régions septentrionales
de l'Amérique, passe au Canada pour un sudorifique puissant et un
bon diurétique. On le cultive dans les bosquets d'ornement où il
produit un bon effet à l'automne.

GENRE II. *Ailante.*

Ailantus Desf.

Arbres à feuilles alternes, imparipennées. Fleurs polygames, disposées en panicules terminales. Calice à cinq divisions très-petites.
Corolle à cinq pétales roulés à la base. Fleurs mâles : dix étamines.
Fleurs femelles : trois à cinq ovaires recourbés ; styles et stigmates
en nombre égal. Fleurs hermaphrodites : deux ou trois étamines ;
pistil comme dans les fleurs femelles. Fruit sec (*samare*), comprimé,
membraneux, allongé, renflé au milieu et monosperme.

L'Ailante glanduleux (*A. glandulosa* Desf.), appelé communément,
mais à tort, Vernis du Japon, est un grand arbre qui croît en Chine,
au Japon, à Amboine, à Malabar et dans quelques autres régions voisines. Introduit en France depuis un siècle environ, il peut croître et
réussir dans presque toute l'étendue de notre territoire.

Il préfère une exposition chaude, comme celle du midi, du moins
dans les régions septentrionales ou élevées. Il doit être placé à l'abri

des grands vents. Il vient bien à l'ombre et ne redoute pas le couvert des arbres voisins. Il est peu d'arbres qui résistent mieux à la chaleur et à la sécheresse. Aussi a-t-il très-bien réussi dans les localités sèches du Midi, où les ingénieurs des ponts et chaussées lui assignent le premier rang pour les plantations des bords des routes.

Nullement difficile à l'égard du sol, l'Ailante croît dans les plus mauvais terrains ; on l'a vu même réussir dans les sables purs ainsi que dans les champs crayeux et improductifs de la Champagne Pouilleuse. Il préfère les sols profonds et de consistance moyenne, les terres douces, fraîches ou même humides, si elles sont abritées. Il s'accommode néanmoins des terrains secs ou légers, sableux ou calcaires, et aussi des sols peu profonds, à cause de la disposition traçante de ses racines. Il croît très-bien sur les terres en pente, berges des cours d'eau, talus des routes et des chemins de fer, qu'il fixe en empêchant les éboulements.

Aussi, lorsqu'il a été question de reboiser les pentes rapides de nos montagnes, en vue de remédier au fléau désastreux des inondations, l'administration des forêts n'a-t-elle pas hésité à donner la préférence à l'Ailante.

Cette essence convient à merveille pour régénérer à peu de frais les terrains épuisés par d'autres cultures, et on l'a employée avec succès là où le Robinier n'avait pas réussi. On l'a propagée avantageusement dans les sables stériles et mouvants qui composent le sol des steppes de la Russie méridionale.

Peu de végétaux présentent autant de facilité à se reproduire que l'Ailante glanduleux : on peut le propager par graines, par drageons, par boutures de rameaux ou de racines.

1° *Semis.* — Les graines se sèment au commencement du printemps, en planches, dans un sol frais et léger ; on les recouvre, au rateau, d'environ $0^m,01$ de terre ; sur le semis on répand de la mousse, des feuilles sèches ou de la paille hachée.

Les graines germent promptement, et à l'automne les jeunes plants atteignent souvent $0^m,30$ de hauteur. Pendant la première année, on sarcle légèrement, et l'on arrose un peu afin de maintenir la fraîcheur du sol. Au printemps suivant, on éclaircit le semis dans les endroits trop épais, et le plant qui est en trop sert à regarnir les espaces où il en manque. Enfin, après un an, on repique en pépinière, en mettant les jeunes sujets à $0^m,65$ de distance.

2° *Drageons.* — Il suffit de blesser légèrement une racine d'Ailante pour déterminer la sortie d'un grand nombre de ces rejets, qui repoussent, d'ailleurs, abondamment après l'abatage. Ils reprennent facilement à la transplantation, même avec peu ou presque pas de chevelu, et il en est qui dépassent souvent la hauteur d'un mètre dès la première année.

Ce mode de propagation est fréquemment employé. Vers le milieu ou la fin de l'automne, on lève les rejetons pour les planter en pépinière, à la distance de 0^m,65 à 1 mètre, suivant leur force. On aura soin de ne pas les mutiler.

Les drageons, en pépinière, demandent trois ou quatre binages par an et un labour d'hiver ; il arrive quelquefois que leur tête se dessèche ; dans ce cas, on les recèpe l'année suivante, et il se produit plusieurs rejets, dont le plus beau est conservé et élagué au besoin.

3° *Racines.* — On peut facilement propager l'Ailante par tronçons de racines. M. Trécul a constaté en effet que ces racines peuvent donner naissance à des bourgeons adventifs sur trois points différents, savoir : à la partie interne de l'écorce ; — à sa partie externe ; — circulairement, autour du bois, au sommet de la bouture, sur la coupe transversale.

Il faut donc, lorsqu'on arrache un Ailante, recueillir avec soin tous les fragments de racines, et les mettre en rigoles dans une terre fraîche et légère, en tronçons de 0^m,15 à 0^m,20 de longueur, le gros bout au jour.

Au printemps, ces racines poussent des jets, et, dès l'automne suivant, les jeunes plants pourront être mis en pépinière.

4° *Boutures.* — Quelques planteurs ont obtenu d'assez bons résultats en bouturant des branches de l'année. Le bouturage en *plançons*, fait comme pour les saules et les peupliers, a été aussi recommandé ; toutefois ce mode, moins avantageux que les autres, est peu employé.

Quel que soit le mode de propagation adopté, les plants arrivés à l'âge de trois ou quatre ans ont ordinairement 4 mètres de hauteur et souvent davantage. Ils sont bons alors à être transplantés à demeure. Ils reprennent très-facilement.

Abandonné à lui-même, l'Ailante s'étend en branches irrégulièrement disposées, et il prend à peu près le *facies* du noyer. Son organisation le rend sensible à l'action de la serpe, dont sa forme, naturellement arrondie, le dispense jusqu'à un certain point. Si l'on a soin de couper tous les ans ses branches latérales jusqu'à une certaine hauteur, il monte droit et forme un parasol d'un aspect agréable, au bout d'un tronc fort long et élégant, couvert d'une écorce lisse. L'Ailante, élagué de cette manière, offre souvent une tige droite, nue, de plus de 10 mètres de hauteur.

On n'a pas jusqu'à présent exploité l'Ailante glanduleux en têtards ; nul doute que ce mode d'exploitation ne lui convînt parfaitement, aussi bien du moins qu'à nos essences indigènes traitées de cette manière. S'il leur est inférieur en ce que ses feuilles, impropres à la nourriture des bestiaux, ne peuvent être employées que comme litière ou comme engrais, il les surpasserait par la production plus considérable du bois. Ce serait d'ailleurs, comme nous l'avons vu, une des essences les plus propres à retenir les terres dans les pentes rapides.

On exploite plus fréquemment l'Ailante en taillis, et c'est l'essence dont la révolution peut être la plus courte. Il n'est pas rare de voir des massifs de cinq ou six ans présenter le même volume et fournir autant de bois de chauffage qu'un taillis de chênes de même étendue, âgé de dix-huit à vingt ans. En admettant même que ce chiffre exceptionnel ne s'applique qu'à des circonstances très-favorables, on ne saurait douter qu'une révolution de dix ans ne soit suffisante et très-convenable dans la plupart des cas.

Un taillis d'Ailantes n'exigerait d'ailleurs aucun soin de repeuplement artificiel, puisque les souches trop vieilles pour donner des rejets seraient remplacées par les jeunes brins ou les drageons ; un semblable taillis se perpétuerait donc indéfiniment. Dans un sol de qualité moyenne ou supérieure, il y aurait intérêt à laisser de nombreux baliveaux, pour obtenir du bois de service et avoir au moins en partie les avantages de la futaie. Toutefois, dans les localités exposées aux vents violents, il ne faudrait pas laisser trop vieillir ces baliveaux.

L'Ailante est encore trop peu cultivé en forêts pour qu'on puisse poser les règles précises de son exploitation en futaie. Il semble que sous ce rapport il se rapprocherait du Robinier.

Cette essence est surtout répandue comme arbre de ligne ; elle peut rendre des services dans les plantations urbaines et rurales, lorsqu'on veut avoir, dans le moindre temps possible, des avenues et des massifs d'arbres assez grands.

Le bois de l'Ailante est d'un blanc jaunâtre, quelquefois veiné de vert, satiné, égalant en beauté l'érable, d'un tissu serré, fin, élastique, assez dur pour prendre un beau poli et susceptible de recevoir toutes les couleurs. Sa qualité est encore meilleure quand il a végété dans des sols un peu secs et graveleux. Sa pesanteur spécifique se rapproche beaucoup alors de celle du chêne. Il n'est pas attaqué par les insectes.

Malheureusement ce bois est cassant; mais à la longue il acquiert presque la dureté et la solidité du noyer. Il a un autre défaut : employé avant d'être parfaitement sec, il se tourmente, se contourne, se *voile*. Il faut donc, aussitôt après le sciage et avant de le faire sécher, le traiter comme le Noyer, en le tenant plongé dans l'eau pendant plusieurs mois. Quand il est bien sec, il n'est plus hygrométrique, et peut être employé, sans inconvénient, aux travaux d'ébénisterie les plus délicats. On l'emploie avec le même avantage, non-seulement à la menuiserie et au tour, mais encore à la charpente légère.

Dans le midi de la France, l'Ailante est estimé pour le charronnage à l'égal de l'orme et du frêne ; il est cependant un peu plus mou et moins bon que ce dernier ; mais la différence n'est pas très-grande. Il sert pour les bras de charrettes et les timons de voitures. Il pourrait fournir des brancards de cabriolets, des bâtons, des perches et des rames aussi souples que solides. Enfin, il se fend très-facilement, et l'on a pu en faire des cercles de cuve de plus de 7 mètres de longueur.

Ce bois brûle facilement, même sans être très-sec, et produit un fort bon chauffage. Ses fagots vaudraient au moins ceux du chêne, pour l'usage des fours. Son charbon est excellent et comparable à ceux de l'orme et du mûrier.

L'écorce renferme, entre autres substances, un principe mucilagineux tellement abondant, que la décoction de cette écorce est filante comme celle de la graine de lin ; cette propriété, qui mérite d'être étudiée, donnera peut-être lieu à des applications importantes.

On y trouve aussi une matière colorante jaune qu'on a pu fixer sur des étoffes de laine, mais qui n'est ni belle ni très-fixe.

M. Hétet a découvert dans cette écorce des propriétés éméto-cathartiques et vermifuges, qui permettent de la regarder comme un succédané du kousso et de la racine de grenadier. Les feuilles sèches et pulvérisées participent de ces dernières propriétés.

Ces feuilles servent surtout à nourrir une espèce de ver à soie récemment introduite sous le nom de *Bombyx Cynthia*, dont les cocons fournissent une soie moins brillante, mais plus forte et plus durable que celle du *Bombyx* du mûrier.

A l'exception de ce lépidoptère, aucun animal n'attaque les feuilles de l'Ailante ; on peut donc employer cette essence à faire des haies à la fois défensives et productives. Quelques auteurs ont conseillé une forte décoction de ses feuilles et de ses racines pour faire périr les insectes et leurs larves, notamment le ver blanc. C'est une expérience facile à faire.

Grâce à ses qualités réelles et malgré ses défauts, l'Ailante glanduleux mérite d'être recommandé à l'attention des planteurs. Il intéresse surtout la propriété forestière, par la facilité qu'il offre de créer à peu de frais des taillis très-productifs, exigeant peu de soins d'entretien et susceptibles d'être exploités à de courtes révolutions. On ne saurait trop recommander son introduction dans les taillis de bouleaux, dont le couvert léger facilite le gazonnement et le dépeuplement progressif des coupes ; l'Ailante, par son couvert épais, remédiera à cet inconvénient, et, par le détritus abondant de ses feuilles, concourra puissamment à l'amélioration du sol.

On évitera, au contraire, autant que possible de le planter dans le voisinage des terres en culture, qui seraient bientôt envahies par ses nombreux drageons.

FAMILLE XXV. Coriariées.

Cette famille renferme un petit nombre d'arbres ou d'arbrisseaux disséminés dans des régions très-diverses du globe. Ils sont susceptibles de quelques applications industrielles.

Genre I. *Redoul*.

Coriaria L.

Arbres ou arbrisseaux à rameaux tétragones, à feuilles opposées. Fleurs polygames, disposées en grappes simples terminales. Calice à cinq divisions. Corolle à cinq pétales. Dix étamines. Ovaire à cinq loges uniovulées. Stigmates papilleux, velus. Fruit composé de cinq coques crustacées, indéhiscentes, monospermes.

Le Redoul à feuille de Myrte (*C. myrtifolia* L.), appelé aussi Corroyère, Redon, Roudoux, etc., est un arbrisseau à feuilles persistantes, très-répandu dans les régions méridionales de l'Europe. Ses feuilles, séchées et réduites en poudre, sont employées par les tanneurs et les corroyeurs, qui les mêlent avec le tan pour la préparation des peaux.

Le Redoul sert également pour la teinture en noir.

Toutes ses parties possèdent des propriétés énergiques et passent pour vénéneuses. Cependant les bestiaux broutent quelquefois ses jeunes pousses, sans qu'il paraisse en résulter aucun grave inconvénient. On pourrait en faire des haies défensives.

SOUS-CLASSE II. Calyciflores.

FAMILLE XXVI. Rhamnées.

Les Rhamnées habitent en général les régions chaudes ou tempérées du globe; elles deviennent plus rares en s'avançant vers le Nord. Ces végétaux se recommandent surtout, au point de vue agricole et industriel, par les principes colorants qu'ils renferment; plusieurs sont employés dans l'art de la teinture. Le bois de quelques espèces a des applications dans les arts. En médecine, les feuilles et l'écorce des Rhamnées ont souvent des qualités astringentes, une saveur amère, et sont regardées comme toniques, quelquefois aussi comme purgatives. Mais cette dernière propriété caractérise surtout les fruits, à saveur amère et nauséeuse, d'un certain nombre d'espèces.

Genre I. *Nerprun.*

Rhamnus L.

Arbres ou arbrisseaux à feuilles alternes. Fleurs axillaires. Calice urcéolé, à quatre ou cinq divisions. Corolle à quatre ou cinq pétales très-petits, squammiformes, rarement nulle. Quatre ou cinq étamines opposées aux pétales. Style simple; stigmate bifide ou quadrifide. Fruit charnu, bacciforme, indéhiscent, renfermant trois ou quatre graines.

Ce genre renferme de nombreuses espèces, parmi lesquelles nous remarquerons surtout les suivantes.

Le Nerprun purgatif (*R. catharticus* L.) est un arbrisseau épineux qui croît dans les haies et les bois de presque toute l'Europe. On le cultive quelquefois en grand pour faire des haies, emploi auquel il convient beaucoup. Il préfère les terres fortes et humides. On le propage de graines, semées aussitôt après leur maturité; les jeunes plants sont repiqués la seconde année. On le multiplie aussi de marcottes.

Tous les bestiaux, excepté les vaches, mangent ses feuilles.

L'écorce renferme une matière colorante jaune, médiocre et peu estimée. Il n'en est pas de même des fruits mûrs, avec lesquels on prépare la couleur verte dite *vert-de-vessie*, qui est fréquemment employée en peinture.

L'écorce, les feuilles et les fruits ont une odeur désagréable, une saveur amère, un peu âpre et nauséeuse. On les emploie en médecine. C'est aussi un purgatif souvent usité en médecine vétérinaire.

La Bourdaine ou Bourgène (*R. frangula* L.), improprement appelée Aune noir, est un grand arbrisseau, commun dans les forêts, surtout dans les lieux humides; elle s'avance jusque dans le nord de l'Europe. Elle se cultive comme le Nerprun.

Le bois de cette espèce est blanc, mou et cassant. Il n'est bon qu'à brûler, et ne donne qu'un médiocre chauffage. Toutefois son charbon, très-léger, est le plus estimé pour la fabrication de la poudre à canon.

La plupart des bestiaux mangent les feuilles de la Bourdaine.

Ces feuilles donnent une mauvaise couleur jaune, et ses baies un vert-de-vessie inférieur à celui que l'on obtient de l'espèce précédente. L'écorce fournit une couleur rougeâtre.

Les fleurs sont recherchées pour les abeilles.

Les jeunes rameaux servent à faire des ouvrages de vannerie.

Les diverses parties de ce végétal présentent des propriétés médicales analogues à celles que nous avons signalées dans le Nerprun.

L'Alaterne (*R. alaternus* L.) est un grand arbrisseau ou un petit arbre, propre à l'Europe méridionale et au bassin méditerranéen. Il habite surtout les terrains calcaires et rocheux ; on le trouve rarement dans les lieux humides.

L'Alaterne peut être cultivé en pleine terre jusque dans le nord de la France. Il préfère une exposition ombragée et au nord, et une terre forte ; il se contente toutefois d'un sol médiocre, mais frais. On le propage de graines, semées aussitôt après leur maturité. Dans le Nord, cette culture demande beaucoup de soins, car les graines sont lentes à lever, et les jeunes plants sont très-sensibles au froid. On multiplie aussi l'Alaterne de boutures et de marcottes.

Dans les régions septentrionales, cette espèce reste à l'état d'arbrisseau buissonneux, et, si on la cultive un peu en grand, c'est surtout pour en faire des haies vives, des abris et des palissades le long des murs.

Dans le Midi, où l'Alaterne devient plus grand, on en tire un meilleur parti. Le bois, jaune, dur, serré, pesant, assez semblable, sauf la couleur, à celui du chêne vert, susceptible de recevoir un beau poli et de prendre la teinture, est recherché pour l'ébénisterie et la tabletterie. Il peut servir à teindre en bleu foncé, et son écorce à teindre en brun. Les branches et les feuilles teignent en jaune la laine préalablement traitée par les sels de bismuth. Les fagots servent à chauffer les fours. Les feuilles astringentes et rafraîchissantes, sont employées en médecine, et partagent les propriétés purgatives de celles du Nerprun. Les fruits sont également purgatifs et peuvent servir à faire le vert-de-vessie.

Le Nerprun des teinturiers (*R. infectorius* L.) est un petit arbrisseau épineux qui croît dans les lieux incultes et arides du midi de l'Europe. Il ressemble beaucoup au Nerprun purgatif par ses propriétés. On le préfère généralement pour faire des haies. Ses fruits, connus sous le nom de *graine d'Avignon*, fournissent une couleur jaune assez belle, mais peu durable. Leur décoction, unie au blanc de céruse ou à l'argile, produit un couleur jaune verdâtre, qui s'altère rapidement à l'air; c'est le *stil de grain*, qui est employé en peinture. Ces fruits peuvent être encore usités en médecine comme purgatifs.

Les Nerpruns des rochers (*R. saxatilis* L.), nain (*R. pumilus* L.), des Alpes (*R. alpinus* L.) participent plus ou moins aux propriétés des espèces précédentes.

GENRE II. *Jujubier.*

Zizyphus Tourn.

Arbres et arbrisseaux à feuilles alternes. Fleurs solitaires axillaires. Calice à cinq divisions étalées. Corolle à cinq pétales, insérés sur les bords d'un disque glanduleux, avec cinq étamines. Ovaire entouré par le disque et surmonté de deux styles terminés chacun par un stigmate simple. Fruit charnu, drupacé, ovoïde, contenant un noyau à deux loges monospermes.

Le Jujubier commun (*Z. vulgaris* Lam., *Rhamnus zizyphus* L.) est un arbre de moyenne grandeur, qui croit dans toute l'Europe méridionale et sur les bords du bassin méditerranéen. On le trouve assez souvent dans les haies, mais surtout dans les vergers agrestes. Il préfère les sols sablonneux, légers ou de consistance moyenne, frais ou arrosés et exposés au midi. On le propage de graines semées aussitôt après la maturité, et plus souvent de rejetons ou drageons, repiqués en pépinière. Quelques labours, un peu d'engrais, la suppression du bois mort et des drageons, tels sont à peu près les seuls soins qu'il réclame.

Le fruit vert a une saveur astringente; on l'emploie quelquefois à cet état dans les pays chauds pour faire des conserves ou *achars*. Mûr, il a une chair ferme, douce, sucrée, acidule. Séché au soleil sur des claies, il est visqueux et a une saveur légèrement vineuse. C'est à cet état que l'emploie la médecine. Les jujubes séchées constituent pour certains pays une branche de commerce.

Le Jujubier sert quelquefois à faire des haies défensives. Son bois est roussâtre, dur, pesant, susceptible de prendre un beau poli; mais, comme les pièces qu'il donne ne sont jamais d'un grand volume, on ne peut les employer que pour des ouvrages de tour, auxquels ce bois convient particulièrement.

Genre III. *Paliure*.

Paliurus Tourn.

Arbrisseau épineux, à feuilles alternes. Fleurs en grappes axillaires. Calice à cinq divisions étalées. Corolle à cinq pétales, insérés, avec les cinq étamines, sur un disque glanduleux qui entoure l'ovaire. Trois styles; trois stigmates. Fruit sec, osseux, indéhiscent, à trois loges monospermes, à épicarpe subéreux, entouré d'un rebord en forme d'aile large et membraneuse.

Le Paliure épineux (*P. aculeatus* L., *Rhamnus paliurus* L.), vulgairement nommé Argalou, Capelet, Chapeau d'évêque, Porte-Chapeau, Épine du Christ, etc., est un arbrisseau très-répandu dans tout le pourtour du bassin méditerranéen. Il préfère les terrains secs et légers, et se multiplie facilement de graines, de marcottes et de rejetons. Les aiguillons crochus dont ses rameaux sont armés le rendent éminemment propre à faire des haies et des clôtures. C'est peut-être même l'essence la meilleure pour cet usage, mais à la condition que ces haies seront entretenues avec soin et intelligence.

FAMILLE XXVII. Célastrinées.

Les Célastrinées habitent, pour la plupart, les régions tempérées des deux hémisphères, et surtout de l'hémisphère austral. Elles sont rares en Europe. La plupart d'entre elles renferment des principes âcres et amers; quelques-unes ont des fruits charnus comestibles, ou des graines oléagineuses.

Genre I. *Célastre*.

Celastrus L.

Arbres ou arbrisseaux à feuilles alternes. Fleurs en fascicules axillaires. Calice à cinq lobes très-petits. Corolle à cinq pétales largement unguiculés, étalés. Cinq étamines, à filets oblongs, insérés sur un disque large qui entoure l'ovaire; style court, surmonté de trois stigmates. Capsule trigone, à trois loges.

La plupart des espèces de ce genre sont originaires du Cap de Bonne-Espérance. Le Célastre luisant (*C. lucidus* Kunth) produit des fruits rouges, semblables à des cerises, qui lui ont fait donner le nom de Cerisier des Hottentots. Le Célastre grimpant (*C. scandens* L.), vulgairement appelé Bourreau des arbres, est originaire du Canada ; son écorce est émétique. C'est l'espèce la plus répandue dans nos jardins. L'écorce du Célastre du Sénégal (*C. Senegalensis* Lam.) est regardée comme laxative. Le Célastre vénéneux (*C. venenatus* Eckl.) possède des propriétés encore plus énergiques ; les épines dont il est armé produisent des plaies dangereuses.

GENRE II. *Fusain.*

Evonymus Tourn.

Arbustes ou arbrisseaux à rameaux tétragones, à feuilles opposées. Fleurs en cymes axillaires ou terminales. Calice à cinq divisions étalées. Corolle à cinq pétales, insérés, avec les cinq étamines, sur un disque pelté, qui recouvre le fond de la fleur. Capsule à quatre ou cinq valves, divisée en quatre ou cinq loges, dont chacune renferme une graine entourée d'un arille.

Le Fusain commun ou d'Europe (*E. Europeus* L.), vulgairement nommé Bonnet carré ou Bonnet de prêtre, est un arbrisseau haut de 4 à 5 mètres, répandu dans les bois et dans les haies et croissant à peu près dans tous les sols, assez abondamment pour qu'on n'ait pas besoin de le cultiver. Son bois, léger, blanc jaunâtre, d'un grain fin et serré, sert à faire des fuseaux, des lardoires et d'autres menus objets. On l'emploierait avec avantage pour le tour et la marquetterie ; mais il est rare d'en trouver des échantillons d'un volume suffisant. Il paraît que ce bois a la fâcheuse propriété de donner des nausées aux ouvriers qui le travaillent pendant quelque temps. Son charbon sert pour la fabrication des crayons à dessiner et de la poudre à canon.

Quelques auteurs assurent que les feuilles sont nuisibles aux bestiaux, notamment aux bêtes à laine. D'autres ont révoqué en doute cette action délétère.

Les fruits renferment une matière colorante rouge. Ils passent pour émétiques et purgatifs. En médecine vétérinaire, on les fait sécher et on les réduit en poudre, pour détruire la vermine des bestiaux, et on les fait infuser dans le vinaigre pour guérir la gale de ces animaux. On retire des graines, par expression, une huile bonne pour l'éclairage.

Les Fusains à larges feuilles (*E. latifolius* L.), galeux (*E. verrucosus* L.), et en général les autres espèces de ce genre, possèdent des propriétés analogues.

Genre III. Staphylier.
Staphylea L.

Arbustes à feuilles opposées, imparipennées. Fleurs en grappes terminales. Calice à cinq divisions profondes, colorées. Corolle à cinq pétales, insérés, avec les cinq étamines, sur les bords du disque. Ovaire à deux ou trois loges, surmonté d'un nombre égal de styles et de stigmates. Fruit composé de deux ou trois capsules membraneuses vésiculeuses, soudées à la base, contenant une ou deux graines ligneuses, arrondies, tronquées.

Le Staphylier à feuilles pennées (*S. pinnata* L.), vulgairement Faux pistachier, Nez coupé, etc., est un grand arbrisseau assez répandu en France. Ses fleurs communiquent au miel un goût désagréable. Les graines servent à faire des colliers. Les amandes, âcres et nauséeuses, donnent, par expression, une huile douce et résolutive, mais peu employée.

FAMILLE XXVIII. Térébinthacées.

La majeure partie des végétaux qui composent cette famille habite les régions intertropicales. Quelques-uns se trouvent dans la zone tempérée septentrionale. Les Térébinthacées, qui jouent un rôle si important dans la matière médicale, présentent moins d'intérêt en agriculture. On utilise les principes astringents de diverses espèces. D'autres ont des fruits pulpeux ou des amandes employés dans l'économie domestique. D'autres encore fournissent une huile de bonne qualité, des gommes-résines ou des bois employés dans les arts. Plusieurs genres présentent des propriétés vénéneuses.

Genre I. *Pistachier*.

Pistacia L.

Arbres et arbrisseaux à feuilles pennées. Fleurs dioïques, petites, réunies en grappes. Calice à trois (rarement cinq) divisions profondes. Corolle nulle. Cinq étamines. Ovaire à une seule loge uniovulée, surmonté de trois stigmates épais. Fruit : drupe sèche, bivalve, monosperme.

Ce genre renferme un petit nombre d'espèces, dont quatre surtout intéressent l'agriculture, la médecine, les arts ou l'économie domestique.

Le Pistachier commun ou vrai (*P. vera* L.) est un arbre de moyenne grandeur, originaire de l'Orient et cultivé ou naturalisé dans tout le pourtour du bassin méditerranéen. Sa culture est facile et analogue à celle de l'amandier. Toutefois, comme les fleurs sont dioïques, on est dans l'usage, en Sicile et ailleurs, de pratiquer la fécondation artificielle. Le fruit renferme une amande verte et d'une saveur agréable (*pistache*), qui contient un principe féculent et une huile grasse très-douce. On la mange fraîche ou sèche ; on en fait des dragées, et on l'emploie aussi pour aromatiser les crèmes, les glaces, etc. En médecine, elle a des propriétés analogues à celles des amandes douces et sert aux mêmes usages ; mais elle est encore plus adoucissante.

Le Pistachier lentisque (*P. lentiscus* L.) est un arbrisseau ou un petit arbre, à feuilles persistantes, qui croît dans les mêmes localités que le précédent. Toutes ses parties, mais surtout les feuilles, exhalent par le frottement une odeur forte. Son bois, qui par sa composition chimique et ses propriétés rappelle un peu celui du genevrier, répand, en brûlant, une odeur aromatique. Il laisse écouler, par incision, un suc résineux, transparent, qui se concrète et porte, sous cet état, le nom de *mastic*. Les Orientaux le mâchent continuellement pour parfumer leur haleine ; chez *nous*, il est employé en médecine. Le mastic nous vient surtout de l'île de Chio, sous la forme de petits grains. Les fruits du lentisque fournissent une huile bonne à manger et à brûler.

Le Pistachier de l'Atlas (*P. Atlantica* Desf.) est un arbre de moyenne grandeur, qui habite le nord de l'Afrique, où il croît dans

les lieux arides et sablonneux. Il fournit une sorte de mastic, appelé
mastic oriental, et qui sert aux mêmes usages que le mastic de Chio.
Le fruit, appelé *tum* par les Arabes, est une petite drupe charnue,
globuleuse, comestible, mais d'une saveur un peu acide.

Le Térébinthe (*P. Terebinthus* L.), appelé aussi Pistachier sauvage,
croît sur le littoral de la Méditerranée. On le trouve surtout dans les
lieux arides, les terrains pierreux, et même entre les rochers. Son
bois, très-dur, est employé dans l'ébénisterie. Il fournit un suc résineux, connu sous le nom de *Térébenthine de Chio*. Ses fruits ont
une saveur acide et un peu styptique ; on les mange néanmoins dans
certains pays. L'écorce de l'arbre répand, en brûlant, une odeur
pénétrante.

Genre II. *Sumac.*

Rhus L.

Arbres, arbrisseaux et arbustes, à feuilles simples ou imparipennées. Fleurs polygames, en grappe ou en panicule. Calice persistant,
à cinq divisions égales. Corolle à quatre ou cinq pétales étalés.
Quatre ou cinq étamines courtes, à anthères petites. Trois styles
très-courts ou nuls ; trois stigmates. Fruit petit, drupacé, sec, à noyau
osseux, monosperme.

Le Sumac des corroyeurs (*R. coriaria* L.) est un arbuste de trois
à quatre mètres, originaire des contrées méridionales de l'Europe.
Sous le climat de Paris, il croît plus lentement, craint les gelées et ne
donne que des produits inférieurs ; aussi sa culture en grand n'y est-
elle pas avantageuse.

Il n'en est pas de même dans le Midi. Là il est très-rustique et se
contente des sols les plus arides. La disposition traçante et drageon-
nante de ses racines le rend éminemment propre à retenir les terres
sur les pentes rapides.

Si l'on veut obtenir des sujets rustiques et vigoureux, on propage
le sumac de graines semées en pépinière, aussitôt après leur maturité, sans quoi elles ne lèveraient que la seconde année. On repique
les jeunes plants en pépinière, au bout d'un an, pour les replanter
l'année suivante, à la distance de $0^m,60$, dans un sol défoncé à $0^m,50$
environ de profondeur.

On le multiplie aussi de drageons et de marcottes.

Le sumac des corroyeurs vit très-longtemps et n'exige d'autre soin

de culture que deux binages annuels opérés, l'un au printemps,
l'autre après la récolte, dans le but de détruire les mauvaises herbes
et les drageons ou gourmands.

On fait la première récolte deux ou trois ans après la plantation,
et on réitère cette opération après un laps de temps égal. On choisit
ordinairement la fin de juillet.

Après avoir coupé les tiges à environ $0^m,10$ du sol, on sépare les
jeunes rameaux munis de feuilles, que l'on fait sécher à l'ombre ;
puis on réduit le tout, par l'action du moulin, en une poudre qu'on
livre au commerce.

Cette poudre sert à préparer les cuirs fins, et notamment les peaux
de chèvre destinées à la fabrication des maroquins. On s'en sert aussi
pour la teinture en noir.

Les feuilles sont employées en médecine comme astringentes et
antiseptiques.

Les fleurs servent quelquefois à donner plus de force au vinaigre
dans lequel on les fait infuser.

Les fruits, qui ont une saveur acidule assez agréable, possèdent
des propriétés analogues à celles des feuilles et des fleurs. Les anciens
les employaient comme assaisonnement, et les Turcs s'en servent
encore, dit-on, pour le même usage.

Le Sumac de Virginie (*R. typhinum* L.) est un arbrisseau de trois
à quatre mètres, dont les rameaux, couverts de poils rougeâtres, ont
une moelle brune et abondante, et laissent écouler, par incision, un
suc laiteux, jaunâtre, épais. Ils portent des feuilles imparipennées et
se terminent par des panicules de fleurs ou de fruits rougeâtres.
Originaire de l'Amérique du Nord, cet arbrisseau est presque naturalisé sous nos climats. Il possède des propriétés semblables à celles
de l'espèce précédente.

Le Sumac fustet (*R. cotinus* L.), appelé aussi *Bois jaune*, *Arbre
à perruque*, etc., est un arbrisseau de trois à quatre mètres, à feuilles
ovales arrondies et à fleurs jaunâtres, qui croît abondamment sur
les montagnes du midi de l'Europe. Il vient assez bien sous le climat
de Paris, bien qu'il soit sensible aux gelées ; on l'y cultive assez souvent dans les jardins paysagers ; il demande une exposition chaude,
une terre légère et sèche. On le propage de graines semées en pépinière, de marcottes et d'éclats de pieds. Son bois, veiné de jaune
verdâtre, sert pour l'ébénisterie, la lutherie et le tour ; il donne une

couleur café qui peut être fixée sur la laine et le maroquin. Ses feuilles, qui sont regardées comme vénéneuses pour l'homme et les animaux, servent pour le tannage et pour la teinture en jaune.

A ces trois espèces, les plus répandues dans nos cultures, on peut en ajouter quelques autres moins importantes.

Le Sumac élégant (*R. elegans* L.) ressemble beaucoup au Sumac de Virginie, dont il n'est peut-être qu'une simple variété. Il est originaire des mêmes régions, se cultive comme lui et sert aux mêmes usages.

Le Sumac copallin (*R. copallinum* L.), originaire de la Caroline, est un arbrisseau de deux à trois mètres, dont la tige laisse écouler, par incision, une résine appelée *Copal d'Amérique*, et employée dans la fabrication des vernis.

Le Sumac vénéneux (*R. radicans* et *toxicodendron* L.), vulgairement Sumac à la gale ou Sumac à la puce, est un arbuste à tige grimpante, radicante. Son suc, âcre et vénéneux, lorsqu'il est mis en contact avec la peau, cause des ampoules et des érysipèles. Son extrait est employé en médecine. Cette espèce n'en est pas moins, et avec juste raison, proscrite des jardins.

Genre III. *Camélée.*

Cneorum L.

Arbrisseaux, à feuilles simples. Fleurs portées sur des pédoncules solitaires à l'aisselle des feuilles et munis de bractées. Calice très-petit, persistant, à trois dents égales. Corolle à trois pétales oblongs. Trois étamines, à anthères petites, à filets insérés sur le milieu d'un gynophore. Style court ; stigmate trifide. Baie petite, sèche, à trois coques monospermes.

La Camélée à trois coques (*C. tricoccum* L.) est un petit arbrisseau qui habite la région méditerranéenne, où il croît sur les coteaux, dans les lieux arides et secs, exposés au soleil. Toutes ses parties possèdent une saveur âcre et caustique très-prononcée. Il est très-dangereux pour les bestiaux. On l'emploie en médecine humaine, et surtout en médecine vétérinaire ; à l'intérieur, il est purgatif ; à l'extérieur, rubéfiant.

Plusieurs auteurs ont fait de ce genre le type d'une petite famille, qui a reçu le nom de *Cnéorées*.

FAMILLE XXIX. Légumineuses.

Cette famille renferme un nombre considérable de genres et d'espèces, disséminés sur presque tous les points du globe, mais surtout dans les régions tropicales ou subtropicales de l'ancien continent; elles sont un peu plus abondantes dans l'hémisphère boréal. D'assez nombreuses espèces sont cultivées dans les jardins, les champs et les forêts.

Nul groupe, en effet, celui des Graminées excepté, ne présente autant d'intérêt pour l'agriculture que la famille des Légumineuses. Celle-ci l'emporte même à certains égards; ses usages sont beaucoup plus variés. Elle comprend des végétaux alimentaires pour l'homme (haricot, lentille, pois); des plantes fourragères (trèfle, luzerne, sainfoin); des espèces textiles (genêt), tinctoriales (indigotier, campêche), oléagineuses (arachide); des arbres dont le bois est employé dans les arts industriels et particulièrement dans l'ébénisterie (cytise, robinier, courbaril); d'autres à fruits comestibles (caroubier, tamarin); des espèces médicinales (réglisse, astragale, copahu); enfin un grand nombre d'arbres, d'arbustes et de plantes herbacées que leur port élégant ou la beauté de leurs fleurs ont fait admettre dans les jardins d'agrément.

TRIBU I. PODALYRIÉES.

GENRE I. *Anagyre*.
Anagyris Tourn.

Arbrisseaux à feuilles ternées. Fleurs disposées en épis. Calice urcéolé, à cinq dents, persistant. Corolle à étendard court, à ailes et à carène plus longues, presque égales. Dix étamines libres. Gousse longue, comprimée, polysperme.

L'Anagyre fétide (*A. fœtida* L.), vulgairement nommé Bois puant, est un arbrisseau assez commun dans la partie occidentale du littoral de la Méditerranée. Son écorce et ses feuilles exhalent, quand on les froisse, une odeur forte et désagréable. Ses graines, qu'on pourrait confondre avec certaines variétés de haricots, renferment un principe vénéneux et ont occasionné quelquefois de grands accidents. Cette espèce est dangereuse pour les bestiaux; usitée autrefois en médecine, elle est à peu près abandonnée aujourd'hui.

TRIBU II. Lotées.

Genre II. *Lupin.*
Lupinus Tourn.

Plantes herbacées, à feuilles digitées. Fleurs en grappes ou en épis terminaux. Calice à deux divisions entières ou dentées. Dix étamines, à filets soudés entre eux à la base, à anthères alternativement oblongues et arrondies. Gousse oblongue, comprimée, coriace, polysperme.

Ce genre renferme une trentaine d'espèces, annuelles ou vivaces. Plusieurs croissent spontanément en Europe; d'autres y sont cultivées ou naturalisées. Les Lupins intéressent beaucoup l'agriculture, soit par leurs graines alimentaires, soit par leur utilité comme engrais verts.

Le Lupin blanc (*L. albus* L.) est une plante annuelle, originaire de l'Orient et cultivée aujourd'hui dans le midi de l'Europe. C'est surtout sous les climats chauds et dans les terrains légers et secs qu'il est appelé à rendre des services. Si on le cultive comme engrais vert, on peut se contenter d'un bon labour; mais si c'est pour obtenir la graine, il faut deux labours croisés. On le sème dans le courant de septembre ou au commencement d'octobre, et on l'enfouit par un labour profond et très-serré. Comme sa végétation est très-rapide et son feuillage très-développé, il surmonte et étouffe facilement les mauvaises herbes.

D'un autre côté, la graine se conserve longtemps sur pied dans sa gousse, après sa maturité, ce qui permet d'attendre un moment opportun pour la récolter.

Sous les climats du Nord, où cette culture a beaucoup moins d'importance, les semis se font au printemps.

La graine du lupin est alimentaire pour l'homme, mais seulement lorsqu'elle a perdu son amertume par la macération dans l'eau douce, salée ou alcaline. On ne la mange guère, du reste, que dans les pays pauvres, et, en général, on la réserve pour la nourriture des bestiaux.

Même, dans ce cas, il serait avantageux de la moudre grossiè-
rement.

Dans le Nord, on ne cultive guère le lupin à graine que pour sa
farine, employée en médecine comme résolutive.

Le lupin est souvent cultivé comme fourrage vert. Il plaît beaucoup aux bœufs et aux brebis, qu'il engraisse.

Enfin, la plante entière, enfouie par un labour pendant qu'elle est
en fleur, fournit un excellent engrais.

Le Lupin jaune (*L. luteus* L.) et quelques autres, bien qu'inférieurs aux précédents, peuvent être cultivés avec avantage.

Genre III. *Bugrane.*

Ononis L.

Plantes sous-frutescentes, souvent épineuses, à feuilles pennées ou
trifoliées. Fleurs en grappes terminales. Calice campanulé, à cinq
divisions linéaires. Corolle à étendard très-ample, dépassant les ailes,
à carène prolongée en bec. Dix étamines monadelphes. Style ascendant ; stigmate terminal. Gousse renflée, courte, contenant des
graines peu nombreuses.

Ce genre renferme plus de soixante espèces, parmi lesquelles celles
à fleurs roses, et notamment les bugranes champêtre, épineuse, rampante, etc., sont confondues sous les dénominations vulgaires de
Bugrane et d'Arrête-bœuf. On les trouve dans les champs incultes et
les lieux stériles. Les vaches, moutons, ânes et chèvres recherchent
ces plantes, surtout au printemps. Les habitants de plusieurs contrées mangent les jeunes pousses en salade, ou apprêtées diversement.
Il paraît que les anciens les faisaient mariner et les employaient sous
cet état comme assaisonnement.

Ces plantes sont quelquefois très-nuisibles dans les champs calcaires où elles sont très-abondantes. Leurs racines, longuement traçantes et très-résistantes, rendent les labours difficiles ; de là le nom
d'*arrête-bœuf*. On les détruit par des labours faits à l'aide d'une
charrue à soc plat bien aciéré. Les pieds qui ont résisté à l'action
de la charrue sont arrachés à la pioche. Les plantes, séchées, sont
brûlées.

On met quelquefois à profit la disposition traçante des racines des bugranes, pour retenir les terres en pente, sur les berges des fossés, les talus des routes et des chemins de fer, etc.

Genre IV. *Ajonc.*
Ulex L.

Arbrisseaux à rameaux avortés, très-épineux. Feuilles linéaires, terminées en pointe. Fleurs axillaires, en grappes. Calice coloré, divisé dès la base en deux lèvres. Dix étamines monadelphes. Gousse renflée, un peu plus longue que le calice, renfermant un petit nombre de graines.

L'Ajonc commun (*U. Europæus* L.), appelé aussi Jonc marin ou Landier, est abondamment répandu en Europe, particulièrement dans l'Ouest; il croit surtout dans les sols incultes et sablonneux, où ses fleurs jaunes s'épanouissent au premier printemps. On s'en sert pour faire des haies vives, qui ont l'inconvénient de se dégarnir à la longue par le bas. On l'emploie aussi pour chauffer les fours.

La principale utilité de l'ajonc en agriculture, c'est de fournir aux bestiaux un excellent fourrage. Mais les épines dont il est armé le rendraient complétement impropre à cet usage, si l'on n'avait soin de le broyer sous la meule ou avec des maillets, avant de le livrer à la consommation. On a bien trouvé des variétés d'ajonc non épineuses; mais les essais tentés pour les propager par la culture sont jusqu'à présent restés infructueux.

L'Ajonc nain (*U. nanus* L.), qui habite l'ouest et le centre de la France, est très-inférieur au précédent et ne peut guère être utilisé que pour le chauffage des fours.

Genre V. *Genêt.*
Genista Lam.

Arbrisseaux à feuilles simples ou trifoliées. Fleurs jaunes, solitaires ou réunies en grappes ou en épis terminaux. Calice à une ou deux lèvres, à cinq dents. Dix étamines monadelphes. Style subulé, incurvé ou enroulé au sommet. Gousse plane, comprimée, renfermant un petit nombre de graines.

Ce genre, subdivisé en plusieurs par les auteurs modernes, comprend un grand nombre d'espèces, qui croissent dans les lieux arides

et secs, les landes, les bois, sur les montagnes et les coteaux, etc.
Quelques-unes sont indigènes ou cultivées en Europe. Voici l'indication de celles qui intéressent plus spécialement l'agriculture.

Le Genêt des teinturiers (*G. tinctoria* L.), vulgairement Génes-
trole ou herbe à jaunir, est un arbrisseau qui atteint au plus la hauteur d'un mètre. Il est abondamment répandu en Europe, où il croît
surtout dans les bois et les friches. On peut le faucher rez-terre
aussi souvent qu'on veut. Ses jeunes pousses plaisent aux animaux
domestiques, surtout aux chevaux et aux moutons. On prétend, mais
cela n'est pas bien prouvé, qu'il donne une saveur désagréable au lait
des vaches qui s'en nourrissent. Ses sommités étaient fréquemment
employées autrefois pour teindre en jaune; elles sont aujourd'hui
avantageusement remplacées par la gaude. Ses fleurs sont diurétiques; ses graines, émétiques et purgatives.

Les Genêts à tige ailée ou Génistelle (*G. sagittalis* L.), à fleurs velues (*G. pilosa* L.), d'Angleterre (*G. Anglica* L.), purgatif ou griot
(*G. purgans* D. C., *Spartium purgans* L., *Sarothamnus* Gren.-Godr.),
et quelques autres sont également recherchés par les bestiaux.

Le Genêt commun ou à balais (*G. scoparia* Lam., *Spartium scopa-
rium* L., *Sarothamnus scoparius* Godr.-Gren.) a un mètre environ de
hauteur. Il croît dans les bois, les sols arides, les pâturages sablonneux, les landes stériles. Il peut servir à la nourriture du bétail. Ses
rameaux servent à faire des balais, des liens, ou à chauffer les fours.
En Italie, on les fait rouir comme le chanvre, pour en retirer de la
filasse. On dit même que dans certains pays on s'en sert pour le tannage des peaux. On les utilise comme litière, ou même on les enfouit
comme engrais vert. Enfin, on les brûle pour en retirer de la potasse.
Les tiges deviennent quelquefois très-fortes, et servent à faire des
échalas.

Les boutons de fleurs, confits dans le vinaigre, sont employés en
guise de câpres. Les graines servent à la nourriture des oiseaux de
basse-cour. Enfin les fleurs, infusées dans du lait, sont usitées en
médecine contre les maladies de la peau.

La propriété que possède cet arbrisseau de croître dans les terrains
les plus arides peut rendre sa culture avantageuse. Mais on lui préfère, sous ce rapport, l'espèce suivante.

Le Genêt jonc ou Genêt d'Espagne (*G. juncea* Lam., *Spartium jun-
ceum* L.) est un arbrisseau à tige et à rameaux dressés, junciformes,

atteignant une hauteur de 2 à 3 mètres. Il habite l'Europe méridionale, et croît surtout dans les sols arides et sablonneux. On le cultive, dans cette région, sur les coteaux, les terrains en pente. Le semis se fait ordinairement en janvier, sur un labour léger; il ne faut pas épargner la semence. Quand les jeunes plants sont assez forts, on les éclaircit de manière à laisser entre eux un intervalle de 0^m,65 environ. Il n'y a plus ensuite qu'à défendre la plantation contre les bestiaux. Au bout de trois ans, elle peut donner une première récolte.

« C'est dans le courant du mois d'août que l'on coupe les rameaux dont on veut retirer de la filasse. On les rassemble en petites bottes qu'on met à tremper pendant quelques heures dans l'eau après leur dessiccation, et qu'on fait ensuite rouir dans la terre en les arrosant tous les jours. Au bout de huit à neuf jours, on ôte les bottes de terre, on les lave à grande eau, on les bat et on les fait sécher.

« Pendant l'hiver, quand les travaux de la terre sont suspendus, on *tille* les rameaux du genêt d'Espagne. Le fil qui en provient est un peu gros, parce que n'étant pas un objet de commerce, sa filature ne se perfectionne pas; mais tel qu'il est, il suffit exclusivement aux besoins du ménage de plusieurs milliers de familles. » (Bosc.)

Ce n'est pas là le seul usage du genêt. Il fournit aux moutons un excellent fourrage vert ou sec, mais qu'il ne faut pas leur donner exclusivement. Les lapins l'aiment aussi beaucoup. Les fleurs sont recherchées des abeilles, et les graines servent à nourrir les oiseaux de basse-cour.

Genre VI. *Cytise.*

Cytisus L.

Arbres ou arbrisseaux à feuilles trifoliées. Fleurs en corymbes terminaux ou en grappes axillaires. Calice à deux lèvres. Corolle à étendard ovale, allongé. Étamines monadelphes. Style ascendant. Stigmate oblique. Gousse comprimée, polysperme.

Le Cytise aubours ou faux ébénier (*C. laburnum* L.) est un arbre de moyenne grandeur, qui croît dans les bois des régions montagneuses de l'Europe centrale. Le Cytise des Alpes n'en est qu'une variété. Cet arbre très-rustique croît dans presque tous les sols. On le multiplie de graines, semées à la fin de l'hiver dans une terre bien labourée. Son bois est brun et devient noirâtre dans les individus âgés; il est très-dur, souple, élastique, prend un beau poli et résiste longtemps à la pourriture. Il sert pour l'ébénisterie et le tour ; les jeunes tiges fournissent des cercles, des échalas, des rames, etc. Le feuilles sont émétiques et purgatives pour l'homme ; mais les moutons et les chèvres les mangent sans inconvénient.

Genre VII. *Anthyllide*.
Anthyllis L.

Herbes ou arbrisseaux à feuilles imparipennées. Fleurs en ombelle terminale. Calice tubuleux, renflé, vésiculeux, à cinq dents conniventes à la maturité. Corolle à étendard égalant les ailes de la carène. Ailes adhérentes à la carène par leur limbe. Étamines monadelphes. Gousse comprimée, arrondie, renfermée dans le tube du calice.

L'Anthyllide vulnéraire (*A. vulneraria* L.) habite l'Europe centrale. Elle croît dans les terrains calcaires, secs, exposés au soleil, et fournit aux bestiaux un bon fourrage. On a proposé de la cultiver pour cet objet.

Genre VIII. *Luzerne*.
Medicago L.

Plantes annuelles, bisannuelles ou vivaces, à feuilles pennées-trifoliées. Fleurs en grappes ou en capitules axillaires. Calice campanulé, à cinq divisions. Corolle caduque, à étendard dépassant les ailes et la carène, qui est obtuse et échancrée. Étamines diadelphes. Gousse polysperme, réniforme, courbée en faux ou contournée en spirale.

Ce genre renferme d'assez nombreuses espèces, qui toutes fournissent au bétail un aliment plus ou moins estimé. Quelques-unes se distinguent assez par leurs qualités pour être cultivées en grand dans les diverses régions du globe. Voici les plus importantes.

La Luzerne cultivée (*M. sativa* L.), originaire de la Médie, est connue et cultivée en Europe de temps immémorial. Elle peut croître et prospérer sous des latitudes assez élevées. C'est une plante vivace.

Bien que peu difficile sur le choix du sol, cette espèce demande, pour donner de bons produits, des terres profondes et perméables. Elle préfère les terrains d'alluvion, limoneux, siliceux mélangés de calcaire ou d'argile, les terres caillouteuses, mais profondes et riches. Mais elle redoute les sols compactes, humides, tourbeux ou marécageux.

Le sol, quel que soit sa nature, doit être bien ameubli et débarrassé des mauvaises herbes, surtout des espèces à racines vivaces et traçantes. Le semis se fait ordinairement en automne, dans le Midi, et au printemps dans le Nord. La graine est le plus souvent recouverte par un hersage; dans tous les cas elle ne doit pas être enterrée profondément. Les soins de culture que la luzerne exige pour donner des récoltes abondantes sont l'épierrement du sol, les hersages, les labours, l'application d'engrais minéraux ou de fumiers en couverture, enfin les irrigations.

La luzerne a dans les deux règnes organiques des ennemis assez nombreux. Tels sont, parmi les plantes, la cuscute, les rhizoctones, le chiendent et les agrostis, l'avoine à chapelet, le vulpin, etc.; et, parmi les insectes, la cantharide marginée, le charançon pyriforme, l'eumolpe obscur et le cercope écumeux.

La luzerne donne plusieurs récoltes ou *coupes* dans l'année; ce nombre va en diminuant à mesure que l'on avance vers le Nord. Les coupes s'espacent, suivant leur nombre et les circonstances locales, de la fin d'avril à la mi-novembre.

La luzerne se récolte à la faux ou à la machine à faucher. Cette opération est immédiatement suivie du fanage, puis du bottelage. Quelquefois on fait pâturer la luzerne sur place par les animaux domestiques.

La durée d'une luzernière varie de six à quinze ans, suivant le climat, la nature et la richesse du sol, etc. Quand elle s'épuise, on la défriche, et la terre se trouve bien préparée pour d'autres cultures. La luzerne est en effet une plante éminemment améliorante, qui rend au sol plus qu'elle ne lui emprunte; aussi convient-elle admirablement pour restaurer les terrains appauvris. De plus, elle constitue, verte ou sèche, un fourrage très-nutritif.

La Luzerne faucille ou de Suède (*M. falcata* L.) et la luzerne moyenne ou rustique (*M. media* Pers.) sont moins répandues et moins productives que la précédente; mais elles ont l'avantage d'être plus rustiques et de mieux végéter sur les terrains de médiocre qualité.

La Luzerne lupuline (*M. lupulina* L.), vulgairement *minette dorée* et improprement *Trèfle jaune*, est une plante bisannuelle, qui croit

naturellement en Europe. Elle est très-rustique et végète parfaitement dans toute l'étendue du territoire français. On en fait des
prairies artificielles, et on l'emploie souvent pour utiliser les jachères.

Cette plante est peu difficile sur la nature du sol, et a l'avantage
de résister aux grandes sécheresses. Aussi peut-elle croître dans les
sols arides, crayeux ou sablonneux. Mais elle préfère les sols argilo-
calcaires, et donne de plus beaux produits dans ceux qui sont frais et
fertiles.

On sème à l'automne, dans le Midi, et au printemps dans le Nord.
La lupuline ne demande pour ainsi dire aucun soin d'entretien. Il
est rare qu'on la fauche. Le plus souvent on la fait pâturer sur place.
Ce fourrage est très-recherché par les animaux domestiques.

La Luzerne maculée (*M. maculata* Willd.) est une plante annuelle,
qui a été proposée dans ces dernières années comme pouvant remplacer avantageusement la lupuline.

La Luzerne arborescente (*M. arborea* L.) est, d'après l'opinion
généralement admise, le Cytise tant vanté par les auteurs grecs. Les
essais tentés pour sa culture en grand dans le midi de l'Europe ont
eu peu de succès.

Genre IX. *Trigonelle.*

Trigonella L.

Plantes annuelles, à feuilles pennées-trifoliées. Fleurs solitaires,
géminées ou réunies en capitules axillaires. Calice campanulé, à cinq
divisions. Corolle à étendard égalant les ailes, qui sont étalées, à
carène obtuse. Étamines diadelphes. Gousse arquée, comprimée,
linéaire, polysperme.

La Trigonelle fenugrec (*T. fœnum græcum* L.) croît dans les régions méridionales. Les anciens faisaient usage, pour l'alimentation,
de ses semences et de ses jeunes pousses. Ils la cultivaient aussi comme
plante fourragère, et cet usage s'est conservé dans le midi de l'Europe.

Genre X. *Mélilot.*

Melilotus L.

Plantes herbacées, à feuilles trifoliolées. Fleurs en grappes spiciformes, effilées. Calice campanulé, à cinq dents. Corolle caduque, à

étendard au moins aussi long que les ailes, à carène obtuse. Étamines diadelphes. Gousse droite, oblongue, indéhiscente, contenant un petit nombre de graines.

Linné réunissait ce genre au suivant, avec lequel il offre une grande analogie, tant dans ses propriétés que dans ses caractères. Plusieurs espèces jouent un rôle assez important en agriculture et en économie domestique.

Le Mélilot officinal (*M. officinalis* Willd.) est une plante bisannuelle, commune en Europe, où elle croît dans les champs, les haies et les bois. Tous les sols lui conviennent, sauf ceux qui sont trop humides. Sa culture est facile : il suffit de répandre la graine sur le sol. Vert ou sec, il fournit aux bestiaux un excellent aliment. Mélangé aux autres fourrages, il les aromatise et les rend plus appétissants. On en extrait une eau distillée odorante. Il est aussi employé en médecine.

Le Mélilot blanc ou de Sibérie (*M. leucantha* Koch, *M. alba* Thuill.) présente des avantages encore plus marqués. Il sert aux mêmes usages, et ses graines sont employées pour la nourriture de la volaille. Il donne trois ou quatre coupes par an. Les tiges sèches des porte-graines sont utilisées pour chauffer le four, pour servir de litière ou sont brûlées pour faire de la potasse.

Le Mélilot bleu (*M. cœrulea* Lam.), vulgairement Baumier, Faux baume du Pérou, Lotier odorant, Trèfle musqué, etc., est annuel ou bisannuel. Toutes ses parties exhalent une odeur agréable, qui devient plus intense après la dessiccation. Aussi, indépendamment des usages des espèces précédentes, l'emploie-t-on pour parfumer le linge, pour faire des sachets odorants. Ses fleurs sont de celles que les abeilles recherchent davantage.

Genre XI. *Trèfle*.

Trifolium Tourn.

Plantes annuelles ou vivaces, à feuilles trifoliolées. Fleurs en capitules ou en épis compactes axillaires ou terminaux. Calice campanulé ou tubuleux, à cinq divisions. Corolle persistante, à étendard égalant ou dépassant les ailes, qui sont divergentes, et la carène, qui est obtuse. Étamines diadelphes. Gousse très-petite, renfermée dans le calice, ordinairement monosperme.

Le Trèfle rouge (*T. pratense* L.) est une plante bisannuelle ou vivace, commune en Europe, où elle croît dans les prés, les bois, au bord des chemins, etc., et fréquemment cultivée en prairies artificielles.

Cette plante, qui redoute surtout la sécheresse, se plaît de préférence sous les climats tempérés, humides et brumeux. Elle donne ses meilleurs produits dans les terrains calcaires mélangés d'argile ou de silice, d'ailleurs profonds, perméables, non sujets aux alternatives de gel et de dégel, naturellement riches ou rendus tels par des fumures abondantes. Le sol doit être bien préparé par des labours à plat, en planches convexes ou en billons.

On sème le trèfle, suivant le climat et les circonstances locales, à l'automne, au printemps ou même en hiver, toujours à la volée et rarement sur un sol nu. On recouvre la graine comme celle de la luzerne ; ces deux plantes exigent à peu près les mêmes soins d'entretien. La plupart des plantes et des animaux qui nuisent à la luzerne attaquent aussi le trèfle. Ce dernier a, de plus, à redouter les dégâts des limaces, que l'on arrête en répandant sur les trèflières de la chaux vive en poudre.

Le trèfle donne ordinairement deux coupes : l'une vers la fin du printemps, l'autre vers la fin de l'été. Il ne faut pas attendre que toutes les fleurs soient épanouies. La récolte se fait comme celle de la luzerne.

Cette plante constitue le plus hâtif des fourrages produits par les prairies artificielles ; elle est pour les bestiaux une nourriture excellente, mais dont il ne faut pas abuser.

Le trèfle rampant (*T. repens* L.) est bien moins productif que le précédent, mais il réussit mieux sur les terres sèches et légères. Il est avantageux de le mélanger avec des graminées, pour former le fond des prairies et des pelouses. Il est rare qu'on le fauche ; le plus souvent on le fait pâturer sur place par les moutons. Ses fleurs sont très-recherchées par les abeilles.

Le trèfle hybride (*T. hybridum* L.), tout aussi rustique, mais plus productif que le trèfle rampant, a l'avantage de croître très-bien sur les sols froids et humides.

Le trèfle élégant (*T. elegans* Savi) l'emporte encore sur l'espèce dont nous venons de parler.

Le trèfle incarnat (*T. incarnatum* L.) (Pl. 17.) est surtout cultivé dans le midi de la France. Dans le nord, il ne peut croître que sur les sols perméables et exempts d'humidité en hiver. Les terres mélangées de silice et d'argile sont celles sur lesquelles il donne les plus belles récoltes.

« Il est très-remarquable que la graine de cette espèce lève mieux sur un terrain dur, ferme et battu, ou sur un labour ancien. Les semis se font à la fin d'août ou au commencement de septembre. » (G. Heuzé).

Le genre trèfle renferme encore un certain nombre d'autres espèces, dont l'emploi peut être avantageux dans certaines circonstances spéciales.

Genre XII. *Lotier*.

Lotus L.

Plantes herbacées, à feuilles trifoliolées. Fleurs solitaires ou réunies en tête. Calice campanulé, à cinq divisions. Corolle à étendard environ de la longueur des ailes, à carène prolongée en bec. Étamines diadelphes. Gousse droite, linéaire, polysperme.

Ce genre renferme une quarantaine d'espèces, dont plusieurs présentent un certain intérêt en agriculture.

Le Lotier comestible (*L. edulis* L.) est une plante annuelle, originaire d'Italie et d'Orient, et qui peut croître en pleine terre sous le climat de Paris. Les gousses servent à la nourriture de l'homme et des animaux domestiques.

Le Lotier corniculé (*L. corniculatus* L.) est vivace et croît abondamment dans nos prairies. C'est une excellente plante fourragère, que l'on cultive en grand, en Angleterre, pour nourrir les chevaux et les moutons.

Le Lotier rouge (*L. Tetragonolobus* L., *Tetragonolobus purpureus* Mœnch) est annuel et originaire de Sicile. On le cultive en Allemagne. Ses gousses et ses graines sont comestibles. Ces dernières s'emploient aussi en guise de café.

Le Lotier siliqueux (*L. siliquosus* L., *T. siliquosus* Roth) est vivace et croît dans les pâturages. Sa trop grande abondance indique à l'agriculteur les prés qui doivent être labourés et cultivés en céréales pendant plusieurs années.

Genre XIII. *Amorpha*.

Amorpha L.

Arbrisseaux à feuilles imparipennées, à fleurs nombreuses, en épis axillaires et terminaux. Calice campanulé, à cinq dents. Corolle à étendard ovale, concave, dressé, onguiculé, dépourvue d'ailes et de carène. Dix étamines saillantes, monadelphes à la base. Style filiforme, droit, glabre. Gousse petite, comprimée, ovale-oblongue, courbée, tuberculée, contenant deux graines.

L'Amorpha frutescent (*A. fruticosa* L.), vulgairement Faux indigo, est un arbrisseau buissonneux, originaire de l'Amérique du Nord. On prépare avec ses jeunes pousses une sorte d'indigo. Il est recherché, comme tous ses congénères, pour orner les bosquets dans les jardins d'agrément.

Genre XIV. *Psoralier*.

Psoralea L.

Herbes et arbrisseaux glanduleux, à feuilles imparipennées ou trifoliolées. Fleurs en épis ou en fascicules globuleux. Calice glanduleux, campanulé, bilabié, à cinq dents, l'inférieure plus longue. Corolle à étendard réfléchi sur les bords, à ailes libres, à carène obtuse. Dix étamines diadelphes. Gousse membraneuse, indéhiscente, monosperme, renfermée dans le calice.

Le Psoralier bitumineux (*P. bituminosa* L.) est une plante vivace, à odeur forte, qui croît dans les lieux arides et maritimes du midi de l'Europe. Elle est employée en médecine.

La Picotiane (*P. esculenta* Nutt.), originaire de l'Amérique du Nord, produit un tubercule coriace, insipide, et peu succulent, recouvert d'une écorce épaisse et ligneuse, appelé *Tangres* par les naturels. Cette plante a été préconisée, dans ces dernières années, comme succédané de la pomme de terre. Mais son tubercule est de médiocre qualité, et les essais de culture n'ont pas donné de résultats avantageux.

Genre XV. *Indigotier*.

Indigofera L.

Herbes et arbrisseaux, à feuilles ordinairement imparipennées. Fleurs axillaires, solitaires ou en épis. Calice étalé, à cinq dents. Corolle à carène prolongée en éperon aigu. Gousse oblongue, linéaire, droite ou recourbée, polysperme.

Ce genre renferme plus de soixante espèces. La plus remarquable est l'Indigotier tinctorial (*I. tinctoria* L.), originaire de l'Inde, d'où elle a été introduite à Saint-Domingue, au Sénégal et dans quelques autres pays. Elle fournit une matière colorante bleue, qui est l'*indigo* du commerce. On emploie aussi pour le même usage quelques espèces voisines de celle-ci, peut-être même de simples variétés; tels sont les Indigotiers anil (*I. anil* L.), argenté (*I. argentea* L.), à deux graines (*I. disperma* L.), etc. Les Indigotiers demandent un terrain léger et un climat chaud. Ils peuvent durer dix ans, et donner trois récoltes annuelles de feuilles. Leur culture exige beaucoup de soins.

Genre XVI. *Réglisse*.

Glycyrrhiza Tourn.

Plantes herbacées, à feuilles imparipennées. Fleurs en grappes ou en épis axillaires. Calice tubuleux, gibbeux à la base, à cinq divisions. Corolle à étendard ovale-lancéolé, à ailes droites, à carène aiguë. Dix étamines diadelphes. Gousse comprimée, ovale-oblongue.

La Réglisse glabre (*G. glabra* L.) est une plante vivace, haute d'un à deux mètres, qui croît dans l'Europe méridionale et que l'on cultive dans le centre de la France. Elle est assez rustique, et d'une culture facile ; mais il faut la mettre à une exposition chaude et dans un sol léger, substantiel et profond. On peut la propager de graines semées en pots sur couche au printemps et repiquées en motte. Mais le moyen le plus prompt consiste à planter, au printemps ou à l'automne, des drageons ou pieds enracinés, que l'on dispose en lignes distantes de 0^m,33 et en planches séparées par des tranchées garnies de fumier (A. Gautier).

Les racines (ou mieux les rhizomes) ne se récoltent guère avant la troisième année. On sait que la Réglisse est d'un emploi fréquent dans la médecine populaire et qu'elle constitue une branche de commerce assez importante dans quelques localités. On en retire un extrait noir, appelé *jus* ou *suc de réglisse*.

La Réglisse épineuse (*G. echinata* L.), originaire de l'Orient, se cultive comme la précédente ; mais elle est plus rustique. Elle possède d'ailleurs les mêmes propriétés.

GENRE XVII. *Galega.*

Galega Tourn.

Herbes ou arbrisseaux à feuilles imparipennées, à fleurs en épis axillaires ou terminaux. Calice tubuleux, à cinq dents aiguës, presque égales. Corolle à étendard ovale, à ailes dépassant un peu la carène. Gousse oblongue, droite, un peu comprimée, polysperme.

Le Galéga officinal (*G. officinalis* L.), vulgairement Lavanèse, Rue de chèvre, Faux indigo, est une grande et belle plante vivace, qui croît dans le midi de l'Europe, dans les lieux frais et sur le bord des eaux. L'abondance de sa production foliacée l'a fait essayer comme plante fourragère ; mais il est de médiocre qualité, et peu recherché des bestiaux, qui en broutent à peine les jeunes pousses. Il est aussi employé en médecine, mais rarement. Enfin, il renferme une matière colorante bleue, analogue à l'indigo, mais en si faible proportion, qu'il n'y aurait aucun avantage à le cultiver pour cet objet.

Le Galéga d'Orient (*G. orientalis* L.) est bien supérieur comme plante fourragère ; on en a fait des prairies artificielles.

GENRE XVIII. *Robinier.*

Robinia L.

Arbres à feuilles imparipennées, à stipules épineuses. Fleurs en grappes axillaires. Calice petit, campanulé, à cinq dents. Corolle à étendard dépassant à peine les ailes. Dix étamines diadelphes. Gousse comprimée, oblongue, polysperme, bordée au côté interne.

Le Robinier faux-acacia (*R. pseudo-acacia* L.), appelé vulgairement mais à tort *acacia*, est un grand arbre, originaire de la Virginie, et naturalisé en France ainsi que dans la plus grande partie de l'Europe. Dans les régions septentrionales, il redoute les grands froids, et demande une exposition chaude et abritée, surtout contre les grands vents, auxquels sa cime rameuse donne beaucoup de prise. Il convient surtout aux plaines et aux coteaux. Peu exigeant sur la nature du sol, il préfère néanmoins les terres légères, substantielles, fraîches et assez profondes. Il vient bien dans les sables gras, riches en humus ; mais sa végétation est chétive dans les terres arides ou trop compactes, et dans les fonds marécageux. La disposition traçante de ses racines et l'abondance de ses drageons le rendent éminemment propre à retenir les terres en pente ; aussi est-ce l'essence la plus fréquemment employée pour les talus des routes et des chemins de fer ; il convient aussi pour les berges des canaux ou de cours d'eau, pourvu que le sol ne soit pas trop humide.

Le Robinier se propage avec la plus grande facilité ; le mode le plus usité est le semis. Les graines, qui sont très-abondantes, se cueillent vers la fin de l'automne, et sont semées de préférence au printemps, soit en plein, soit par bandes alternes, mais toujours dans un terrain bien nettoyé, ameubli et divisé par un hersage. On les recouvre d'environ un centimètre de terre, et on protége les jeunes plants contre l'action des gelées par une couverture de paille, de mousse ou de feuilles sèches.

Le Robinier se sème ordinairement seul ; il y aurait néanmoins avantage, dans beaucoup de cas, à l'associer à d'autres essences, notamment au chêne, au châtaignier ou à l'ailante. Le semis se ferait alors en deux ou plusieurs fois, afin de placer les graines des diverses essences à la profondeur convenable suivant la règle à suivre dans les semis mélangés. Des arrosements fréquents et copieux, toutes les fois qu'ils sont possibles, ne peuvent, surtout dans les grandes sécheresses, qu'exercer une heureuse influence sur la végétation du jeune repeuplement.

Les semis d'automne mettent cinq à six mois à lever ; ceux de printemps, un mois au plus. La végétation est très-rapide, et le jeune plant atteint quelquefois la hauteur de deux mètres dès la première année. Il arrive assez souvent que, malgré les précautions prises, le froid fait périr les jeunes tiges, mais sans atteindre les racines. Dès la troisième ou la quatrième année, il faut procéder au recépage.

Le semis en pépinière peut être plus dru que le semis en place. Il doit se faire sur une couche bien terreautée, être arrosé, biné et sarclé convenablement. Aux États-Unis, on pousse la précaution jusqu'à l'abriter, par des nattes, contre l'action desséchante du soleil. On pourrait obtenir le même résultat au moyen d'un paillis. L'année suivante, le plant a 0^m,50 à 0^m,60 de hauteur; on le repique à 0^m,65 de distance, après avoir supprimé le pivot. Les sujets trop faibles sont mis en rigoles pour être repiqués plus tard. On donne un labour en hiver et on élague modérément la partie inférieure de la tige. Au bout de trois ou quatre ans, le plant est bon à mettre en place.

Dans les régions septentrionales, on est quelquefois forcé, pour préserver de la gelée les jeunes plants, de semer en caisses ou en terrines, que l'on rentre, durant l'hiver, en orangerie ou sous châssis. On repique ensuite comme nous venons de le dire.

Le Robinier se multiplie encore très-facilement par boutures de rameaux ou de racines, par marcottes et par rejetons. Mais ces différents modes sont peu usités aujourd'hui. Cependant on emploie assez souvent les drageons pour le repeuplement des taillis. Les variétés horticoles et les autres espèces se propagent par boutures ou par la greffe sur le type du *R. pseudo-acacia*.

La plantation se fait à la fin de l'hiver, dans la plupart des cas, et en automne, dans les localités chaudes et sèches. On choisit des plants de 3 ou 4 ans pour les massifs, de 5 ou 6 pour les plantations de ligne. Des arbres plus âgés reprendraient bien aussi, mais demanderaient plus de soins. On rabattra à 0^m,50 du tronc les branches principales, mais on évitera d'étêter l'arbre. On ménagera surtout les racines, qui sont abondamment pourvues d'un chevelu propre à favoriser la reprise. Comme elles sont sujettes à se dessécher, on aura soin de bien tasser la terre; on ajoutera à celle-ci un peu de plâtre ou de fumier consommé, si l'arbre végète mal. Enfin, on mettra un tuteur, s'il est nécessaire.

Au mois d'août, on ébourgeonne la partie inférieure de la tige, en ménageant les bourgeons du sommet, destinés à former la tête. L'hiver suivant, on donne un léger labour. L'élagage se fera ensuite d'après les règles ordinaires. Lorsqu'on verra la pousse terminale se bifurquer, on coupera à moitié de sa longueur l'une des deux branches qui forment la fourche. Le Robinier, ainsi conduit, pousse vigoureusement et prend un accroissement rapide.

Le mode d'exploitation qui convient le mieux à cet arbre est le taillis simple. Ses nombreux drageons garnissent promptement les vides. Sa croissance est si prompte dès les premiers temps, que des brins de cinq à six ans présentent déjà un diamètre de $0^m,08$ à $0^m,10$, et, malgré cela, le bois est dur et d'un grain très-serré. Aussi pourrait-on l'exploiter à cet âge, bien qu'il soit préférable d'adopter une révolution de 10 à 12 ans.

Le Robinier présente un inconvénient dans les épines dont il est armé et qui peuvent blesser les ouvriers. Comme elles se trouvent surtout vers le sommet des rameaux, on peut s'en garantir avec quelques précautions. Elles ne produisent d'ailleurs qu'une piqûre simple, point dangereuse et très-facile à guérir. On a proposé d'introduire dans les taillis le Robinier sans épines ; mais cette variété, qui se forme naturellement en boule, ne convient guère qu'aux plantations d'ornement et n'aurait aucun avantage dans les forêts. Il faudrait d'ailleurs la propager par la greffe sur racines, ou exploiter toujours au dessus du point d'insertion de la greffe.

Le Robinier étant sujet à être rompu par les vents lorsqu'il est isolé, on ne doit pas laisser de baliveaux sur les taillis. Il vaudrait mieux, pour obtenir du bois de service, réserver un massif d'une certaine étendue, qu'on laisserait croître en futaie.

Ce dernier mode d'exploitation convient au Robinier. Son plus grand accroissement moyen ayant lieu de 50 à 60 ans, Lorentz et Parade prescrivent une révolution de 60 à 70 ans ; toutefois on l'exploite souvent à 50 ou même à 40 ans. La croissance rapide de cet arbre, la vigueur de ses jeunes plants, la facilité de dissémination de ses graines, ses nombreux drageons, présentent ici des avantages marqués.

On cultive assez souvent le Robinier comme arbre de ligne. On en fait aussi des têtards, en coupant la tige à la hauteur d'un à deux mètres. Lorsqu'on veut employer les feuilles à la nourriture des bestiaux, on coupe les rameaux tous les ans, vers le milieu de l'été, et l'on a soin de laisser pour entretenir la végétation, une ou deux branches, qui ne seront supprimées qu'à l'hiver suivant. On a encore essayé d'en faire des haies ; mais, outre que celles-ci sont sujettes aux attaques des bestiaux, elles ont l'inconvénient de pousser en hauteur et de se dégarnir du bas.

Le bois du Robinier est jaunâtre, bien nuancé et très-dur, quoique ayant des pores très-larges. Il est susceptible d'un beau poli et prend bien la couleur. Il a peu d'aubier, durcit en vieillissant, résiste à la pourriture et n'est pas attaqué par les insectes. Il se fend aisément, et se gerce quelquefois par la dessiccation. Bien qu'un peu cassant, il est fort et très-résistant, lorsqu'il est en masses d'un certain volume. Enfin, son élasticité est très-grande ; il plie d'abord, et ne rompt que sous un angle de flexion peu ouvert.

On emploie ce bois pour la charpente à l'air et dans les constructions navales. Mais c'est surtout comme bois d'industrie qu'il est estimé. On s'en sert pour le charronnage, la menuiserie, l'ébénisterie, le tour, les ouvrages de fente, etc. On en fait des meubles, des brancards, des limons, des essieux, des moyeux, des barreaux d'échelle, du merrain, des cercles de cuve, des rouets, des poulies, des montants de chaises et bien d'autres objets. C'est le bois le plus recherché pour les échalas, les rames et les perches à houblon. Enfin, il est assez bon comme chauffage, et son charbon est estimé, surtout pour la forge.

Les feuilles et les jeunes pousses sont très-goûtées, vertes ou sèches, par les animaux domestiques ; elles augmentent la saveur de la chair, la quantité et la qualité du lait. On peut en faire deux récoltes dans l'année. Les fleurs sont recherchées par les abeilles. On en fait des beignets, et la médecine les emploie comme laxatives.

Genre XIX. *Caragan.*

Caragana Lam.

Arbres ou arbrisseaux à feuilles paripennées. Fleurs solitaires à l'extrémité de pédoncules axillaires. Calice tubuleux, à cinq dents. Corolle à étendard appliqué sur les ailes, à carène droite et obtuse. Dix étamines diadelphes. Gousse terminée par le style filiforme, endurci.

Ce genre renferme une douzaine d'espèces, qui croissent dans le nord de l'Asie. On remarque surtout le Caragan en arbre (*C. frutescens* D.C., *Robinia caragana* L.), vulgairement Arbre aux pois. C'est un arbrisseau très-rustique, qui croît parfaitement en pleine terre sous le climat de Paris, et sert de sujet pour recevoir la greffe des autres espèces. Sa croissance rapide et son mode de végétation le rendent éminemment propre à faire des haies de clôture, et de petits taillis qui, exploités tous les quatre ou cinq ans, donneraient une quantité notable de bois de chauffage. Son écorce est textile. Ses feuilles forment une excellente nourriture pour les bestiaux, notamment pour les moutons. Ses racines sont très-recherchées par les cochons. Ses graines peuvent se manger comme les pois, et on les emploie avantageusement pour engraisser les volailles.

GENRE XX. *Baguenaudier.*

Colutea L.

Arbrisseaux à feuilles imparipennées, à fleurs en grappes axillaires. Calice campanulé, à cinq dents. Corolle à étendard un peu plus long que les ailes, à carène obtuse. Dix étamines diadelphes. Gousse polysperme, renflée, vésiculeuse, à valves minces et membraneuses.

Le Baguenaudier arborescent (*C. arborescens* L.) est un arbrisseau originaire des montagnes du midi de l'Europe et fréquemment cultivé dans nos jardins. Comme il croît dans les plus mauvais sols, on a proposé de le semer dans les landes, où il produirait du bois de chauffage. Ses feuilles et ses gousses, vertes ou sèches, conviennent beaucoup aux moutons, et ses fleurs sont très-recherchées des abeilles. Nous n'avons pas à nous occuper de son emploi en médecine et en horticulture.

GENRE XXI. *Astragale.*

Astragalus L.

Herbes ou sous-arbrisseaux à feuilles pennées. Fleurs axillaires, solitaires ou réunies en épis. Calice tubuleux, à cinq dents. Corolle à étendard dépassant les ailes et la carène. Dix étamines diadelphes. Gousse polysperme, allongée, arquée, divisée en deux loges longitudinales.

L'Astragale, Fausse-réglisse (*A. glycyphyllos* L.) est une belle plante vivace très-commune dans les bois et les prés. Ses racines peuvent remplacer la réglisse. Ses feuilles sont broutées par les bestiaux, et ses graines servent à nourrir la volaille. Quelques astragales épineuses fournissent la substance connue, en médecine et dans les arts, sous le nom de *gomme adragante.*

TRIBU III. Viciées.

Genre XXII. *Ciche*.

Cicer Tourn.

Plantes herbacées, velues-glanduleuses, à feuilles imparipennées, terminées en vrille. Fleurs axillaires, solitaires. Calice gibbeux à la base, à cinq lobes acuminés. Corolle à étendard obovale oblong, à ailes plus courtes que l'étendard et plus longues que la carène. Dix étamines diadelphes. Gousse ovoïde, renflée, renfermant deux graines gibbeuses et mucronées.

Le Pois-Chiche ou Pois pointu (*C. arietinum* L.) est originaire des bords de la Méditerranée, où on le cultive en grand pour les graines, qui servent à la nourriture de l'homme. Fauchée en vert, cette plante fournit un très-bon fourrage pour les moutons. Nous ne donnerons pas les détails de sa culture, qui concerne surtout le jardinage.

Genre XXIII. *Pois*.

Pisum Tourn.

Plantes herbacées, ordinairement grimpantes, à feuilles paripennées, terminées en vrille. Fleurs réunies en petit nombre à l'extrémité de pédoncules axillaires. Calice campanulé, à cinq divisions allongées, foliacées, inégales. Corolle à étendard muni, à sa base, de deux bosses calleuses. Dix étamines diadelphes. Style canaliculé en dessous. Gousse oblongue, comprimée, renfermant plusieurs graines ordinairement globuleuses.

Le Pois commun (*P. sativum* L.) ou Petit pois est une plante annuelle, originaire des bords de la Méditerranée. Il joue un certain rôle dans l'alimentation de l'homme. Mais, bien qu'il soit cultivé quelquefois dans les champs, il appartient essentiellement à la culture maraîchère.

Il n'en est pas de même du Pois des champs (*P. arvense* L.), appelé vulgairement Pois gris, pisaille, bisaille, Pois agneau, Pois de brebis, Pois de pigeon, etc. C'est une plante annuelle, cultivée avec succès dans toute la France, mais surtout dans le Nord, car elle re-

doute beaucoup la sécheresse et la chaleur. On en distingue trois
variétés principales : le *Pois gris d'hiver*, le *Pois gris de printemps*
(hâtif ou tardif) et le *Pois perdrix*. Toutes préfèrent les terres argileuses et un peu fraîches, fertiles, bien nettoyées et préparées par un
labour.

On sème le pois gris d'hiver en septembre ou octobre, et celui de
printemps successivement depuis les premiers jours de mars jusqu'à
la mi-juin. Comme les tiges traînent à terre, on a soin de semer en
même temps, dans les premiers cas, du seigle ou de l'avoine d'hiver,
dans le second, de l'avoine de printemps. Le semis est souvent suivi
d'un roulage. Dans le cours de la végétation, on donne un hersage
si l'on voit la surface du sol se prendre en croûte dure. On fauche
les pois gris quand ils sont presque défleuris et que les gousses inférieures sont complétement développées.

Le fourrage vert que fournit cette plante est très-nutritif et recherché par les bêtes ovines et bovines. Il en est de même du fourrage sec, quoique un peu dur et grossier. Les graines sont des plus
nourrissantes pour tous les animaux domestiques, et on les emploie
aussi avec succès pour engraisser la volaille.

Genre XXIV. *Vesce.*

Vicia L.

Plantes herbacées, généralement grimpantes, à feuilles paripennées, terminées en vrille. Fleurs axillaires, solitaires ou réunies en
grappes. Calice tubuleux, campanulé, à cinq divisions rarement
égales. Corolle plus longue que le calice. Dix étamines diadelphes.
Gousse ordinairement tronquée et oblique au sommet, contenant des
graines généralement globuleuses.

Ce genre, très-nombreux en espèces, se divise en plusieurs sous-
genres, que nous allons examiner successivement.

1° *Vesces* proprement dites. — La Vesce cultivée (*V. sativa* L.) est
l'espèce la plus importante de ce groupe. On en cultive trois variétés principales : la *Vesce d'hiver*, appelée quelquefois Jarosse ;
la *Vesce de printemps* ; la *Vesce blanche* ou d'Amérique, appelée
aussi Lentille du Canada.

Nous citerons encore la Vesce velue ou de Russie (*V. villosa* L.),
la Vesce multiflore (*V. crocea* L.), la Vesce jaune (*V. lutea* L.), la

Vesce sauvage ou des haies (*V. sepium* L.), la Vesce à une fleur ou Jarosse d'Auvergne (*V. monanthos* Koch), etc.

La Vesce est cultivée dans toute la France et dans la majeure partie de l'Europe. Une terre argileuse, mélangée de calcaire ou d'argile, lui convient particulièrement. Un seul labour suffit ordinairement; mais le sol doit être débarrassé des mauvaises herbes.

La vesce d'hiver se sème depuis le commencement de septembre jusqu'à la mi-novembre; celle du printemps, successivement depuis les premiers jours de mars jusqu'en juillet. Comme les tiges de ces plantes traînent, il faut les associer à des céréales, notamment à l'avoine d'hiver ou à l'escourgeon. Le semis, qui se fait toujours à la volée, doit être parfaitement recouvert, à l'aide de la herse, de la charrue ou du scarificateur. Dans les terres légères et sujettes à souffrir des sécheresses, on fait suivre la herse par le rouleau. La plante ne demande plus ensuite aucun soin d'entretien.

Sa récolte a lieu dans le courant de l'été; mais l'époque précise varie suivant le climat ou les variétés cultivées.

« Les tiges vertes des vesces forment une nourriture saine, nutritive et d'une digestion facile. Le foin de vesce est recherché par tous les animaux quand il a été bien récolté; ordinairement on le réserve pour la saison hivernale comme nourriture des bêtes à laine, des vaches et des chevaux. La graine des vesces est nutritive; elle remplace l'avoine dans la nourriture des chevaux et sa farine joue parfois un rôle important dans l'alimentation des vaches et l'engraissement des bœufs et des porcs. » (G. Heuzé.)

Les pigeons sont aussi très-friands de ces graines.

2° *Fèves*. — La Fève commune (*V. faba* L., *Faba vulgaris* Mœnch) est une plante annuelle, originaire de l'Orient. On en distingue deux variétés principales : la Fève des marais et la Féverolle. La première est cultivée en grand dans les jardins maraîchers, quelquefois aussi dans les champs, pour ses graines qui servent à la nourriture de l'homme. Toutefois, ce sujet est du domaine de l'horticulture.

La féverolle, que plusieurs botanistes ont élevée au rang d'espèce distincte, sous le nom de *faba equina*, est cultivée comme plante fourragère. Elle présente deux sous-variétés, la féverolle d'hiver et celle de printemps. La première se sème en octobre et novembre; la seconde, depuis février jusqu'en avril. On fauche la féverolle quand elle est en pleine floraison, si l'on veut la faire consommer comme fourrage vert; on attend au contraire la maturité des gousses, si l'on a en vue la récolte des graines. Dans ces différents cas, la féverolle constitue une excellente nourriture pour les animaux domestiques. On la cultive aussi avec avantage comme engrais vert.

3° *Ers*. — L'Ers ervilier (*V. ervilia* Willd., *Ervum ervilia* L.), appelé vulgairement Lentille bâtarde, Komin, Alliez, Orobe, Jarosse, etc., est une plante annuelle qui croît naturellement dans les moissons et que l'on cultive dans le Midi comme plante fourragère. Le produit est peu abondant, mais d'excellente qualité. Les graines servent à nourrir les bestiaux et la volaille.

4° *Lentilles*. — La Lentille commune (*V. lens* Coss.—Germ., *Lens esculenta* Mœnch) est une plante annuelle, originaire du midi de l'Europe, et cultivée jusque dans le nord. Elle a produit deux variétés principales : la grande et la petite Lentille, cette dernière appelée encore Lentille à la reine, Lentille rouge ou Lentillon. Elle préfère les terrains légers, siliceux ou calcaréo-argileux, fumés avec des engrais consommés. La préparation du sol consiste en un seul labour, suivi d'un hersage.

On sème les lentilles au printemps dans le Nord, et en hiver dans le Midi, dans des sillons tracés à l'aide du rayonneur. Un binage et un léger buttage, tels sont les seuls soins qu'elles réclament dans le cours de leur végétation. La récolte a lieu dès que les gousses commencent à brunir.

Cultivée comme plante fourragère, la lentille est souvent associée à la vesce, aux pois, aux fèves, à l'orge, à l'avoine, etc., pour obtenir ces fourrages mélangés connus sous le nom de *dragée*. La plante verte ou sèche est très-recherchée des bestiaux. Dans certaines localités, on la cultive comme engrais vert, et on l'enterre à la charrue quand elle est en fleurs.

Les graines sont pour l'homme un aliment substantiel, d'une saveur agréable, facile à digérer; elles fournissent une précieuse ressource dans les années où les blés d'hiver ont manqué. Il est même arrivé que, dans les temps de disette, on en a mélangé la farine à celle du froment pour la panification.

Genre XXV. *Gesse.*
Lathyrus L.

Plantes herbacées, à tiges anguleuses ou ailées, ordinairement grimpantes, à feuilles paripennées terminées en vrilles rameuses. Fleurs axillaires, solitaires ou en grappes. Calice campanulé, à cinq divisions inégales. Dix étamines monadelphes ou diadelphes. Style plan, linéaire ou élargi au sommet. Gousse oblongue ou linéaire, renfermant plusieurs graines arrondies.

Parmi les nombreuses espèces que renferme ce genre, nous remarquerons particulièrement les suivantes :

La Gesse cultivée (*L. sativus* L.) porte les noms vulgaires de Gesse, Pois breton, Pois carré, Pois de brebis, Lentille d'Espagne, etc. C'est une plante annuelle, indigène et cultivée en Europe, surtout dans les contrées méridionales. Peu exigeante sur la nature du sol, elle réussit sur les terres calcaires, légères, et même dans les sols de médiocre qualité, pourvu qu'ils soient perméables, car elle craint l'humidité. On la sème au printemps ou à l'automne, souvent associée à l'avoine d'hiver.

On la fauche tantôt quand elle est en fleurs, pour la donner en vert; tantôt quand les premières gousses commencent à mûrir, pour la convertir en fourrage sec; tantôt enfin quand les graines sont complètement mûres, quand on a surtout en vue ce dernier produit. Ces graines, en effet, conviennent parfaitement au bétail, et souvent même servent à la nourriture de l'homme.

La Gesse chiche (*L. cicera* L.), appelée aussi petite Gesse, Jarat, Jarosse, Gessette, Garousse, Gairoutte, Arrosse, etc., est une espèce annuelle et très-rustique, qui végète bien sur tous les sols qui ne sont pas humides, en hiver. On la sème en septembre. Sa culture est de tous points analogue à celle de la vesce. On la récolte comme l'espèce précédente. Elle fournit un excellent fourrage vert ou sec. Mais ses graines ont des propriétés très-nuisibles, et leur emploi alimentaire, pour l'homme ou pour les animaux, peut amener des accidents très-graves et même mortels. On ne doit donc pas faire consommer par les bestiaux des tiges sèches et non battues de jarosse si elles portent des gousses renfermant des graines arrivées à maturité.

La Gesse anguleuse (*L. angulatus* L.) et la Gesse sans feuilles

(*L. aphaca* L.) sont deux plantes annuelles, communes dans les moissons, et qui, par leur abondance, nuisent souvent aux céréales. Elles sont, il est vrai, fort goûtées par les bestiaux; mais l'expérience seule peut décider s'il y aurait avantage à les cultiver comme plantes fourragères. Cette observation s'applique aussi à la Gesse de Tanger (*L. tingitanus* L.).

La Gesse tubéreuse (*L. tuberosus* L.), appelée aussi Macusson, Macjon, Méguzon, Anotte, Gland de terre, etc., est vivace, ainsi que les espèces qui suivent. Elle croît dans les moissons de l'Europe centrale et méridionale. Elle produit des tubercules ovoïdes, noirâtres, de la grosseur du pouce, qui renferment un tissu féculent, blanc, tendre, d'une saveur analogue à celle de la châtaigne. En général, on ne cultive pas cette plante, qui offrirait bien moins d'avantages que la pomme de terre; mais, dans plusieurs pays, on récolte soigneusement ses tubercules, qu'on mange cuits à l'eau ou sous la cendre, et dont la fécule est susceptible d'entrer dans la composition du pain. Ses fanes, d'ailleurs, plaisent beaucoup aux bestiaux.

Les Gesses des prés (*L. pratensis* L.), des bois (*L. sylvestris* L.), des marais (*L. palustris* L.), à larges feuilles (*L. latifolius* L.), à feuilles variables (*L. heterophyllus* L.), sont des plantes vivaces, rustiques, et plus ou moins productives, dont les fanes, vertes ou sèches, peuvent servir à la nourriture du bétail, mais qui, jusqu'à ce jour, ne sont pas entrées dans la grande culture.

GENRE XXVI. *Orobe.*

Orobus Tourn.

Plantes herbacées, à feuilles paripennées. Fleurs en grappes axillaires. Calice à cinq divisions. Dix étamines monadelphes ou diadelphes. Style plan, linéaire ou élargi au sommet. Gousse oblongue ou linéaire, polysperme.

L'Orobe tubéreux (*O. tuberosus* L.) est vivace; il produit des tubercules oblongs, de la grosseur d'une noisette, peu abondants, mais de très-bon goût. L'Orobe printanier (*O. vernus* L.), commun dans les régions montagneuses, est un très-bon aliment pour les bestiaux. Ces plantes ne sont pas cultivées.

TRIBU IV. Hédysarées.

Genre XXVII. *Coronille*.

Coronilla L.

Plantes herbacées ou arbrisseaux, à feuilles imparipennées ou trifoliolées. Fleurs en ombelles axillaires. Calice court, campanulé, à cinq dents. Corolle à carène acuminée et prolongée en bec. Dix étamines diadelphes. Gousse articulée, droite ou un peu arquée.

La Coronille bigarrée (*C. varia* L.) est une belle plante vivace, commune dans les sols calcaires, secs et arides. La propriété qu'elle possède de croître dans ces terrains ingrats l'avait fait préconiser comme plante fourragère; malheureusement, elle est à peu près négligée par les bestiaux. On doit préférer, pour ce motif, la petite Coronille (*C. minima* L.), bien que celle-ci n'atteigne qu'un faible développement.

Genre XXVIII. *Ornithope*.

Ornithopus L.

Plantes herbacées, à feuilles imparipennées. Fleurs en ombelles ou en fascicules axillaires. Calice tubuleux, à cinq dents. Corolle à carène très-petite, comprimée, arrondie au sommet. Dix étamines diadelphes. Gousse articulée, étroite, allongée, comprimée, renfermant des veines oblongues.

L'Ornithope cultivé (*O. sativus* Brot., *O. compressus* L., *O. roseus* Duf.), vulgairement appelé Pied-d'oiseau, Serradelle, est une plante annuelle, originaire de l'Europe méridionale. Elle peut croître dans toute l'étendue de la France et ne craint pas la sécheresse. Les terrains sableux ou argilo-siliceux, légers, frais et perméables, lui conviennent particulièrement.

Le sol étant parfaitement ameubli par des labours et des hersages, on sème en septembre et octobre dans le midi et l'ouest de la France, en avril et mai dans le centre et dans le nord. Les tiges étant sujettes à se coucher, on associe la serradelle à l'avoine ou au moha de Hongrie. La graine est légèrement recouverte par un hersage. On fauche la plante quand elle est en pleine floraison. On peut aussi la faire pâturer sur place. Elle constitue, dans tous les cas, un excellent fourrage.

L'Ornithope nain (*O. perpusillus* L.) est une petite plante annuelle qui croît dans les lieux sablonneux. Elle plaît à tous les bestiaux, et surtout aux moutons.

Genre XXIX. *Arachide.*

Arachis L..

Plantes herbacées, à feuilles paripennées. Fleurs polygames, portées sur de longs pédoncules axillaires. Calice à tube long, à limbe divisé en deux lèvres, la supérieure à quatre dents courtes, l'inférieure entière. Corolle à étendard arrondi, à ailes oblongues, à carène recourbée et terminée en bec. Dix étamines monadelphes. Ovaire stipité ; style très-court. Gousse oblongue, épaisse, réticulée, indéhiscente, presque articulée, s'enfonçant dans la terre pour mûrir.

L'Arachide souterraine (*A. hypogæa* L.) (Pl. 18), vulgairement appelée Pistache de terre, est une plante annuelle, originaire du Mexique, et cultivée surtout dans le midi de l'Europe et en Algérie. Elle aime les terrains meubles, frais et substantiels, ou les sols légers, mais pouvant être irrigués. Le sol étant bien préparé et bien fumé, on sème l'arachide, au mois de mai, en lignes et au plantoir ; les soins de culture consistent à biner, à sarcler et à irriguer toutes les fois qu'il est nécessaire. Dès que les fleurs paraissent, on butte la plante, et l'on réitère cette opération à chaque apparition de nouvelles fleurs. On favorise ainsi la végétation naturelle de l'arachide, dont les fruits, par une particularité remarquable, ne mûrissent que lorsqu'ils sont enfoncés dans le sol. On arrache la plante dès qu'elle jaunit et cesse de produire des fleurs.

Les graines d'arachide fournissent une huile blanche, douce, d'une saveur agréable, et qui rancit difficilement ; elle est excellente pour l'alimentation, l'éclairage, les usages pharmaceutiques ou industriels, la fabrication des savons, etc. Le marc est utilisé pour la nourriture des animaux, et même de l'homme. La graine elle-même est alimentaire ; elle entre dans la composition du pain ou de chocolats économiques. On en fait des gâteaux, des émulsions, des purées, etc. Torréfiée, elle peut remplacer le café de chicorée. Enfin la tige et les feuilles constituent un très-bon fourrage.

Genre XXX. *Sainfoin.*

Hedysarum L..

Plantes herbacées ou sous-frutescentes, à feuilles imparipennées. Fleurs en épis terminaux. Calice à cinq divisions subulées, presque égales. Corolle à carène tronquée obliquement et dépassant les ailes. Dix étamines diadelphes. Gousse divisée en plusieurs articles monospermes, souvent réduite à un seul article.

Le Sainfoin cultivé (*H. onobrychis* L., *Onobrychis sativa* Lam.), appelé vulgairement Bourgogne ou Esparcette, est une plante vivace, qui croît sur les montagnes calcaires de l'Europe centrale et méridionale. Il est cultivé en France depuis le seizième siècle et peut prospérer dans toute l'étendue de notre territoire. Peu exigeant sur la nature du sol, il ne redoute que les terres argileuses, froides, compactes et trop humides. Le sol doit être préparé comme pour la culture de la luzerne.

Cette plante se sème ordinairement en automne dans le Midi, et en mars ou avril dans le Nord ou sur les sols où les plantes seraient sujettes à être déchaussées par les alternatives de gel et de dégel. Le semis a toujours lieu à la volée, et l'on enterre la graine assez profondément au moyen d'un ou deux hersages, suivis d'un roulage dans les terres légères et sèches. On associe quelquefois la graine de sainfoin à celles du trèfle rouge, de la pimprenelle ou du ray-grass. Les soins d'entretien sont les mêmes que pour la luzerne, avec des hersages plus légers.

« On fauche le sainfoin en mai dans le Midi ou dans la première quinzaine de juin dans la région septentrionale, lorsque les fleurs sont épanouies et que les gousses des premières fleurs sont formées, c'est-à-dire lorsque les épis sont au tiers défleuris. Il ne faut pas attendre que les fleurs soient complétement fanées, car les tiges forment un foin dur et de qualité très-secondaire. La seconde pousse se récolte en septembre et quelquefois seulement en octobre. » (G. Heuzé.)

Le plus souvent on fait consommer sur place cette seconde coupe par les bêtes à cornes. Les moutons nuisant beaucoup à cette plante, dont ils rongent le collet, on ne doit leur laisser pâturer que les sainfoins qui doivent être défrichés; cette dernière opération s'effectue comme pour les luzernes.

« Le sainfoin est considéré avec raison comme le meilleur et le plus sain de tous les fourrages; le lait des vaches en est meilleur et plus abondant. Consommé en vert, il n'expose pas les animaux à la météorisation, comme le trèfle; ses tiges ne deviennent pas ligneuses comme celles de la luzerne, même à l'état de pleine floraison. Mais c'est surtout comme fourrage sec qu'il est employé. Le rendement en fourrage est, à la vérité, moins élevé que celui du trèfle et de la luzerne; mais la différence est compensée par une meilleure qualité. Ses graines passent pour être deux ou trois fois plus nutritives que l'avoine; elles sont recherchées avec avidité par les volailles. » (Girardin et Du Breuil.)

La durée du sainfoin est généralement de dix à quinze ans. Il améliore les terrains pauvres, au point de préparer très-bien, à lui seul et sans fumier, pour une culture productive de froment, des sols qui, simplement fumés, n'auraient donné que de maigres récoltes de seigle. Dans le Centre et le Midi, on le substitue généralement aux vignes que l'on vient d'arracher, pour rendre à peu de frais au sol sa fécondité primitive. Aussi l'extension de la culture de cette légumineuse a-t-elle été pour l'industrie agricole un bienfait inappréciable.

Le Sainfoin d'Espagne (*H. coronarium* L.), appelé aussi Sainfoin à bouquets ou Sulla, est une belle plante vivace, originaire du midi de l'Europe, où on le cultive comme fourrage. Sa culture ne peut prospérer que dans les régions méridionales; là tous les sols lui conviennent. On doit le semer en automne pendant les pluies et sur un bon labour. Son produit est beaucoup plus considérable que celui du sainfoin ordinaire. Il peut durer plusieurs années; mais ordinairement on ne le laisse pas subsister au delà de la première. Sa sensibilité aux gelées est l'obstacle qui s'est toujours opposé à l'extension de sa culture dans les régions septentrionales, où il n'est cultivé que dans les jardins, comme plante d'ornement.

Nous citerons encore pour mémoire l'Alhagi (*H. alhagi* L.), arbrisseau épineux cultivé dans les contrées orientales, où il sert à la nourriture des chevaux et des chameaux.

TRIBU V. Phaséolées.

Genre XXXI. *Haricot.*
Phaseolus L.

Plantes herbacées, à tige ordinairement volubile, à feuilles trifoliolées. Fleurs en grappes axillaires. Calice campanulé ou tubuleux. Corolle à étendard arrondi, recourbé en arrière, à carène obtuse, contournée en spirale avec les organes sexuels. Dix étamines diadelphes. Gousse arrondie ou comprimée.

Les haricots, bien qu'appartenant surtout à la culture maraîchère, doivent être mentionnés ici ; le rôle considérable qu'ils jouent dans l'alimentation les fait souvent cultiver en grand dans les champs. Ce genre est assez nombreux en espèces ; mais deux seulement se trouvent dans la grande culture et prennent place dans les assolements. Ce sont le Haricot commun (*P. vulgaris* L.) et le Haricot de Lima (*P. lunatus* L.). La première de ces espèces a donné naissance à un grand nombre de variétés qu'on divise en deux groupes : les haricots *à rames*, dont les tiges longues et volubiles ont besoin d'appuis ou de tuteurs (H. de Soissons, sabre, de Prague, Prédome, etc.), et les Haricots *nains*, dont les tiges basses se soutiennent d'elles-mêmes (H. de Soissons nain, blanc d'Amérique, solitaire, suisse, gris de Bagnolet, etc.).

Les haricots servent surtout à la nourriture de l'homme. Leurs fanes forment un médiocre fourrage, mais elles constituent une excellente litière pour les chevaux.

Genre XXXII. *Dolique.*
Dolichos Gaertn.

Plantes herbacées, à tige ordinairement volubile, à feuilles trifoliolées. Fleurs en grappes axillaires. Calice tubuleux-campanulé, à quatre divisions, la supérieure large et obtuse, les trois inférieures étroites et aiguës. Corolle à étendard ouvert, à ailes libres, à carène recourbée à angle droit. Dix étamines diadelphes. Gousse aplatie.

Au double point de vue botanique et agricole, ce genre se lie étroitement au précédent. Les Doliques sont surtout des plantes potagères, cultivées dans les régions méridionales. Une seule espèce entre dans la grande culture, c'est le Dolique commun (*D. unguiculatus* L.., *D. melanophthalmos* D. C.), vulgairement Mongette. Le Lablab (*D. lablab* L.) est cultivé dans le nord de l'Afrique.

Genre XXXIII. *Apios.*

Apios Boerh.

Plantes herbacées, à rhizome tubéreux, à tige volubile, à feuilles imparipennées. Fleurs en grappes axillaires. Calice campanulé, à cinq dents inégales. Corolle à étendard large, réfléchi, à carène, tordue en spirale à l'extrémité, avec les organes sexuels. Dix étamines diadelphes. Gousse arrondie, falciforme.

L'Apios tubéreux (*A. tuberosa* Mœnch, *Glycine apios* L.), est une plante vivace, originaire de l'Amérique du Nord. Ses tubercules sont alimentaires pour l'homme, et les fanes peuvent servir à la nourriture des bestiaux.

TRIBU VI. Sophorées.

Genre XXXIV. *Sophora.*

Sophora L.

Arbres à feuilles imparipennées. Fleurs en panicules. Calice conique, à cinq dents courtes. Corolle à étendard arrondi, réfléchi, à ailes oblongues. Dix étamines libres ou à peine monadelphes. Gousse en chapelet, charnue, indéhiscente.

Le Sophora du Japon (*S. Japonica* L., *Styphnolobium Japonicum* Schott.), est un grand arbre, originaire de l'Asie Orientale. Jusqu'à présent, on ne l'a cultivé en Europe que comme arbre d'ornement. Il pourrait néanmoins acquérir une certaine importance économique, car son bois est d'excellente qualité, et ses gousses fournissent une couleur jaune, réservée, au Japon, pour teindre les vêtements de la famille impériale.

Genre XXXV. *Virgilier*.
Virgilia L.

Arbres à feuilles imparipennées, à pétiole creux à la base et re-
couvrant complétement le bourgeon. Fleurs en grappes ou en panicules. Calice campanulé, à cinq dents obtuses, presque égales. Corolle
à étendard large, arrondi, réfléchi-étalé ; à ailes oblongues, droites,
obtuses ; à carène composée de deux pétales distincts. Dix étamines
libres ou à peine monadelphes. Ovaire stipité, linéaire. Gousse comprimée, membraneuse, renfermant quelques graines oblongues,
comprimées.

Le Virgilier jaune (*V. lutea* Michx., *Cladrastis tinctoria* Raf.), est
un arbre de moyenne grandeur, originaire de l'Amérique du Nord.
Son bois jaune est d'un grain fin, et le cœur donne une teinture
aussi solide qu'éclatante.

TRIBU VII. Césalpiniées.

Genre XXXVI. *Campêche*.
Hæmatoxylon L.

Arbres épineux, à feuilles paripennées. Fleurs en grappes axillaires. Calice à cinq divisions profondes et réfléchies. Corolle à cinq
pétales égaux. Dix étamines libres. Gousse très-comprimée, presque
plane, ailée d'un côté, renfermant une à trois graines.

Le Campêche (*H. Campechianum* L.) est un arbre de moyenne
grandeur, qui croît dans l'Amérique équatoriale, notamment dans la
baie de Campêche, d'où lui vient son nom. Il est naturalisé et cultivé
aux Antilles. Son bois est employé dans l'ébénisterie, mais surtout
dans la teinture. Il est aussi usité quelquefois en médecine.

Genre XXXVII. *Gaînier*.
Cercis L.

Arbres et arbustes à feuilles simples. Fleurs fasciculées, naissant
avant les feuilles. Calice urcéolé, renflé à la base, à cinq dents obtuses. Corolle à ailes dépassant l'étendard et la carène. Dix étamines

inégales. Ovaire stipité. Gousse comprimée, oblongue, mince, renfermant plusieurs graines arrondies.

Le Gaînier commun (*C. siliquastrum* L.), vulgairement nommé Arbre de Judée, est un arbre de moyenne grandeur, originaire des bords du bassin méditerranéen et cultivé dans nos jardins d'agrément. Son bois, d'un grain très-fin, susceptible d'un beau poli, est bon pour l'ébénisterie, la marqueterie, la tabletterie et le tour. Ses fleurs servent de condiment, et on les confit au vinaigre, en guise de câpres.

Genre XXXVIII. *Caroubier*.

Ceratonia L.

Arbres à feuilles paripennées. Fleurs polygames, dépourvues de corolles, groupées en épis axillaires. Calice très-petit, à cinq divisions. Cinq étamines (rarement davantage), libres, longuement saillantes, insérées sur un disque charnu. Gousse grande, longue, aplatie, coriace, à loges pulpeuses, renfermant des graines dures et luisantes.

Le Caroubier à siliques (*C. siliqua* L.) est un grand arbre, originaire des bords du bassin méditerranéen. Il croît avec une extrême lenteur. La pulpe visqueuse, brunâtre, d'une saveur mielleuse, que renferment ses fruits, offre peu d'avantages pour l'alimentation de l'homme, à cause de ses propriétés laxatives. Mais elle fournit une grande ressource pour la nourriture des animaux domestiques, et surtout des cochons, qu'elle engraisse rapidement. Le bois est très-dur. Les feuilles sont astringentes et employées pour le tannage.

Genre XXXIX. *Février*.

Gleditschia L.

Arbres généralement épineux, à feuilles pennées ou bipennées. Fleurs polygames, en grappes axillaires. Calice de trois à cinq divisions. Corolle de trois à cinq pétales. Étamines en nombre double de celui des pétales. Gousse allongée, plate, pulpeuse à l'intérieur, renfermant des graines dures, ovales.

Ce genre renferme une dizaine d'espèces, disséminées dans les régions tempérées de l'hémisphère nord. La plus importante est le

Févier à trois épines (*G. triacanthos* L.) (Pl. 19). C'est un arbre de moyenne grandeur, originaire des États-Unis.

Il peut croître en pleine terre dans toute l'étendue de la France, mais à une exposition abritée, surtout dans le Nord. Il aime les terres légères, substantielles et profondes, plutôt sèches qu'humides ; il s'accommode assez bien néanmoins de toute terre sablonneuse, pourvu qu'elle ne soit pas trop aride.

On le propage de graines semées en pépinière au printemps. Les jeunes plants sont repiqués en pépinière et reçoivent les soins habituels. On les plante à demeure, dès qu'ils ont atteint l'âge de quatre ou cinq ans. Cet arbre se reproduit encore par boutures de racines, par drageons ou par rejetons.

Le Févier se recommande peu comme arbre de futaie ou de taillis ; mais il est un des premiers comme arbre de ligne ou isolé. Il convient particulièrement pour la plantation des grandes routes.

Un des meilleurs usages auxquels on puisse appliquer utilement le févier, c'est la formation des haies de clôture pour les champs et les jardins. On trouve dans le midi de la France beaucoup de ces haies, que les fortes épines dont elles sont armées rendent impénétrables ; mais il faut les tailler souvent et les empêcher de s'élever. Le Févier à grosses épines (*G. macracantha* Desf.) est encore plus propre à cet usage.

Le bois du févier est dur, liant, veiné de rouge, d'un grain fin et serré ; il ressemble beaucoup, par son organisation, à celui du robinier faux acacia, dont il diffère surtout en ce qu'il a le grain plus gros et les pores plus ouverts. Il est un peu cassant, et se fend ou éclate avec facilité. Il peut servir à beaucoup d'usages, notamment pour la menuiserie et l'ébénisterie. Cependant, en Amérique, on ne l'emploie guère que pour le chauffage (auquel il est très-propre d'ailleurs), ou bien pour faire des barres destinées à enclore les champs. Mais cela tient surtout à ce que l'on possède d'autres arbres préférables pour l'emploi dans les arts. On assure que ce bois, se conservant dans l'eau sans s'altérer, est très-bon pour les pilotis.

Avec les fibres de l'écorce, on pourrait faire des cordes, des tissus souples et solides. Le suc rougeâtre qui exsude de l'arbre possède quelques-unes des propriétés de la gomme arabique. Enfin, la pulpe du fruit sert, en Amérique, à faire une boisson fermentée analogue à la bière.

TRIBU VIII. Mimosées.

Genre XL. *Acacia.*

Acacia Neck.

Arbres ou arbrisseaux, à feuilles pennées ou bipennées, souvent réduites à des phyllodes ou pétioles élargis. Fleurs généralement sessiles. Calice campanulé ou turbiné, ordinairement à cinq dents. Corolle régulière, campanulée ou en entonnoir, à limbe partagé en cinq (rarement quatre) divisions. Étamines en nombre indéfini, le plus souvent libres. Gousse sèche, uniloculaire, contenant des graines en nombre indéfini.

Ce genre renferme plus de trois cents espèces, qui croissent pour la plupart dans la zone équatoriale ou dans les régions extratropicales de l'Australie. Quelques-unes de ces dernières paraissent susceptibles d'être naturalisées en France.

Beaucoup de ces végétaux sont remarquables par les produits qu'ils fournissent à la médecine et aux arts, bois, tannin, cachou, gommes, sucs divers, fruits comestibles, etc. En général, les acacias ont le bois dur ; mais on en tire peu de parti, parce qu'il est rarement droit. Plusieurs espèces fournissent du cachou, d'autres de la gomme arabique ; mais leur histoire intéresse surtout la Flore médicale. L'Acacia de Farnèse ou Cassie (*A. Farnesiana* Willd.) est cultivé dans le sud-est de la France pour ses fleurs odorantes, qui sont employées dans la parfumerie.

FAMILLE XXX. Rosacées.

Cette famille renferme un nombre considérable d'espèces, qui sont pour la plupart répandues dans les diverses régions de l'hémisphère boréal. C'est l'une des plus importantes, au point de vue des applications pratiques. Elle nous fournit la majeure partie des fruits rafraîchissants et savoureux qui ornent nos tables, et dont plusieurs servent à fabriquer des boissons fermentées, des sirops, des liqueurs, des conserves, des gelées, etc. En médecine, elles sont souvent astringentes et employées comme toniques ; plusieurs donnent de la gomme ou d'autres substances. D'autres sont utilisées dans la parfumerie. L'agriculture elle-même y trouve des plantes fourragères ou économiques ; et presque tous les arbres de cette famille ont un bois dur, solide et fin, recherché pour les arts industriels. Enfin, il est bien peu de Rosacées que l'élégance de leur port ou la beauté de leurs fleurs n'aient pas fait introduire dans nos jardins. Il y aurait donc beaucoup à dire sur cette famille, si nous ne devions, conformément à notre plan, nous borner à l'étudier ici uniquement au double point de vue agricole et forestier.

TRIBU I. Pomacées.

Genre I. *Poirier.*

Pyrus Lindl.

Arbres et arbrisseaux, à feuilles simples, entières ou diversement découpées, munies de stipules caduques. Fleurs solitaires ou groupées en corymbes. Calice à cinq divisions foliacées. Corolle à cinq pétales arrondis. Étamines nombreuses. Ovaire infère, à cinq loges (rarement moins) biovulées. Fruit globuleux ou pyriforme, charnu, surmonté par les lobes persistants du calice.

Ce genre très-naturel se divise en trois sections, que plusieurs botanistes considèrent comme des genres distincts, savoir : 1° les Pommiers (*Malus*) à fruit arrondi, quelquefois un peu anguleux, plus ou moins déprimé, rarement allongé, ombiliqué à la base et au sommet, à endocarpe cartilagineux, à cinq loges dispermes ; 2° les Poiriers proprement dits (*Pyrus*), à fruit allongé, pyriforme, rarement arrondi, ombiliqué au sommet seulement, à endocarpe membraneux, à cinq loges dispermes ; 3° les Sorbiers ou Alisiers (*Sorbus*), à fruit globuleux ou turbiné, ombiliqué au sommet seulement, à endocarpe membraneux, présentant une à quatre loges monospermes par avortement. Nous allons étudier successivement chacune de ces trois sections, en nous attachant surtout à ce qui concerne la grande culture.

I. Pommiers.

Le Pommier commun (*P. malus* L., *Malus communis* Lam.), est un arbre de moyenne grandeur, qui croît spontanément dans les forêts de l'Europe. A l'état sauvage, il ne produit que des fruits très-petits, acides et âpres, qu'on donne à manger aux vaches et aux cochons, ou dont on fabrique une boisson médiocre. Amélioré de temps immémorial par la culture, il a produit un grand nombre de variétés dont les fruits sont plus ou moins estimés.

Ces variétés se divisent en deux grands groupes : 1° les pommes *douces*, dont le fruit est agréable à manger, et qui sont du domaine de l'arboriculture ou de l'horticulture ; 2° les pommes *acerbes* ou à *cidre*, uniquement destinées à la préparation de cette boisson, et dont nous allons nous occuper.

Il ne faudrait pas regarder toutefois les pommes douces comme impropres à ce dernier usage. Le bon cidre, dit avec raison M. de Gasparin, ne s'obtient que du mélange de plusieurs qualités de pommes. Nous donnons, d'après M. de Brébisson, la liste des meilleures variétés employées pour faire le cidre, en les classant en trois époques de maturité.

1re SAISON. (Pommes précoces, commencement d'août). — *P. douces* : Relet (Coqueret); Doux veret ; Cocherie flagellée ; Guillot-Roger ; Blanc doux ; Haze ; Renouvellet doux. — *P. amères* : Girard (Papillon); Amer doux blanc ; Blanc mollet.

2e SAISON. (Fin septembre). — *P. douces* : Ozane; Gallot; Tarbet. — *P. amères* : Frégain ; Moufflette ; Amer doux ; Queue nouée.

3e SAISON. (Fin octobre). — *P. douces* : Marin Onfroy; Germaine; Barbarie ; Peau de vache ; Béden ; Sauvage ; Muscadet ; Jean Huré. — *P. amères* : Haute bonté ; Chenevière ; Pétas.

Un juge des plus compétents en pareille matière, M. Alph. Du Breuil, recommande de ne pas choisir exclusivement des pommes de troisième saison, bien que donnant le meilleur cidre. En prenant dans les trois catégories, on pourra échelonner la récolte et le brassage, de manière à n'être pas pressé par le temps ou pris à dépourvu de fûts. On pourra aussi, au besoin, mélanger les cidres doux avec ceux qui sont trop acides. Enfin, avec des pommiers fleurissant à différentes époques, on risquera moins de voir la récolte entièrement détruite par les gelées ou par d'autres causes.

Le pommier à cidre peut croître dans toute l'étendue de la France ; toutefois il n'est guère cultivé que dans la région du nord-ouest, où le cidre forme la boisson ordinaire. Il préfère les expositions du sud et du sud-est. On le plante en bordures sur des terres cultivées ou en lignes dans ces mêmes terres (sauf celles de première qualité) et dans les pâturages.

Les sols très-frais, profonds et meubles, les alluvions calcaires ou schisteuses, conviennent particulièrement au pommier. Les terres fortes et profondes donnent les cidres les plus alcooliques; les terres pierreuses et bien exposées, les plus délicats. Bien que cet arbre ne soit pas très-exigeant en fait d'engrais azotés, le fumier exerce néanmoins une action favorable sur sa végétation.

On doit en général choisir, pour les plantations, des arbres de bonne venue, greffés en tête, ayant au moins 2^m,30 de tige nue, et une circonférence de 0^m,14 à 0^m,20, mesurée à un mètre du sol. Quand on les plante en bordures, l'espacement varie de 15 à 20 mètres; en quinconces, de 10 à 15 mètres. Les arbres seront d'autant plus distants que le sol est plus humide ou plus fertile.

La plantation se fait à l'automne, dans les terrains secs, et à la fin de l'hiver, dans les sols humides. On évitera d'étêter les arbres, à moins que cela ne soit nécessaire pour les greffer en tête ou en couronne. Les jeunes plants sont garantis avec des épines, ou par les moyens analogues usités en pareil cas. Les plantations recevront tous les ans les labours, binages et sarclages nécessaires.

La taille consiste à retrancher l'extrémité des rameaux, afin de favoriser la formation des lambourdes, à enlever les branches gourmandes de l'intérieur de la cime, à éclaircir les parties trop touffues, enfin à extirper les chicots et le bois mort.

On aura également le soin de détruire le gui ; on se débarrassera, à l'aide d'un lait de chaux, des mousses, des lichens et même des pucerons ; enfin, on ne négligera pas l'échenillage.

Quand les arbres sont très-vieux, on peut les rajeunir en les couronnant et en greffant les nouvelles pousses.

La récolte ne doit se faire qu'à la parfaite maturité des pommes. On reconnaît que le moment est favorable lorsque les fruits tombent, soit spontanément, soit tout au moins quand on imprime une secousse à l'arbre. On doit alors, tous les deux ou trois jours, parcourir le verger et secouer les branches, soit à la main, soit avec un croc. Le gaulage doit être pratiqué le plus tard et le moins possible. On ramasse aussitôt après tous les fruits tombés, et l'on se hâte de les envoyer au pressoir, après avoir enlevé tout ce qui est atteint de pourriture.

Les usages du cidre sont suffisamment connus. Le marc ou résidu de la fabrication est utilisé de diverses manières en agriculture. Quand il contient beaucoup de pepins intacts, il peut servir à créer à peu de frais une pépinière de pommiers. On l'emploie, mélangé avec du son, pour suppléer à la disette des fourrages, surtout pour les vaches et les cochons. Quand il est sec, il forme un bon combustible. Enfin, on l'applique avantageusement comme engrais sur les terrains secs et arides, ainsi que sur les prairies et dans les plantations de pommiers.

Le bois, d'un grain fin et d'une couleur grisâtre, est sujet à se fendre et à se voiler ; il est néanmoins recherché pour la menuiserie, l'ébénisterie et le tour ; on en fait aussi les planches d'impression pour les indiennes. Il donne un feu vif et soutenu et un excellent charbon. En général, on préfère, pour les arts, le bois du pommier sauvage.

Les autres espèces de pommiers ne sont cultivées que dans les jardins fruitiers ou d'agrément.

II. Poiriers.

Le Poirier commun (*P. communis* L.) est un grand arbre, qu'on trouve à l'état sauvage dans nos forêts, surtout dans les régions montagneuses. Il porte alors des fruits qui n'ont pas plus de qualité que ceux du pommier sauvage, et que l'on utilise de la même manière. Soumis aussi à la culture, il a donné un nombre plus considérable encore de variétés.

Nous n'avons à mentionner ici que celles de ces variétés qui sont recherchées par la grande culture, pour servir à la fabrication du *poiré*. Ces fruits sont en général d'une âpreté qui ne permet pas de les faire entrer dans l'alimentation. Voici les plus importantes, formant deux catégories :

1° Raguenet, Dongoise, de Miers, de Chemin, de Brache, Lantricotin, de Fer, Saugier, d'Angoisse ;

2° Moque friand, Gros vert, le Gréal, Grippe, Carisi, Binetot, Bisson, Trochet, Gros-Ménil, Sabot, Valmont, de Guoncey, de Maillot, de Roux.

Comme les poires ne se conservent pas longtemps, on fera bien, dans le choix des variétés, de s'en tenir à un petit nombre, qui mûrissent en même temps.

Le poirier est surtout cultivé dans l'est de la France. Il préfère les sols calcaires et exige moins d'humidité que le pommier. Il demande plus d'espacement. La culture et la récolte se font comme pour ce dernier.

Généralement moins estimé et moins facile à conserver que le cidre, le *poiré* est pourtant, quand il est bien fait, une boisson assez agréable. Le marc s'utilise comme celui du cidre.

Le bois du poirier, surtout des individus sauvages, est plus estimé que celui du pommier. On l'emploie pour la marqueterie et le tour, et même pour la gravure, bien qu'il soit inférieur, sous ce rapport, au buis et au cormier.

III. Sorbiers.

Les Sorbiers n'ont qu'une médiocre importance comme arbres fruitiers; mais la beauté de leur végétation et la qualité de leur bois les recommandent à l'attention des forestiers et des planteurs. On les divise en *Sorbiers* proprement dits et *Alisiers*.

1. Le Sorbier cultivé ou Cormier (*P. sorbus* Gaertn., *Sorbus domestica* L.) est un grand arbre originaire du midi de l'Europe, mais susceptible d'être cultivé assez avant dans le nord. Il recherche les plaines et les vallées abritées, et préfère les expositions où le soleil est le moins ardent et où la terre conserve par conséquent plus de fraîcheur. Il se plaît dans les sols calcaires et les terres fortes, profondes et substantielles.

On le voit néanmoins croître souvent sur les rochers, dans les fissures desquels ses racines peuvent s'enfoncer. Dans le Midi, il est quelquefois planté au milieu des terres cultivées; dans le Nord, on pourrait le planter sur le bord de ces terres, car il pivote et donne peu d'ombrage.

On le propage de graines, qu'on sème aussitôt après leur maturité (ou bien au printemps, après les avoir conservées en jauge durant l'hiver); à l'exposition est de préférence. On abrite dans les commencements de la végétation. La culture est difficile dans les premières années; il est un peu rebelle à la transplantation. On le sème avantageusement dans les haies, dans les vides ou sur les lisières des bois.

On peut encore le greffer en fente rez-terre ou même sur racines, sur poirier, aubépine et quelques autres essences; il croît plus vite ainsi, mais donne des arbres moins beaux et de moindre durée ; aussi ce mode est-il peu employé.

En général, le cormier croît lentement ; mais sa croissance peut être accélérée par la richesse du sol et la chaleur du climat. Comme il vit, du reste, jusqu'à deux siècles, cette longévité lui permet d'arriver à des dimensions considérables.

Peu répandu dans les bois, il est surtout cultivé comme arbre isolé, et on en fait de belles avenues.

Le bois du cormier est très-dur, pesant, compacte, solide, liant, coriace, rougeâtre, d'un grain fin et très-homogène, susceptible de recevoir un beau poli. Sa durée est très-grande, et son prix assez élevé, pour peu que les échantillons soient gros. On l'emploie pour la menuiserie, l'ébénisterie et le tour. On en fait des planches, des tables, des membrures, des manches et montures d'outils, des meubles, des écuelles, etc. Il demande en général à être employé très-sec ; sinon il est sujet à se déjeter. Il sert, dans la mécanique et le charronnage, pour les pièces exposées au frottement : dents et rayons de roue, vis de pressoir, écrous, chevilles, timons de charrette, fuseaux, alluchons et différentes pièces de moulins. Les armuriers l'emploient pour les montures d'armes à feu. Il est assez dur pour servir à la gravure. L'écorce est employée pour la teinture en noir et pour le tannage.

Les fruits (*cormes ou sorbes*) sont comestibles lorsqu'on les a laissés blétir ; on en fabrique une boisson (*cormé*) analogue au cidre, du vinaigre et de l'eau de vie. Infusés dans l'eau, ils donnent une boisson économique, bonne et fort saine pour les campagnards. On les dessèche aussi pour provisions d'hiver.

Toutes les parties de cet arbre sont astringentes, et employées quelquefois comme telles en médecine.

2. Le sorbier des oiseleurs (*P. aucuparia* Gaertn, *Sorbus aucuparia* L.) (Pl. 20), vulgairement appelé cochéne ou arbre à grives, est un assez grand arbre, qui croît naturellement dans les bois montueux de l'Europe. Nulle part il ne constitue une essence dominante ; fréquemment mélangé dans les forêts avec les autres arbres, on le trouve souvent isolé ou en lignes dans les parcs. Il ne craint pas les températures extrêmes. Aussi le trouve-t-on sur les plus grandes hauteurs, où il finit, à la vérité, par dégénérer en arbrisseau. Il préfère cependant les climats tempérés, et prospère à toute exposition.

Peu difficile sur le choix du sol, le sorbier des oiseleurs se contente de toute espèce de terrain non humide ni aride à l'excès. Il vient néanmoins fort bien dans des terres assez sèches, pourvu qu'elles aient du fond. Il préfère les terres légères, siliceuses, mélangées d'humus, ainsi que les argiles divisées. S'il périt souvent dans les sols argileux, cela tient à ce que l'on enfonce le sujet trop profondément lors de la plantation.

On voit souvent ce sorbier prendre racine et croître dans les fentes des rochers et sur les vieux murs.

Les oiseaux, qui mangent abondamment les fruits de cet arbre et rendent les graines non dépourvues de leur faculté germinative, contribuent beaucoup à le propager dans les forêts, indépendamment des fruits qui tombent sur le sol. Mais on ne saurait se reposer entièrement sur les agents naturels, et une essence aussi précieuse mérite bien que l'on s'occupe sérieusement de sa propagation.

Les fruits du sorbier des oiseleurs se cueillent à la main, aussitôt après leur maturité. Bien qu'ils puissent se conserver jusqu'au printemps, il vaut mieux les semer immédiatement, en pépinière, dans des rigoles remplies d'une terre douce et substantielle, en ayant soin de ne pas faire le semis trop dru et de le recouvrir d'un centimètre au plus de bonne terre bien émiettée. Ce semis lève ordinairement au premier printemps, surtout si on l'arrose un peu. Il sera bon, dans le nord du moins, d'abriter par un paillis dans les premiers temps.

Voici un mode de semis prompt et économique, indiqué par D'Ourches : « Lorsque les baies sont bien mûres, on les écrase et l'on fait une lessive, afin de pouvoir séparer le suc des graines en les passant. On fait sécher le marc, qu'on sème en novembre, dans des planches de bonne terre bien préparées ; on recouvre les semences d'environ un centimètre d'un mélange de terre, de sable fin et de terreau. Si le printemps est humide, les jeunes plantes sortiront en foule dès les premiers jours d'avril ; s'il est sec, il faut arroser de temps en temps ; le second automne, on arrachera les jeunes arbres, pour les mettre en pépinière. »

Dans tous les cas, on repique, le seconde année, pour faire développer des racines. Deux ans après, on peut planter à demeure, si l'on veut créer des massifs. Il vaut mieux toutefois repiquer de nouveau, pour ne mettre en place que la sixième année. Encore même, pour les arbres isolés et les avenues, est-il préférable d'attendre la huitième année, âge auquel le sujet donne déjà des fleurs.

On peut aussi multiplier cette essence de bouture, de drageons et de marcottes. Mais, en général, les pépiniéristes aiment mieux le propager par la greffe sur alisier, aubépine, cormier, néflier ou poirier. On greffe rez-terre, en fente ou en écusson; on choisit ordinairement pour sujet le cormier, si l'on veut avoir des arbres qui durent plus longtemps et acquièrent de plus grandes dimensions, ou l'aubépine, qui permet d'obtenir une croissance plus prompte. Ce dernier mode est généralement préféré dans les pépinières marchandes.

Les jeunes plants sont assez robustes dès leur naissance, du moins dans les régions tempérées et chaudes. Leur croissance est peu rapide. A 60 ou 70 ans, le sorbier des oiseleurs a une hauteur de 8 à 10 mètres sur $0^m,50$ ou un peu plus de diamètre à la base. Sa vie est de 120 à 150 ans.

Cette essence n'est pas exploitée en futaie. Repoussant bien de souche, elle convient au taillis simple, et surtout au taillis composé, comme arbre de réserve. Son abondance augmente beaucoup la valeur d'une coupe.

On la trouve fréquemment, plantée isolée ou en petits groupes, sur les bords des massifs ou au milieu des gazons dans les jardins paysagers. On en forme des avenues, des quinconces, des salles de verdure, etc. Elle produit toujours un bel effet, au printemps, par ses fleurs, en automne et en hiver, par ses fruits en corymbes d'un rouge éclatant.

Le bois, d'une couleur brun-rougeâtre, est analogue à celui du cormier; bien qu'un peu inférieur en qualité, il sert aux mêmes usages. Il est aussi utilisé par les teinturiers; et, d'après Urlander, c'est le meilleur bois pour le noir fin de castor; les rameaux servent assez souvent pour la teinture noire commune. La racine elle-même est mise à profit pour faire de petits objets. Le sorbier des oiseleurs est excellent pour le chauffage, et son charbon est très-estimé. L'écorce est propre au tannage; on en fait aussi des seaux pour recueillir la résine. Tous les bestiaux la mangent, ainsi que les feuilles, malgré l'odeur forte que celles-ci exhalent, surtout quand on les froisse.

Le fruit est fort recherché par plusieurs oiseaux, notamment par les merles, les grives, les coqs de bruyère, le jaseur de Bohême, etc.

Aussi l'emploie-t-on comme appât pour les prendre. Les poules mêmes et les bestiaux le mangent volontiers. Sa saveur âpre, astringente, un peu nauséeuse, le rend peu propre à la nourriture de l'homme. On assure néanmoins que les Kamtschadales le consomment quand il a été frappé par la gelée, qui l'adoucit, et qu'ils le font sécher pour le manger en guise de pain. Dans les contrées du nord de l'Europe, on en fait une boisson fermentée, dont on peut retirer une sorte d'eau-de-vie. Le suc a été employé en médecine comme purgatif, hydragogue et antiscorbutique.

3. Le Sorbier de Laponie (*P. pinnatifida* Smith, *Sorbus hybrida* L. *S. Scandica* Fries) est regardé comme un hybride de l'espèce précédente et de la suivante. C'est un arbre assez grand, qui croît dans les bois montueux de la Suisse et du nord de l'Europe, et que l'on cultive dans nos parcs.

Sa propagation et sa culture sont identiques à celles du Sorbier des oiseleurs. Lorsqu'il est franc de pied, il présente à peu près le port de l'alisier ; greffé sur aubépine, il prend une forme arrondie et ressemble alors à un têtard de saule.

Le bois, inférieur à celui du cormier, mais supérieur à celui du Sorbier des oiseleurs, est dur et sert à peu près aux mêmes usages ; on en fait notamment des axes de roue, des essieux, des manches d'outil, des pieux, etc. Les baies sont fades ; cependant Linné assure qu'on les mange dans les provinces d'Aland et de Gotland.

4. L'Alisier blanc ou Allouchier (*P. aria* Ehrh, *Sorbus aria* Crantz, *Cratægus aria* L.) atteint la taille du précédent. Il croît dans les bois des régions montueuses de l'Europe, où il arrive à une grande altitude ; mais il devient alors un arbrisseau. Dans les régions tempérées, sa végétation est plus belle. C'est un arbre des plaines et des coteaux, qui prospère surtout aux expositions ouest, est et sud-est. Il réussit dans des sols très-variés ; il préfère toutefois les sols calcaires ou argileux, mélangés d'humus et assez profonds. Encore même cette dernière condition n'est-elle pas indispensable, car les racines de l'Allouchier semblent avoir une disposition particulière à pénétrer dans les fentes des rochers. Les sables secs et les fonds humides ou marécageux lui sont contraires.

L'Alisier blanc se cultive comme les espèces précédentes ; mais la graine ne doit être enterrée qu'à un demi-centimètre de profondeur. Sa croissance est lente, mais sa longévité est assez grande et peut aller à deux siècles. C'est vers l'âge de cent ans qu'arrive l'époque de son plus grand accroissement moyen.

Le bois de cette essence est blanc, très-dur, d'un grain fin et serré, et susceptible de prendre un beau poli ; aussi figure-t-il au premier rang parmi les bois d'œuvre. Il est très-recherché pour les dents de roue, les écrous, les vis, etc. On en fait aussi de petits meubles ; on l'emploie pour la sculpture, le tour et la fabrication des instruments de musique. Enfin, il est excellent comme bois de chauffage, et son charbon est très-estimé.

5. L'Alisier des bois (*P. torminalis* Ehrh, *Sorbus torminalis* Crantz, *Cratægus torminalis* L.) devient ordinairement plus grand que l'Allouchier ; mais il est un peu plus sensible au froid. Sa culture, ses qualités et ses usages sont les mêmes. De plus, son écorce astringente est employée en médecine. Ses fruits (*alises* ou *aloses*) sont mous et comestibles quand ils sont blétis ; on en retire aussi de l'eau-de-vie, et on en fait du vinaigre.

6. L'Alisier à larges feuilles (*P. intermedia* Ehrh., *Sorbus latifolia* Pers., *Cratægus latifolia* Lam.) est intermédiaire, sous tous les rapports, entre les deux espèces précédentes, se cultive de même et possède des propriétés analogues.

GENRE II. *Coignassier*.

Cydonia Tourn.

Arbres ou arbrisseaux, à feuilles entières ou dentelées. Fleurs axillaires, solitaires ou en petits fascicules ombelliformes. Calice à cinq divisions. Corolle à cinq pétales arrondis. Ovaire à cinq loges multiovulées. Fruit irrégulièrement globuleux, ombiliqué au sommet, à épicarpe cotonneux, à endocarpe membraneux, divisé en cinq loges dont chacune renferme 10 à 15 graines à test mucilagineux.

Le Coignassier commun (*Cydonia vulgaris* Juss., *Pyrus Cydonia* L.) est un arbre de médiocre grandeur, originaire de l'Orient et naturalisé dans l'Europe méridionale. Il est cultivé en grand dans le midi pour faire des haies, et dans les pépinières du nord pour servir de sujet à la greffe des poiriers. Toutefois, la culture a produit quelques variétés estimées, qui ont leur place marquée dans les jardins fruitiers. Parmi celles-ci, on donne la préférence au Coignassier de Portugal, dont quelques auteurs ont fait une espèce distincte sous le nom de *Cydonia Lusitanica*. Le fruit du Coignassier (*Coing*) est très-gros et très-parfumé, du moins dans le midi ; son âpreté ne permet pas de le consommer au naturel ; mais on en fait des compotes, des conserves, des gelées, des pâtes, des liqueurs, des sirops, etc., qui jouissent d'une réputation justement méritée, soit en économie domestique, soit en médecine, comme astringents. Les graines, au contraire, ont des propriétés émollientes.

Les Coignassiers de la Chine (*C. Sinensis* Thouin, *Pyrus Sinensis* Poir.) et du Japon (*C. Japonica* Pers., *Chænomeles Japonica* Lindl.) ne sont cultivés que dans les jardins.

GENRE III. *Néflier*.

Mespilus L.

Arbres ou arbrisseaux à feuilles simples. Fleurs solitaires, en grappes ou en corymbes. Calice à cinq divisions foliacées ou à cinq dents. Corolle à cinq pétales arrondis. Fruit globuleux ou déprimé au sommet, couronné par les divisions du calice et renfermant cinq noyaux ordinairement osseux et monospermes.

Le Néflier commun (*M. Germanica* L.) est un petit arbre ou un grand arbrisseau, qui croît dans les bois montueux de l'Europe centrale. On le trouve quelquefois planté dans les jardins. Les fruits ont une saveur extrêmement âpre et astringente ; blétis, ils sont comestibles ; mais c'est un aliment indigeste et peu délicat. On en prépare une boisson analogue, mais bien inférieure, au cidre.

L'utilité la plus réelle du Néflier réside dans son bois, qui est très-dur, d'un grain fin et égal et d'une couleur grise veinée de rouge ; d'une solidité à toute épreuve, il est recherché pour faire des fléaux, des manches de fouet ou d'outils. Mais il se tourmente et se fendille beaucoup, ce qui empêche de l'employer pour les ouvrages de tour.

Nous mentionnerons, pour mémoire, quelques espèces, devenues aujourd'hui les types de genres distincts : l'Amelanchier (*M. amelanchier* L., *Amelanchier vulgaris* Mœnch), le Cotonéastre ou Néflier cotonnier (*M. cotoneaster* L., *Cotoneaster vulgaris* Lindl.) et le Bibacier ou Néflier du Japon (*M. Japonica* Thunb., *Eriobotrya Japonica* Lindl.) Ce dernier est cultivé et presque naturalisé dans le midi de la France et en Algérie. Les fruits de ces espèces sont plus ou moins comestibles.

Genre IV. *Aubépine.*

Cratægus L.

Arbres ou arbrisseaux épineux, à feuilles anguleuses ou dentées. Fleurs en corymbe. Calice urcéolé, à cinq divisions. Corolle à cinq pétales arrondis, concaves, étalés. Fruit charnu, ovoïde, couronné par un disque épais ou par les divisions du calice, et renfermant un ou plusieurs noyaux.

L'Aubépine (*C. oxyacantha* L., *Mespilus oxyacantha* Scop.) est un petit arbre, qui affecte le plus souvent, dans nos cultures, la forme d'un buisson. On la trouve dans les bois et les lieux incultes de toute l'Europe, et surtout dans les haies qu'elle forme souvent à l'exclusion de toute autre essence.

Cette essence, désignée aussi sous les noms d'*épine blanche, noble épine,* etc., vient bien dans tous les terrains ; mais elle préfère un sol frais et substantiel. On la multiplie : 1° par graines, semées en rigole ou stratifiées aussitôt après leur maturité ; 2° par drageons enracinés ; 3° par le bouturage des rameaux ; il suffit en effet de mettre en terre une grosse branche, de manière à ne laisser sortir que le gros bout et les extrémités des rameaux. Sa croissance est lente, et sa taille doit être très-modérée à moins qu'on ne la destine à former des haies.

L'Aubépine occupe, sous ce dernier rapport, le premier rang parmi les essences indigènes, parce qu'elle forme des massifs touffus et ne se dégarnit pas du pied. Elle est aussi fréquemment employée en arboriculture ; elle sert de sujet pour la plupart des espèces de la tribu des Pomacées, notamment pour les alisiers et les sorbiers.

Le bois de l'Aubépine est dur, coriace, compacte, noueux, pesant, difficile à travailler et sujet à se tourmenter. Il est peu employé dans les arts, si ce n'est pour le tour et le charronnage ; on en fait des maillets, des roues d'engrenage et des manches d'outils. Les fagots sont excellents pour le chauffage, pour faire des haies sèches, pour garantir la tige des arbres de ligne sur les grandes routes, pour protéger les semis contre les dégâts causés par les poules et les bestiaux.

Les feuilles sont broutées par les animaux domestiques. Les fleurs sont très-odorantes. On leur a attribué à tort la propriété de faire gâter certains poissons de mer, ce qui a causé la destruction d'un grand nombre d'Aubépines par les garde-marées, bien que Parmentier ait démontré la fausseté de ce préjugé.

Les fruits renferment une pulpe molle, gélatineuse, douceâtre, astringente; peu agréables au goût, mais nourrissants et point dangereux, ils sont mangés par les oiseaux. On peut en faire une boisson fermentée, en les mélangeant avec le cidre et le poiré, dont ils contribuent à augmenter la force.

L'Azerolier (*C. azarolus* L., *Mespilus azarolus* Lam., *Pyrus azarola* Scop.) est un arbre de moyenne grandeur, originaire des bords du bassin méditerranéen. Il peut croître en plein air dans le nord de la France; mais c'est dans le midi seulement que son fruit acquiert la saveur et les qualités qui le font rechercher. La culture a produit un certain nombre de variétés dans le volume, la forme et la couleur de ce fruit; cette dernière est rouge, jaune ou blanche.

Cet arbre croît dans tous les sols, mais mieux dans la silice ou le calcaire. Les argiles compactes lui sont défavorables.

On le multiplie surtout par la greffe sur Aubépine, quelquefois sur coignassier ou poirier. C'est lorsqu'il a quatre ans de greffe qu'on le plante à demeure dans les vergers; quelques labours, un peu d'engrais, tels sont les soins qu'il demande. On le taille, les premières années seulement, pour lui donner la forme d'un gobelet. On pourrait aussi, d'après M. Alph. Du Breuil, lui appliquer la taille en pyramide, comme au poirier. Sa végétation est lente; mais il vit très-longtemps. « Lorsque cet arbre présente les signes de la décrépitude, ajoute le savant arboriculteur, on peut le soumettre au recépage. Il naîtra de la souche des bourgeons vigoureux, avec lesquels on pourra reformer une tige nouvelle qui vivra aussi longtemps que la première. »

Le fruit (*azerole, pommette, aubépin*) a une saveur acidule, un peu styptique, légèrement vineuse, mais très-agréable. On le vend sur les marchés du midi de l'Europe; on le consomme au naturel; on en fait aussi des confitures, et surtout une gelée qui a un délicieux parfum de vanille.

TRIBU II. Spirées.

Genre V. *Spirée.*
Spirea L.

Herbes ou arbrisseaux, à feuilles simples ou composées, à fleurs diversement groupées. Calice à cinq divisions. Corolle à cinq pétales ovales, onguiculés, étalés. Fruit composé ordinairement de cinq carpelles (*follicules*) secs, libres ou soudés dans une étendue variable.

Ce genre renferme un assez grand nombre d'espèces, dont plusieurs présentent un certain intérêt en agriculture, bien qu'aucune ne soit cultivée en grand dans un but d'utilité.

La Filipendule (*S. filipendula* L.) est une plante vivace, dont les racines fibreuses portent des tubercules noirâtres, ovoïdes ou arrondis, du volume d'une noisette. Elle croît abondamment dans les bois et dans les prés secs et sablonneux. Ses tubercules sont riches en matière amylacée. On les emploie en médecine, comme astringents, diurétiques et incisifs. Tous les animaux domestiques, les chevaux exceptés, mangent les feuilles de cette plante, et les cochons sont très-friands de ses tubercules.

L'Ulmaire ou Reine des prés (*S. ulmaria* L.) est aussi vivace, et croît abondamment dans les lieux humides. Ses fleurs, qui ont une odeur agréable, passent en médecine pour fébrifuges et sudorifiques. On les fait infuser quelquefois dans les vins blancs pour donner à ceux-ci le *bouquet* du muscat. Les bestiaux touchent peu ou point à ses feuilles ; mais les cochons recherchent ses racines. En somme, cette plante est plus nuisible qu'utile à l'agriculture ; elle foisonne dans les prés humides, aux dépens de la quantité et de la qualité du foin. Le cultivateur cherche donc à la détruire, ce qui le force quelquefois à retourner ses prés.

En général, les Spirées sont astringentes ; aussi plusieurs d'entre elles sont-elles avantageusement employées pour le tannage. Leurs fleurs sont recherchées par les abeilles.

TRIBU III. Rosées.

Genre VI. *Rosier*.

Rosa Tourn.

Arbrisseaux à tige munie d'aiguillons, à feuilles pennatiséquées. Fleurs grandes, solitaires ou en corymbe. Calice à tube urcéolé, accrescent, devenant charnu après la floraison, à limbe partagé en cinq divisions ordinairement très-découpées. Styles latéraux, libres ou soudés en colonne dans leur partie supérieure. Fruit composé de carpelles nombreux, osseux, irréguliers, couverts de poils raides, insérés sur les parois du tube calicinal, charnu, couronné par les débris du limbe.

Le genre Rosier, très-nombreux en espèces, a produit par la culture des variétés qui se comptent aujourd'hui par milliers. Leur place est en général dans les parterres. La rose, pour employer une expression surannée mais vraie, est toujours la reine des fleurs. Nous n'avons toutefois à nous occuper ici que du petit nombre d'espèces qui intéressent l'agriculture.

La plus importante sous ce rapport est le Rosier de Provins (*R. Gallica* L.), originaire des régions montagneuses de la France et de l'Europe centrale, et cultivé en grand aux environs de Paris. Ses fleurs, dont les pétales sont employés en médecine, à cause de leur propriété astringente, et dont on se sert aussi en parfumerie, constituent pour certaines localités une branche de commerce assez considérable.

On ignore la vraie patrie du Rosier cent-feuilles (*R. centifolia* L.), généralement recherché dans les jardins, à cause de la beauté de ses fleurs. On le cultive en grand, dans les pays chauds, comme en Orient, pour les besoins de la médecine et surtout de la parfumerie. Il fournit en effet l'essence de roses, l'un des parfums et des cosmétiques les plus exquis, et l'eau distillée de roses, employée en collyres astringents.

On emploie pour les mêmes usages, et même de préférence, le Rosier de Damas ou des quatre saisons (*R. Damascena* Mill, *R. kalendarium* Borkh.), originaire de l'Orient. C'est encore ce dernier que l'on emploie surtout en pharmacie pour préparer le sirop de roses pâles.

Le Rosier sauvage ou des haies (*R. canina* L.), vulgairement Eglantier ou Cynorhodon, est indigène en Europe. Il croît abondamment dans les haies, qu'il sert à rendre plus impénétrables. Les pépiniéristes l'emploient comme sujet pour recevoir la greffe des différentes variétés de Rosiers cultivés dans les jardins d'agrément. Les jeunes feuilles servent à faire une infusion théiforme, et les fruits, une conserve astringente (*pulpe de cynorhodon*) employée surtout en médecine. Tous les bestiaux, à l'exception des chevaux, broutent ses feuilles.

Considérés même comme végétaux d'ornement, les Rosiers n'en sont pas moins dignes d'intérêt, car ils constituent l'une des branches les plus importantes du commerce et de l'industrie horticoles.

TRIBU IV. Dryadées.

Genre VII. *Ronce.*

Rubus L.

Sous-arbrisseau à tiges sarmenteuses, munies d'aiguillons, à feuilles palmatiséquées. Fleurs en panicules axillaires ou terminales. Calice à cinq divisions. Corolle à cinq pétales. Etamines en nombre indéfini. Styles presque terminaux, marcescents. Fruit composé de petits carpelles charnus (*drupes*), disposés sur un réceptacle conique, charnu, persistant et dont la réunion simule une baie.

La Ronce commune (*R. fruticosus* L.) est abondamment répandue en Europe. Elle croît dans les lieux incultes, les bois, les buissons, les haies. Essentiellement polymorphe, elle présente de nombreuses variétés, dont quelques botanistes ont fait autant d'espèces distinctes. La ronce croît dans tous les sols; mais elle prospère surtout dans les terres grasses et humides. Sa propagation spontanée ou artificielle se fait avec la plus grande facilité. Aussi l'emploie-t-on avec avantage pour garnir et pour maintenir les terres en pente.

Les feuilles de ronce, surtout quand elles sont jeunes, sont fort recherchées par les bestiaux, à l'exception des chevaux. On a même essayé, avec quelque succès, d'en nourrir les vers à soie. On les emploie en médecine comme astringentes. Le fruit mûr est rafraîchis-

sant et d'une saveur agréable ; on en fait des confitures, un sirop et
une boisson fermentée analogue au vin.

La Ronce bleuâtre (*R. cæsius* L.) est une plante plus grêle dans
toutes ses parties que la précédente ; elle croît dans les mêmes localités. Son fruit est plus petit, mais d'une saveur plus agréable, et il
paraît préférable pour faire le sirop de mûres. Cette ronce est quelquefois tellement abondante dans les jachères, qu'elle gène les labours ; mais il est facile de la détruire dans les terres soumises à un
assolement régulier.

La Ronce hispide (*R. hispidus* L.), originaire de l'Amérique du
Nord, peut se cultiver en pleine terre sous nos climats. Ses fruits sont
plus gros et plus savoureux que ceux de la ronce commune, et on
en fait une grande consommation aux États-Unis, où on les appelle
black berry.

La Ronce petit-mûrier (*R. chamœmorus* L.) est une plante vivace
à fleurs dioïques, qui croît dans les marais du Danemark et de la
Péninsule scandinave. Ses fruits sont bons à manger, et les Lapons
les conservent, comme provisions, d'une année à l'autre. En Suède,
on en fait une boisson rafraîchissante.

La Ronce arctique (*R. arcticus* L.) croît dans le nord de l'ancien
continent ; ses fruits sont comestibles.

Le Frambroisier (*R. Idæus* L.) est l'espèce la plus importante du
genre ; mais comme elle intéresse surtout l'horticulture, nous avons
peu de chose à en dire ici. On estime la saveur et surtout le parfum
de ses fruits (framboises), qui entrent dans de nombreuses prépara-
rations médicales ou d'économie domestique.

Genre VIII. *Fraisier.*

Fragaria L.

Plantes vivaces, à souche cespiteuse, émettant de nombreux stolons radicants. Feuilles trifoliolées. Fleurs blanches en cymes terminales. Calice à cinq divisions, accompagné d'un calicule également
à cinq divisions. Corolle à cinq pétales. Styles latéraux marcescents.
Fruit (*fraise*) composé de carpelles secs, espacés sur un réceptacle
ovoïde, très-développé, charnu, succulent, caduc à la maturité.

Le Fraisier commun (*F. vesca* L.) est une plante qui croît abondamment dans les bois de l'Europe centrale. Sa culture et celle de

quelques autres espèces indigènes ou exotiques a donné de nombreuses variétés, répandues dans les jardins. Dans certaines localités, notamment au voisinage des grandes villes, le fraisier est cultivé dans les champs. Toutefois c'est une plante essentiellement horticole, et nous devons nous borner à la mentionner. Ses feuilles et ses racines sont employées en médecine.

Genre IX. *Potentille.*

Potentilla L.

Plantes herbacées ou arbrisseaux, à feuilles pennatiséquées ou palmatiséquées. Fleurs ordinairement jaunes et groupées en cymes terminales. Calice à cinq (rarement quatre) divisions, accompagné d'un calicule. Styles latéraux, caducs. Fruit composé de carpelles secs, disposés sur un réceptacle convexe, sec, persistant.

Ce genre renferme un grand nombre d'espèces; plusieurs d'entre elles ont quelques applications agricoles, médicales ou industrielles.

La Potentille rampante (*P. reptans* L.), plus connue sous le nom de Quintefeuille, est commune en Europe. Elle croît dans les terrains frais et affectionne surtout les sols argileux. Elle pullule quelquefois dans les champs au point de gêner les travaux de culture et de nécessiter des moyens de destruction assez énergiques. Bien que sa saveur soit amère et astringente, tous les bestiaux la mangent. Sa racine est employée en médecine comme astringente et fébrifuge ; c'est un remède populaire. Elle sert aussi quelquefois au tannage des peaux.

La Potentille ansérine (*P. anserina* L.), vulgairement Argentine, croît aussi dans les lieux frais ou humides, mais de préférence sur les sols sablonneux, qu'elle contribue à fixer et à fertiliser. Elle possède les propriétés de la précédente. Les bestiaux ne recherchent pas ses feuilles; mais les cochons sont très-friands de ses racines. Les oies mangent aussi avec avidité ses fleurs avant leur épanouissement. On assure que les populations du Nord se nourrissent des feuilles et des racines. En somme, cette plante est plutôt nuisible qu'utile dans les prairies, où sa végétation vigoureuse gêne la croissance des bonnes herbes.

La Tormentille (*P. Tormentilla* Sibth., *tormentilla erecta* L.), commune dans les lieux humides, est au contraire broutée par les animaux domestiques, les chevaux exceptés.

Genre X. *Benoite*.
Geum L.

Plantes herbacées, à feuilles pennatiséquées. Fleurs solitaires terminales. Calice à cinq divisions, accompagné d'un calicule semblable. Corolle à cinq pétales. Styles terminaux, longuement accrus après la floraison et géniculés vers leur sommet. Fruit composé de carpelles secs, velus, réunis en capitule globuleux sur un réceptacle cylindrique, sec, persistant.

La Benoite commune (*G. urbanum* L.) est une plante vivace, commune dans les bois, les haies, au voisinage des habitations, etc. Tous les bestiaux mangent ses feuilles surtout quand elles sont jeunes; elles passent pour augmenter la production du lait chez les vaches. Dans certaines contrées, on les mange en salade. La racine, astringente et aromatique, est employée en médecine. Les habitants du nord de la France la font entrer dans la fabrication de la bière. On s'en sert aussi pour tanner les peaux. Cette plante renferme une matière tinctoriale d'un brun noisette ou mordoré.

La Benoite des ruisseaux (*G. rivale* L.) possède des propriétés analogues.

Genre XI. *Aigremoine*.
Agrimonia Tourn.

Plantes herbacées, à feuilles pennatiséquées. Fleurs jaunes, en longues grappes spiciformes. Calice à gorge rétrécie par un anneau glanduleux, à limbe partagé en cinq divisions aiguës. Fruit formé d'un ou deux akènes, renfermés dans le tube du calice, qui persiste et devient presque ligneux à la maturité.

L'Aigremoine eupatoire (*A. eupatoria* L.) est une plante vivace, commune dans les bois, les haies, les lieux ombragés, etc. Sa présence est pour les agriculteurs un indice de la bonne qualité du sol. Les chèvres et les moutons sont les seuls animaux domestiques qui s'en nourrissent. Elle est employée en médecine comme vulnéraire. On l'emploie surtout en médecine vétérinaire ; on la recommande en fumigations contre les écoulements morveux. Elle renferme une matière tinctoriale d'un jaune d'or.

Genre XII. *Pimprenelle.*
Poterium L.

Plantes herbacées, à feuilles imparipennées. Fleurs polygames, en épis terminaux, compactes, arrondis ou oblongs. Calice à quatre divisions. Corolle nulle. Styles terminaux. Fruit composé de deux (rarememment trois) akènes renfermés dans le calice.

La petite Pimprenelle (*P. sanguisorba* L.) est une plante vivace, commune dans les prairies et les pâturages montueux. Elle a la précieuse qualité de pouvoir croître dans les terrains siliceux ou crayeux les plus arides ; aussi a-t-elle rendu de grands services pour la mise en valeur des terres pauvres, notamment dans la Champagne pouilleuse. Elle est aussi très-rustique et ne craint ni le froid ni la sécheresse. On la cultive en grand, dans plusieurs localités, comme plante fourragère.

On sème la pimprenelle à la volée, soit au printemps, soit à l'automne. Ordinairement on l'associe au sainfoin, à la chicorée sauvage ou au ray-grass. La graine doit être peu recouverte. Elle peut fournir plusieurs bonnes coupes dans l'année et repousse toujours promptement et avec vigueur, après le pâturage ou la fauchaison.

Comme fourrage vert, la pimprenelle convient à tous les bestiaux; les moutons seuls la mangent quand elle est sèche.

On cultive aussi cette plante dans les jardins potagers, comme fourniture de salade.

TRIBU V. Amygdalées.

Genre XIII. *Amandier.*
Amygdalus L.

Arbres ou arbrisseaux à feuilles simples. Fleurs axillaires, solitaires ou géminées, à pédoncules très-courts. Calice à cinq divisions. Corolle à cinq pétales. Ovaire simple, libre, biovulé. Style terminal. Fruit (*drupe*) globuleux ou oblong, charnu, succulent ou coriace, renfermant un noyau oblong ou ovoïde, ordinairement monosperme par avortement.

Ce genre se divise en deux sections, regardées par plusieurs comme deux genres distincts : 1° Amandier proprement dit (*Amygdalus*), à drupe oblongue comprimée, fibreuse, coriace, à noyau strié; 2° Pêcher (*Persica*), à drupe globuleuse, charnue, succulente, à noyau creusé d'anfractuosités profondes.

I. Amandier.

L'Amandier commun (*A. communis* L.) (Pl. 21) est un arbre de moyenne grandeur, que l'on cultive en grand dans les régions méridionales de l'Europe. Il a produit des variétés assez nombreuses. Voici les plus importantes, rangées par ordre de maturité :

A. sauvage. — Mi-fine ou à la Dame. — Fine ou Princesse. — Commune, Fourcouronne. — Molière ou race. — Matheron. — A. à flots ou à trochets. — Grosse verte, Coutelone. — Petite verte. — A. amère.

Les plus estimées de ces variétés sont l'Amande fine ou Princesse, puis l'Amande mi-fine ou à la Dame.

La culture agricole de l'amandier n'est guère avantageuse en dehors de la région de l'olivier. La précocité de sa floraison l'expose à l'atteinte fâcheuse des gelées tardives. Il craint surtout les localités basses où les vapeurs s'accumulent durant la nuit et où les gelées blanches sont fréquentes. Dans ce dernier cas, on devra choisir les variétés les plus tardives.

Cet arbre préfère une terre légère et profonde, mélangée de calcaire, de silice et d'argile; il prospère même dans les terres pierreuses et sèches à la surface, pourvu qu'elles soient perméables. Il reste chétif s'il rencontre à peu de profondeur une couche imperméable ou trop sèche. Dans la silice pure, ses rameaux restent courts et dégarnis. Dans les terrains gras et humides, il est sujet à la gomme et donne peu de fruits.

On propage l'amandier de graines, semées en place ou en pépinière, soit en décembre, soit en avril ; mais dans ce dernier cas les graines ou amandes doivent avoir été stratifiées durant l'hiver. Quand on veut avoir des variétés bien franches, on les greffe, en pépinière, sur l'amandier à fruit amer. On a soin de choisir les greffes sur les rameaux fructifères des arbres d'un certain âge. La greffe se fait, la deuxième année, à œil dormant et près de terre ; la troisième année, en écusson, à la hauteur d'un mètre au plus.

Les jeunes plants restent cinq ou six ans en pépinière ; on pince le sommet pour les arrêter à la hauteur convenable (1^{m}50 au moins). Quand on veut les mettre en place, on creuse des fosses de 1^{m}60 en carré sur un mètre de profondeur. On donne ensuite deux labours annuels, l'un en été, l'autre en hiver. L'application des engrais produirait d'excellents résultats ; mais l'incertitude des récoltes la fait négliger.

La taille de l'amandier est simple. Après la plantation, on forme la tête de l'arbre sur deux branches principales ; tous les ans on continue cette taille, en formant des dichotomies ou bifurcations successives. Tous les deux ans, en hiver, on éclaircit les parties de la cime qui seraient trop fourrées. En même temps on supprime les jets gourmands, les rameaux trop courts ou irrégulièrement contournés, ceux enfin qui seraient trop peu pourvus de bourgeons.

L'amandier est sujet à un certain nombre de maladies ou d'accidents. Il y a peu de chose à faire contre les gelées et la gomme, qui proviennent en général d'un sol ingrat ou d'une mauvaise exposition. On extirpera soigneusement le gui, et on débarrassera l'arbre, par un échenillage actif, des larves de piéride et de bombyx.

On reconnaît que la maturité est arrivée lorsque le brou s'entr'ouvre naturellement. On gaule alors les grands arbres avec les roseaux, et on cueille les fruits à la main sur les petits sujets. On étale les amandes pour leur faire perdre leur excès d'humidité ; puis on les enferme, si l'on veut les conserver comme provision. Si, au contraire, on veut les livrer au commerce, il faut les *écaler* ou en enlever le brou. Cela ne suffit même pas pour les variétés à coque dure, dont les amandes doivent être cassées avant d'être expédiées.

Les amandes douces, fraîches ou sèches, jouent un certain rôle dans l'alimentation. Les amandes amères sont utilisées pour plusieurs préparations pharmaceutiques ou culinaires ; on les mélange, en petite proportion, aux amandes douces, dont elles corrigent la fadeur. Les unes et les autres donnent, par expression, une huile douce, usitée en médecine, en économie domestique et dans les arts. Les coques servent pour le chauffage, elles constituent un excellent combustible. On tire parti du brou en le donnant aux bestiaux.

Le tourteau, résidu de la fabrication de l'huile, sert à faire un cosmétique bien connu, la *pâte d'amande*.

Le bois de l'amandier est dur, il sert pour l'ébénisterie et le montage des outils. La gomme qui exsude de la tige, appelée *gomme de pays*, est employée en pharmacie.

Les feuilles forment une excellente nourriture pour les bestiaux, surtout pour les chèvres et les moutons.

II. Pêcher.

Le Pêcher commun (*A. Persica* L., *Persica vulgaris* Mill.) est surtout un arbre de jardins. Dans quelques régions et surtout dans le midi de la France, on cultive en grand dans les champs certaines variétés dites *pêches de vigne* ou *pêches de plein vent*. Mais leurs fruits sont loin d'atteindre la saveur et la qualité que les pêches acquièrent dans le nord, à l'aide, il est vrai, d'une culture très-compliquée et des soins les plus minutieux. En Amérique, la culture agricole du pêcher se fait surtout en vue d'en obtenir de l'eau-de-vie. Les fruits qui tombent avant leur maturité sont donnés aux bestiaux, qui en sont très-friands.

Le bois du pêcher est d'un grain fin, d'une couleur rouge brunâtre avec des veines plus claires. Il prend un beau poli ; mais il faut le débiter pendant qu'il est vert et ne l'employer que lorsqu'il est très-sec. C'est un des plus beaux bois indigènes propres à l'ébénisterie.

GENRE XIV. *Prunier.*

Prunus L.

Arbres ou arbrisseaux, à fleurs blanches, tantôt solitaires ou géminées, tantôt disposées en fascicules, en corymbes ou en grappes. Fruit (*drupe*) globuleux ou oblong, charnu, succulent, coloré, glabre ou couvert d'une efflorescence glauque, plus rarement pubescent, velouté, renfermant un noyau globuleux, oblong ou comprimé, lisse ou à peine rugueux, jamais sillonné.

Ce genre se divise en trois sections, regardées par plusieurs botanistes comme autant de genres distincts : 1° Abricotier (*Armeniaca*), à fleurs solitaires ou géminées, à fruit pubescent et velouté, porté sur un pédicelle épais et très-court ; 2° Prunier proprement dit (*Prunus*), à fleurs solitaires ou géminées, à fruit glabre, couvert d'une efflorescence glauque, porté sur un pédicelle court ; 3° Cerisier (*Cerasus*), à fleurs groupées en fascicules, en corymbes ou en grappes, à fruit glabre, porté sur un pédicelle ordinairement très-long.

I. Abricotier.

L'Abricotier commun (*P. Armeniaca* L., *Armeniaca vulgaris* Lam.) est un arbre de moyenne grandeur, répandu surtout dans les jardins fruitiers et quelquefois cultivé en grand dans les vergers du centre et du midi de la France. Son fruit sert à faire une pâte et une marmelade qui constituent une branche de commerce assez importante pour certaines localités (V. la partie ARBORICULTURE).

II. Prunier.

Le Prunier commun (*P. domestica* L.) et le Prunier enté ou Pruneautier (*P. insititia* L.) sont deux espèces très-voisines, peut-être même deux formes d'une seule espèce, qui a donné par la culture un grand nombre de variétés. Plusieurs de celles-ci sont cultivées en grand dans le centre et le midi de la France. Voici celles qu'énumère le savant Gasparin :

1° *Robe de sergent* ou *Prune d'Agen*, allongée, assez grosse, violet noirâtre, à chair un peu acidule, mûrissant vers la fin de juillet, la meilleure pour faire des *pruneaux* ;

2° *Perdrigeon violet*, à chair se détachant bien du noyau, préférée pour les *brignoles* ou *pistoles*;

3° *Sainte-Catherine*; à chair peu savoureuse, adhérente à un noyau très-convexe, mûrissant vers la fin de septembre et servant à faire les pruneaux de Tours ;

4° *Mirabelle*, petite, jaune, employée surtout pour faire des confitures ;

5° *Quetschen*, violet foncé, irrégulière, à chair peu savoureuse, adhérente au noyau à la base seulement, réservée pour la distillerie.

Le prunier croît à peu près dans les mêmes climats qui conviennent à la vigne. Il préfère les expositions découvertes, les pentes des coteaux. Il végète bien dans tous les sols argilo-calcaires frais, lors même qu'ils ont une faible profondeur.

On plante le prunier dans les vignes ou bien on en forme des massifs. Cet arbre, surtout lorsqu'il est franc de pied ou greffé sur franc, produit beaucoup de rejetons qui servent à le multiplier. Greffé sur amandier ou sur pêcher, il donne des produits d'abord considérables, mais qui ne tardent pas à s'affaiblir. La plantation a lieu depuis la chute des feuilles jusqu'à la pousse des bourgeons.

« On forme la tête du jeune arbre, dit Gasparin, en réservant les branches, que l'on coupe à $0^m,16$ de longueur ; chaque année on allonge la taille en supprimant les rameaux inutiles ; quand les branches principales sont formées et qu'elles donnent un champ suffisant aux rameaux par leur écartement, on abandonne l'arbre à lui-même sans le tailler autrement que pour élaguer chaque année le bois mort. »

On donne les façons nécessaires pour que la terre soit toujours meuble et exempte de mauvaises herbes ; mais comme les racines sont traçantes, on aura soin d'éviter un labour profond, qui pourrait les endommager.

Lorsque les fruits ont bien noué, il faut les éclaircir de manière à prévenir une abondance qui serait nuisible.

On détruit ou on éloigne les chenilles auxquelles cet arbre est exposé, soit en entourant le tronc d'un anneau de goudron, soit en les enfumant avec une mèche soufrée placée au bout d'une perche, soit en battant les branches avec un bâton garni d'un tampon de linge, pour faire tomber ces chenilles.

Après cinq ou six ans de plantation, l'arbre se met à fruit. Quand le fruit se ramollit et qu'il se détache à la moindre secousse, on reconnaît que la maturité est arrivée, et on visite les arbres tous les jours pour faire la cueillette des fruits mûrs. Nous avons exposé plus haut les usages auxquels on destine les diverses variétés de prunes.

Le Prunier de Briançon (*P. Brigantiaca* Vill.) est un petit arbre qui croît sur les Alpes. Son fruit n'est pas bon à manger, mais il peut servir à faire de l'eau-de-vie. La graine donne, par expression, une huile vulgairement appelée *huile de marmotte*, et dont l'odeur est agréable.

Le Prunier épineux (*P. spinosa* L.), appelé aussi Prunellier ou Épine noire, est un arbrisseau épineux qui croît abondamment dans les bois et les haies de l'Europe. Son fruit, âpre et peu charnu, est impropre à l'alimentation. On en fait une boisson médiocre, que les classes pauvres consomment dans certains pays, mais qui cause souvent des accidents par sa grande astringence. Le bois sert à chauffer les fours, et l'écorce peut être employée pour le tannage. Tous les bestiaux, les chèvres et les moutons surtout, mangent ses feuilles et ses jeunes pousses.

Le meilleur emploi qu'on puisse faire de cet arbrisseau, c'est d'en former des haies; mais il faut avoir soin de rabattre celles-ci tous les deux ans, et d'arracher les rejetons, pour les empêcher d'envahir les cultures voisines.

III. Cerisier.

Ce que nous avons dit du prunier s'applique à plus forte raison au cerisier. La culture de ce dernier se fait surtout dans les jardins et les vergers; mais l'importance de ses produits le fait quelquefois cultiver en grand, dans les pays de production. La culture et la taille sont à peu près entièrement identiques pour ces deux essences.

Les variétés de cerises proviennent de deux espèces distinctes. Le Cerisier commun (*P. cerasus* L., *C. vulgaris* Vill.) a produit les *griottes* (*cerises* du nord), à fruit globuleux et à chair molle, plus ou moins acide. Le Cerisier sauvage (*P. avium* L., *C. avium* D. C.), vulgairement nommé Merisier, a donné naissance aux *guignes* (*cerises* du Midi) et aux *bigarreaux*.

Mais c'est surtout comme arbre forestier que ce dernier nous intéresse. Il est assez répandu dans les bois sans jamais devenir une essence dominante. Il préfère les climats tempérés et les expositions du Midi et de l'Ouest; il vient néanmoins dans des climats assez froids, et s'élève sur les montagnes à une assez grande altitude. Tous les terrains légers et substantiels lui conviennent; mais il redoute les argiles compactes et humides.

Le merisier se propage ordinairement de semis. Sa croissance est très-rapide, et il peut vivre près d'un siècle. On l'exploite le plus souvent en taillis, et c'est une des essences les plus avantageuses à conserver comme baliveau.

Le bois du merisier est rougeâtre, assez dur, élastique, d'un grain fin et serré, facile à travailler et susceptible de prendre un beau poli. Il est assez bon pour la charpente à couvert; mais on l'emploie rarement à cet usage. Il est, au contraire, fort recherché comme bois d'œuvre pour l'ébénisterie, la menuiserie, la tabletterie et la lutherie; les jeunes brins refendus sont propres à faire des cercles pour les cuves et les tonneaux, et ceux qui sont assez gros donnent de bons échalas.

Pour le chauffage et la fabrication du charbon, le merisier, sans être de première qualité, est assez estimé.

Le fruit (*merise*) est comestible ; il sert à la nourriture des oiseaux insectivores, et présente ainsi une utilité indirecte, mais réelle. Il sert surtout à faire le kirsch-wasser.

Le Cerisier Mahaleb (*P. mahaleb* L., *C. mahaleb* Mill.), vulgairement appelé Bois de Sainte-Lucie, est un arbre de moyenne grandeur, qui croît dans les bois de l'Europe centrale. Il vient dans les plus mauvais terrains, même dans la craie. Il est très-odorant dans toutes ses parties. Son bois ressemble beaucoup à celui du merisier; on l'emploie plus particulièrement pour le tour; on fait avec les branches droites des tuyaux de pipe.

Le mahaleb sert de sujet pour greffer le cerisier qu'on veut tenir à basse tige, et qui, par ce moyen, peut donner du fruit sur un sol où le merisier réussirait difficilement.

FAMILLE XXXI. Salicariées.

Les Salicariées ou Lythrariées sont disséminées dans les régions tempérées des deux continents; mais elles sont moins nombreuses en Europe qu'en Amérique ; elles ne présentent, d'ailleurs, qu'un faible intérêt au point de vue agricole.

GENRE I. *Salicaire.*

Lythrum L.

Plantes herbacées, rarement frutescentes, à feuilles alternes, opposées ou verticillées, à fleurs solitaires axillaires ou réunies en panicules terminales. Calice cylindrique, strié, à douze dents, dont six alternativement plus courtes ou nulles. Corolle à six pétales. Douze étamines disposées sur deux rangs. Capsule oblongue, à deux loges polyspermes, recouverte par le calice.

La Salicaire commune (*L. salicaria* L.), vulgairement Lysimaque rouge, est une plante vivace, abondante dans les lieux humides et au bord des eaux. Dans le nord de l'Asie, on mange ses feuilles en guise d'épinards. Tous les bestiaux, les moutons surtout, la broutent volontiers; elle n'en est pas moins nuisible dans les prairies, car elle occupe beaucoup de place, et diminue la quantité et la qualité du foin. Lorsqu'elle est trop abondante, il y a avantage à la détruire, en la coupant entre deux terres avec une pioche à fer étroit. Elle est employée comme astringente dans la médecine vétérinaire.

FAMILLE XXXII. Myrtacées.

Presque tous les végétaux de cette famille sont originaires des régions tropicales; on n'en compte qu'un très-petit nombre qui soient indigènes ou naturalisés en Europe. Ils sont généralement astringents et employés comme tels en médecine ou dans les arts. On en cultive beaucoup dans les serres et les jardins d'agrément.

GENRE I. *Myrte.*
Myrtus Tourn.

Arbustes ou arbrisseaux à feuilles opposées. Fleurs solitaires ou diversement groupées. Calice à cinq divisions. Corolle à cinq pétales. Étamines nombreuses. Baie ombiliquée, à deux ou trois loges, contenant chacune un petit nombre de graines.

Le Myrte commun (*M. communis* L.) est un arbuste élégant et aromatique qui croît dans l'Europe méridionale. Son bois est très-dur, susceptible d'être employé avec avantage pour l'ébénisterie, la marqueterie et le tour. L'écorce, les feuilles, les fleurs et les fruits sont riches en tannin; aussi les destine-t-on généralement au tannage des cuirs dans les pays où le myrte est abondant; l'eau distillée de ses fleurs est abondante et employée comme parfum ou cosmétique. Les fruits sont très-recherchés par les merles et les grives, et contribuent à donner une saveur délicate à la chair de ces oiseaux; ces baies ont l'avantage de persister tout l'hiver. Le myrte a été autrefois usité en médecine comme tonique et stimulant.

GENRE II. *Gommier*.

Eucalyptus Lhér.

Arbres à feuilles entières, à fleurs souvent disposées en ombelle. Calice tronqué, entier. Un pétale en forme de coiffe, caduc. Étamines nombreuses. Ovaire infère. Style simple. Capsule à quatre loges polyspermes, s'ouvrant au sommet en quatre valves.

Ces arbres appartiennent à l'Australie; plusieurs paraissent susceptibles d'être naturalisés en Algérie et dans le midi de la France; leur bois est d'une longue conservation, et leur écorce est riche en matière tannante.

GENRE III. *Grenadier*.

Punica Tourn.

Arbrisseaux ou arbustes à rameaux épineux, à feuilles opposées. Fleurs en grappes terminales. Calice turbiné, coriace, coloré, à cinq divisions. Corolle à cinq pétales. Étamines nombreuses. Fruit globuleux, gros, à péricarpe coriace, couronné par le calice, et renfermant un grand nombre de graines à tégument charnu.

Le Grenadier (*P. granatum* L.), originaire de l'Afrique septentrionale, est surtout cultivé dans les jardins pour ses fruits acides et rafraîchissants. Presque toutes ses parties sont astringentes et servent au tannage des peaux. En agriculture, sa plus grande utilité est de servir à faire des haies, usage auquel il est très-propre, car les bestiaux ne touchent point à ses feuilles.

FAMILLE XXXIII. Onagrariées.

Ces plantes, répandues sur presque toute la surface du globe, habitent en plus grand nombre les régions tempérées de l'hémisphère boréal. Peu remarquables en général par leurs propriétés, elles renferment une matière mucilagineuse abondante, souvent accompagnée d'un principe astringent. Quelques espèces sont alimentaires, d'autres sont propres à divers usages industriels.

Genre I. *Onagraire*.
Œnothera L.

Plantes herbacées ou frutescentes, à feuilles alternes, à fleurs solitaires axillaires. Calice à tube très-long, soudé avec l'ovaire, à limbe partagé en quatre divisions réfléchies. Corolle à quatre pétales. Huit étamines. Ovaire infère, à quatre loges, surmonté d'un style filiforme terminé par un stigmate à quatre branches étalées en croix. Capsule coriace, oblongue, à quatre loges polyspermes.

L'Onagraire bisannuelle (*Œ. biennis* L.), originaire de l'Amérique du Nord, est naturalisée en Europe. Ses racines épaisses et fusiformes sont agréables au goût, et on les mange crues ou cuites dans quelques parties de l'Allemagne. Les animaux domestiques, surtout les cochons, en sont aussi très-friands. Cette plante abonde en tannin et peut, d'après Braconnot, être substituée à la noix de galle dans la teinture, la fabrication de l'encre et le tannage des peaux.

Genre II. *Épilobe*.
Epilobium L.

Plantes herbacées ou frutescentes, à fleurs solitaires ou groupées en épis terminaux. Calice à tube très-long, tétragone, à limbe caduc. Corolle à quatre pétales. Huit étamines dressées ou réfléchies. Style filiforme. Stigmate à quatre branches étalées en croix ou soudées en massue. Capsule longue, à quatre loges polyspermes. Graines terminées par une aigrette soyeuse.

La plupart des Épilobes sont de grandes plantes vivaces, croissant dans les lieux humides et au bord des eaux. Elles entrent quelquefois dans la nourriture de l'homme; mais c'est surtout pour l'alimentation du bétail qu'elles rendent de grands services. Elles sont quelquefois si abondantes que l'agriculteur a intérêt à les faire faucher, soit pour les administrer comme fourrage, pour en faire de la litière ou de l'engrais, soit pour chauffer le four ou pour en retirer de la potasse.

L'Épilobe à feuilles étroites (*E. angustifolium* L.) est appelé vulgairement Laurier de Saint-Antoine ou Osier fleuri. Dans quelques cantons du nord de l'Europe, on mange ses racines, ses jeunes pousses

et la moelle de ses tiges. Les feuilles servent à la fabrication de la
bière ; on les donne aussi à manger aux vaches et aux chèvres. On a
tenté, mais sans succès, d'utiliser dans l'industrie des tissus les longs
poils qui surmontent ses graines.

FAMILLE XXXIV. Haloragées.

Les plantes de cette famille, réunie autrefois aux Onagrariées, ont
avec celles-ci beaucoup d'analogie. La plupart habitent la zone tempérée ou froide de l'hémisphère boréal. Un seul genre présente un
intérêt réel pour le cultivateur.

Genre I. *Mâcre*,
Trapa L.

Plantes aquatiques, à feuilles supérieures rhomboïdales, disposées
en rosette. Fleurs axillaires. Calice à limbe quadrilobé, persistant.
Corolle à quatre pétales. Quatre étamines. Fruit à péricarpe ligneux,
uniloculaire et monosperme par avortement. Graine dépourvue d'albumen. Embryon à cotylédons farineux.

La Mâcre commune (*T. natans* L.) (Pl. 22), appelée aussi Châtaigne
d'eau, Cornuelle, Écharbot, Truffe d'eau, etc., est une plante annuelle qui croît dans l'Europe centrale et méridionale, et jusqu'en
Égypte ; elle habite surtout les eaux stagnantes. C'est vers le commencement de l'été qu'apparaissent ses fleurs, et à l'automne qu'a lieu la
maturité des fruits, dont la forme rappelle celle d'une chausse-trape.

On a proposé, depuis assez longtemps, de cultiver cette plante dans
les étangs et les marais pour utiliser ces surfaces stériles. Cette culture est des plus faciles et des moins dispendieuses ; il faut seulement,
autant que possible, que les eaux aient une profondeur de 0^m,35 à
un mètre. On se contentera d'y jeter quelques fruits mûrs : les graines
germeront, et la plante se propagera aisément. Une fois que la mâcre
est en possession d'un étang, elle ne demande plus aucun soin de culture.

On a remarqué que les produits sont plus abondants dans les eaux
dont le fond est limoneux, et qu'ils vont d'ailleurs en augmentant

avec la température moyenne du pays : ainsi, sous le climat de Paris, on ne trouve guère plus de deux fruits par pied, tandis que ce nombre s'élève jusqu'à huit dans le nord de l'Italie.

La récolte se fait vers le milieu de l'automne; il faut bien saisir le moment où les fruits sont mûrs, car ils ne tardent pas à se détacher et à tomber au fond de l'eau. Pour faire cette récolte, on entre dans l'eau et l'on tire les plantes sur le bord avec des perches munies de crochets; on détache ensuite les fruits. Quelquefois même, quand les eaux sont profondes, on ne peut faire la récolte qu'en bateau. Il faut, dans tous les cas, réserver quelques pieds pour repeupler la pièce d'eau.

L'amande de la mâcre a une saveur de châtaigne très-agréable ; dans quelques parties de la France, on en fait une très-grande consommation. On la mange, soit crue, comme la noisette, soit cuite dans l'eau ou sous la cendre, comme la châtaigne. On en fait d'excellentes bouillies. On peut aussi la faire entrer dans le pain, mais en petite quantité, car elle n'est pas susceptible de fermenter. Ce fruit peut se conserver pendant un temps assez long, si on le tient dans une eau souvent renouvelée.

Les tiges et les feuilles, après avoir fourni un abri aux poissons qui peuplent les étangs, peuvent être données aux animaux domestiques ou bien être converties en engrais.

———

FAMILLE XXXV. Cucurbitacées.

Abondamment répandues dans les régions chaudes du globe, les Cucurbitacées sont plus rares dans les régions tempérées, et disparaissent sous les climats froids. Leurs racines contiennent un principe résineux, âcre et amer. Les fruits, au contraire, ont une chair douce, sucrée, fondante, souvent parfumée; plusieurs sont alimentaires. Les graines contiennent, avec du mucilage, une certaine quantité d'huile fixe. Cette famille, qui joue un grand rôle dans la culture maraîchère, a moins d'intérêt en agriculture.

Genre I. *Courge.*
Cucurbita L.

Plantes herbacées, à feuilles alternes, à fleurs monoïques. — Fleurs mâles : Calice hémisphérique, campanulé ; corolle campanulée, à cinq pétales soudés entre eux et avec le calice ; cinq étamines triadelphes, à filets libres à la base, connivents au sommet, à anthères courbées en S. — Fleurs femelles : Calice tubuleux, adhérent, à limbe campanulé ; corolle comme dans les mâles ; ovaire infère, surmonté d'un style terminé par trois stigmates épais et bilobés. — Fruit (*péponide*) énorme, charnu, à plusieurs loges renfermant de nombreuses graines ovales et comprimées.

Ce genre est très-nombreux en espèces et surtout en variétés. La plupart des courges appartiennent essentiellement à la culture maraîchère ; quelques-unes néanmoins sont cultivées en grand dans les champs pour servir à la nourriture de l'homme ou des animaux. La plus intéressante est la Courge à gros fruits (*C. maxima* Duch.), à laquelle on rapporte les variétés dites Courge à la moelle, C. des Patagons, C. de l'Ohio, C. pleine de Naples, Citrouille de Touraine ou Palourde, etc. Originaires des climats chauds, ces plantes ne peuvent être cultivées en grand que dans la région de la vigne et du maïs. Elles ont surtout besoin d'une grande quantité d'eau.

Les terres sablonneuses, perméables, légères, fraîches, sont les meilleures pour la culture des courges. Elles doivent être bien préparées par un ou plusieurs labours. A la dernière façon, le sol est disposé à plat ou en billons, suivant le mode de culture adopté.

Le semis se fait à la fin d'avril dans le midi de la France, et dans le nord au commencement de mai. Si, pour une cause ou pour une autre, les graines ne germent pas, on lève en motte, par un temps couvert, les pieds superflus dans les endroits où le semis est trop dru, et on les repique dans les places vides. Mais, si le semis a bien levé partout, il faut au contraire l'éclaircir, en enlevant les pieds les plus faibles, de telle manière que les sujets qui restent soient espacés d'un mètre au moins.

Deux binages, souvent suivis d'un buttage, et, dans le midi, d'un arrosement, tels sont les soins de culture nécessaires.

« Dès que les plantes ont développé trois à quatre feuilles latérales, on pince avec l'ongle le sommet de la tige principale qui se dirige verticalement ; cette opération, que l'on nomme *taille*, n'est pas toujours pratiquée dans les cultures en grand ; mais c'est commettre une faute que de ne pas l'exécuter, car, par la suppression que l'on opère, on hâte sensiblement le développement des tiges qui doivent ramper sur terre et porter les fruits.

« Quand ceux-ci sont formés et qu'ils ont de $0^m,04$ à $0^m,06$ de diamètre, on pratique un second *pincement* à $0^m,25$ ou $0^m,30$ au delà du fruit. Cette seconde taille a pour but de limiter le développement des tiges et le nombre des fruits, et d'empêcher que des bourgeons nombreux apparaissent au détriment de ces derniers. Chaque pied ne doit pas porter au delà de trois à cinq fruits : quand ceux-ci sont très nombreux, ils se développent plus difficilement que lorsque chaque pied n'en comporte que quelques-uns. » (G. Heuzé).

On peut récolter les fruits, du quinze octobre au 15 novembre ; mais, afin que leur maturité soit plus complète, on les laisse encore quelque temps sur le sol. On les conserve pendant l'hiver, et on peut avec avantage les associer ou les substituer à la betterave, surtout pour les vaches et les cochons ; mais ils doivent être consommés avant la fin de janvier, car plus tard ils perdraient de leur qualité.

Les graines sont employées en médecine, sous le nom de *Semences froides* ; on en extrait aussi une huile alimentaire, réputée aussi bonne que les huiles de noix ou de faîne.

Genre II. *Bryone.*

Bryonia L.

Plantes herbacées, à tiges grimpantes, à feuilles alternes, à fleurs monoïques ou dioïques. Calice campanulé, à cinq dents. Corolle à cinq lobes alliptiques. Cinq étamines triadelphes. Ovaire infère, surmonté d'un style grêle, terminé par trois stigmates bifides. Baie globuleuse, lisse, polysperme.

La Bryone commune (*B. alba et dioica* L.), vulgairement appelée Couleuvrée, Vigne blanche, Navet du diable, etc., est une plante vivace, commune dans presque toute l'Europe, le long des haies, dans les lieux incultes, etc. Sa présence annonce toujours une terre profonde et fertile. Elle est dédaignée par les bestiaux ; les chèvres seules broutent ses feuilles.

La racine de cette plante renferme une grande proportion de fécule, qui entrerait avec avantage dans l'alimentation, si on pouvait la débarrasser de son principe amer et âcre. On y arrive par des lavages réitérés. Un seul suffit même, si la fécule est destinée aux usages industriels. Cette fécule présente, d'après M. Furnari, les mêmes caractères que celle des céréales ; elle peut remplacer le sagou, l'arrow-root et les autres fécules exotiques.

M. Poggiale a obtenu de cette racine 7 à 8 pour cent d'alcool absolu, équivalent à 10 environ d'alcool du commerce. Cet alcool a une légère odeur, moins désagréable pourtant que celle des alcools de betterave et de pomme de terre, et qu'on peut lui enlever par la rectification.

Les racines donnent proportionnellement d'autant plus de fécule qu'elles sont plus jeunes. On les récolte en automne et en hiver, et elles peuvent se conserver plusieurs mois. En les coupant en tranches minces, qu'on enferme dans un sac ou un tonneau percé pour les mettre à un courant d'eau, on obtient une cossette riche en fécule, totalement dépourvue d'amertume et propre à la nourriture des bestiaux et des animaux de basse-cour.

Les graines que la bryone produit en abondance, fournissent une huile légèrement ambrée, sans odeur ni saveur désagréables, et pouvant servir à l'éclairage.

FAMILLE XXXVI. Cactées.

Ces végétaux croissent dans les régions chaudes de l'Amérique. Leurs fruits, pulpeux et rafraîchissants, servent de nourriture aux habitants des contrées tropicales de cette partie du monde.

GENRE I. *Nopal*.

Opuntia Tourn.

Plantes grasses, charnues, à tige plus ou moins aplatie, divisée en articles ovales ou oblongs, portant des faisceaux d'aiguilles ou de soies, sans nervure médiane. Feuilles avortées, indiquées seulement par un coussinet placé sous le bourgeon. Fleurs naissant des faisceaux d'épines ou des bords des articles. Calice à sépales nombreux, foliacés. Corolle à pétales nombreux, soudés à leur base et étalés en rond. Étamines nombreuses. Baie ovoïde, à sommet ombiliqué et tuberculeux.

Le Nopal commun (*O. vulgaris* D.C., *Cactus opuntia* L.), vulgairement Figuier d'Inde ou de Barbarie, Raquette, etc., originaire du Mexique, est naturalisé sur tout le pourtour du bassin méditerranéen. Cette espèce, qui présente plusieurs variétés, croît sur les rochers, dans les terres arides et sablonneuses. Elle se propage trèsfacilement par boutures de rameaux ou raquettes, et ne demande aucun soin de culture. On en fait des haies de clôture. Son fruit est rempli d'une pulpe aqueuse et rougeâtre, qui est alimentaire et rafraîchissante. On mange, dans certains pays, les fleurs et les boutons en guise d'asperges. On donne aux bœufs l'enveloppe du fruit. Les articles, dépouillés de leurs épines et coupés par tranches, servent, en Calabre, à nourrir les moutons et les chèvres, durant la saison où les plantes fourragères sont brûlées par les sécheresses, et permettent ainsi d'attendre l'époque des pluies.

On confond sous le nom de Nopal à cochenille (*O. coccinillifera* D.C., *Cactus coccinillifer* L.) (Pl. 23) plusieurs espèces et variétés mal définies, mais qui se cultivent toutes de la même manière. Ce nopal, originaire aussi du Mexique, a été introduit dans diverses régions, notamment aux îles Canaries, et, dans ces derniers temps, en Algérie.

Les nopaleries s'établissent en général sur un terrain meuble, d'un bon fonds. On propage les nopals par boutures faites avec les rameaux aplatis ou raquettes. Les arrosements ne sont nécessaires que dans les terres sèches et sablonneuses.

Les sarclages au contraire sont toujours indispensables; outre que les mauvaises herbes gêneraient la croissance des nopals, elles serviraient de refuge à de nombreux insectes nuisibles aux cochenilles. Ils se font, non point à la bêche ou à la houe, mais simplement à la main, ou tout au plus avec une serpette ou un petit couteau. Ces sarclages se renouvellent trois ou quatre fois dans l'année, et toujours après les pluies. La croissance des nopals est rapide, et en deux ans ils ont atteint la hauteur de deux mètres, qu'on ne leur laisse pas dépasser. Pour cela, on les taille tous les ans à la fin de l'automne, en supprimant toutes les raquettes épuisées par les cochenilles. Une plantation bien entretenue peut durer huit à dix ans; au bout de ce temps, on la renouvelle. Quelquefois on se contente de recéper les nopals à 0^m,50 du sol ; mais ce dernier mode, plus expéditif, est bien moins avantageux.

Le nopal est cultivé uniquement pour l'élève de la cochenille ; mais cette opération est du domaine de la zootechnie ; nous n'avons point à nous en occuper ici.

FAMILLE XXXVII. Ribésiées.

La famille des Ribésiées ou des Grossulariées renferme un assez grand nombre d'espèces, répandues dans les régions froides et tempérées de l'hémisphère boréal, mais surtout en Amérique. Leurs fruits, acidules et rafraichissants, sont employés en médecine et en économie domestique.

Genre 1. *Groseiller*.

Ribes L.

Arbrisseaux à feuilles alternes, à fleurs solitaires ou en grappes. Calice monosépale, tubuleux et adhérent dans sa partie inférieure, à limbe divisé en cinq lobes. Corolle à cinq pétales. Cinq étamines. Ovaire infère, surmonté de deux styles terminés chacun par un stigmate simple. Baie globuleuse, renfermant plusieurs graines à tégument propre charnu et mucilagineux.

Ce genre est surtout répandu dans les jardins fruitiers ou d'agrément. Nous devons toutefois le mentionner ici. Quelques-unes de ses espèces sont souvent l'objet de cultures très-étendues en plein champ. Le groseiller rouge (*R. rubrum* L.) a des fruits acidules, d'une saveur agréable, dont on fait en été une grande consommation ; ils servent aussi à préparer la gelée et le sirop de groseilles. Le groseiller noir (*R. nigrum* L.) se fait surtout remarquer par son odeur forte ; ses fruits ont une saveur trop désagréable pour qu'on les consomme en nature ; leur principale utilité est pour la fabrication de la liqueur appelée *cassis*.

Le groseiller épineux (*R. uva crispa* L.) et le grosellier à maquereau (*R. grossularia* L.), ne sont peut-être que des variétés de la même espèce. Leurs fruits n'ont qu'une saveur médiocre ; on les emploie surtout en économie domestique comme condiment, et ils servent, en Angleterre, à préparer le vin de groseilles.

FAMILLE XXXVIII. Ombellifères.

Répandues surtout dans les régions tempérées du globe, rares dans la zone équatoriale, les Ombellifères sont plus nombreuses dans l'hémisphère nord que dans l'hémisphère sud. Les plantes de cette famille ont le plus souvent une odeur aromatique et pénétrante, quelquefois vireuse, et contiennent, au moins dans les fruits, un principe résineux odorant, associé tantôt à des substances mucilagineuses et sucrées, tantôt à un principe extractif, peu odorant, légèrement amer. Les espèces qui se trouvent dans le premier cas deviennent propres aux usages alimentaires; les autres constituent des médicaments très-actifs ou même de véritables poisons narcotiques. Au point de vue agricole, les Ombellifères ont une certaine importance et doivent être étudiées avec soin. Quelques-unes, en effet, sont cultivées en grand pour la nourriture de l'homme ou des animaux domestiques; d'autres ont des propriétés nuisibles et peuvent causer des accidents très-graves, mortels même; celles-ci sont quelquefois abondantes dans les prés et les lieux cultivés.

TRIBU I. Éryngiées.

Genre I. *Panicaut.*

Eryngium Tourn.

Plantes herbacées, à feuilles épineuses. Fleurs sessiles, disposées en capitule sur un réceptacle cylindrique, entouré à sa base de bractées épineuses. Calice à cinq lobes foliacés, terminés en épine. Corolle à cinq pétales libres, caducs, insérés au sommet du tube calicinal. Ovaire infère, surmonté de deux styles. Fruit obovale, oblong, composé de deux carpelles, à columelle adhérente.

Le Panicaut des champs (*E. campestre* L.) est une plante vivace, commune dans les terrains incultes, au bord des chemins. Sa racine a une saveur un peu amère et légèrement aromatique, qu'elle perd presque entièrement par l'ébullition; elle devient alors alimentaire, et les gens de la campagne ne la dédaignent pas. On l'emploie aussi en médecine, comme apéritive. Les bestiaux ne touchent pas à cette plante, et ses nombreuses et fortes épines la rendent impropre à servir de litière. On en tire parti, dans les localités où elle est abondante, pour le chauffage des fours.

TRIBU II. CICUTÉES.

GENRE II. *Cicutaire.*

Cicutaria Lam.

Plantes herbacées, à fleurs disposées en ombelles régulières. Involucre nul ou presque nul. Involucelle à folioles nombreuses. Calice à cinq dents larges, membraneuses. Fruit presque didyme, à carpelles arrondis, à côtes aplanies, à columelle bipartite.

La Cicutaire aquatique (*C. aquatica* Lam., *Cicuta virosa* L.), plus communément appelée Ciguë vireuse, est une plante vivace, qui croît au bord des mares et des ruisseaux. Elle est vénéneuse à un très-haut degré ; sa racine surtout, qui est blanche et charnue, a souvent causé de funestes accidents.

GENRE III. *Carvi.*

Carum Koch.

Plantes herbacées, à feuilles pennatiséquées. Involucre et involucelles ordinairement à plusieurs folioles. Calice à limbe presque nul. Fruit comprimé perpendiculairement à la commissure. Carpelles oblongs ou linéaires-oblongs, à cinq côtes filiformes. Columelle bifurquée au sommet seulement.

Le Carvi (*C. carvi* L.) qui habite les prairies et les lieux montueux, a des racines et des fruits aromatiques qu'on emploie en médecine vétérinaire et en économie domestique. La plante entière passe pour un bon fourrage.

Le Terre-Noix (*C. bulbocastanum* Koch, *Bunium bulbocastanum* L.) a des racines tubéreuses et alimentaires, connues vulgairement sous le nom de Châtaignes de terre. Les porcs en sont très-friands et savent fort bien les déterrer.

Genre IV. *Berle*.

Sium L.

Plantes à feuilles pennatiséquées. Involucre et involucelles à plusieurs folioles. Calice à cinq dents courtes. Fruit comprimé perpendiculairement à la commissure ou presque didyme. Carpelles oblongs ou linéaires, à cinq côtes filiformes.

Ces plantes croissent en général dans les endroits marécageux et au bord des ruisseaux ; la plupart sont à bon droit suspectes, et quelques-unes passent même pour vénéneuses.

Cette observation ne saurait s'appliquer à l'espèce suivante, la plus intéressante du genre. Le Chervis (*S. sisarum* L.), vulgairement Chirouis ou Giroule, est une plante vivace, à racines fasciculées, fusiformes, tubéreuses et charnues. Originaire de la Haute-Asie, elle a été longtemps cultivée dans nos jardins et nos champs, où elle a été plus tard complétement remplacée par la pomme de terre. D'après M. Sacc, le chervis est, de toutes les racines alimentaires, la plus riche en principes nutritifs. Sa chair est blanche, ferme et tendre à la fois, très-farineuse, d'une saveur douce et sucrée, d'ailleurs très-facile à digérer.

Dans la grande culture le chervis peut rendre de grands services, soit comme fourrage-racine fort recherché des bestiaux, soit comme pouvant fournir de l'amidon, du sucre et de l'alcool. Il possède la précieuse qualité de rester en terre pendant l'hiver sans geler. Son rendement est très considérable.

Le chervis veut une terre franche, douce, légère, profonde, très-meuble, substantielle, fraîche ou même humide ; il vient très-bien surtout dans les sols fumés l'année précédente avec du fumier de vache, comme sont ceux qui auraient porté des choux ou des fèves de marais. A cause de la longueur des racines, le sol doit être défoncé assez profondément.

On sème le chervis à la volée, ou mieux en rayons, pour faciliter les binages et les sarclages. Le semis se fait de préférence en février dans le midi de la France, en mars dans le centre, en avril dans le nord. La plante ne craignant nullement le froid, on peut aussi la semer en septembre. Quand le plant est un peu fort, on l'éclaircit de manière à laisser environ 0^m,15 d'intervalle entre les pieds. On peut utiliser les plants arrachés, en les replantant après les avoir divisés au besoin.

Le chervis se multiplie aussi par éclats de racines, plantés à $0^m,20$ en tous sens. Chaque éclat doit, pour donner une belle récolte, être muni d'un bourgeon et avoir été pris dans une touffe arrachée tout récemment, la veille ou mieux le jour même de l'opération. Ces tiges devancent ordinairement dans leur végétation celles qui sont venues de semence, mais elles donnent des racines plus petites et moins délicates au goût.

Quand on a consommé des chervis, on peut utiliser les collets, en les plantant à $0^m,20$ de distance. Ils végètent pendant l'hiver, forment, au premiers beaux jours, de grosses touffes et donnent quelques graines. Si l'on recueille celles-ci et qu'on les sème immédiatement, on obtient dans la même année une racine de la grosseur du doigt. Néanmoins ce mode de culture est loin de valoir le précédent.

Les binages et sarclages donnés assez souvent et à propos favorisent singulièrement l'accroissement des racines; mais, pour en obtenir de bonne qualité, ce qu'il faut par-dessus tout, ce sont des arrosements fréquents, mais modérés, notamment à l'époque des grandes chaleurs.

Le chervis craignant beaucoup la sécheresse, il sera bon, en juin, de le butter au pied, comme la pomme de terre; enfin, comme la tige se développe dès la première année, quelques agronomes conseillent de la couper pour faire grossir les racines; on utilise ces tiges en les donnant aux bestiaux. Toutefois, on a soin de réserver quelques porte-graines.

Les racines s'arrachent à la fourche; on commence la récolte en novembre, et on la continue tout l'hiver, au fur et à mesure des besoins. Il peut arriver qu'on désire en manger alors que la terre est couverte de neige ou durcie par la gelée; en ce cas, on aura dû, avant l'hiver, en arracher la quantité nécessaire, qu'on aura enterrée à la cave.

La graine mûrit en septembre dans le midi, plus tard dans le nord. Celle de la seconde année est préférable; après l'avoir cueillie, il faut l'exposer au soleil pendant quelques jours, la nettoyer et enfin l'enfermer dans un lieu sec. Avec des soins, elle peut conserver pendant trois ans sa faculté germinative.

Genre V. *Boucage*.

Pimpinella L.

Plantes à feuilles pennatiséquées. Involucre et involucelles nuls. Calice à limbe presque nul. Fruit comprimé perpendiculairement à la commissure. Carpelles linéaires, oblongs, à cinq côtes filiformes très-peu saillantes. Styles filiformes, rejetés en dehors. Columelle bifide.

Le grand Boucage (*P. magna* L.), vulgairement Bouquetine, Persil de bouc, est une plante vivace, commune sur les pelouses, dans les bois, le long des chemins, etc. Elle constitue un excellent fourrage, surtout en mai, et augmente la production du lait chez les vaches. Comme elle croît d'ailleurs dans les sols calcaires les plus arides, on s'en est servi avec avantage pour mettre en valeur certaines parties des plaines crayeuses de la Champagne. Le Boucage saxifrage (*P. saxifraga* L.) croît dans les mêmes localités que l'espèce précédente et possède les mêmes propriétés ; mais son produit est moins abondant.

L'Anis (*P. anisum* L.) est une espèce annuelle, originaire de l'Orient. On le cultive, comme plante industrielle, dans la Provence, le Languedoc et la Touraine. Les sols légers, calcaires sont ceux qui lui conviennent le mieux.

« On sème les graines d'anis à la volée, vers le mois d'avril, sur planches bien préparées et bien ameublies. Comme pour toutes les récoltes sarclées, il faut donner une première façon de nettoiement dès que la plante apparaît, puis d'autres binages dans le courant de la végétation. Les fruits viennent à maturité à la fin d'août dans le climat de la Touraine ; on enlève les têtes qui prennent une teinte foncée ; on les réunit dans un local très-aéré, afin de favoriser leur dessiccation complète ; on les bat ensuite au fléau sur une toile, et on les passe au van pour obtenir des graines bien propres. » (Saurey.)

Les feuilles de l'anis sont usitées en médecine comme stimulants. On les emploie aussi comme condiment pour faciliter la digestion de certaines préparations culinaires, entre autres des légumes aqueux, tels que les choux, les navets, etc. Les confiseurs en font

des petites dragées connues sous le nom d'*anis* ou *anis sucré*. On s'en
sert aussi pour aromatiser l'anisette et d'autres liqueurs.

Genre VI. *Œnanthe*.

Œnanthe Lam.

Plantes herbacées vivaces, à feuilles pennatiséquées, à fleurs blanches. Involucre nul ou à plusieurs folioles ; involucelles à plusieurs
folioles. Calice à cinq dents s'accroissant après la floraison. Fruit
cylindrique. Carpelles oblongs, à cinq côtes obtuses.

Les espèces de ce genre croissent en général dans les lieux humides ou inondés. Toutes sont plus ou moins vénéneuses pour
l'homme et pour les animaux domestiques. (V. les articles *Œnanthe*
et *Phellandrie* de la Flore médicale.)

Genre VII. *Éthuse*.

Æthusa L.

Plantes herbacées, à feuilles pennatiséquées. Involucre nul ou
à une seule foliole. Involucelle unilatéral, à folioles rejetées en dehors. Calice à limbe presque nul. Fruit ovoïde arrondi. Carpelles
à cinq côtes saillantes, carénées. Columelle bipartite.

L'Éthuse petite ciguë (*Æ. Cynapium* L.) est une des espèces les
plus vénéneuses de cette famille. (V. la Flore médicale.)

Genre VIII. *Fenouil*.

Fœniculum Adans.

Plantes herbacées, à fleurs jaunes. Involucre et involucelles nuls
ou presque nuls. Calice à limbe presque nul. Fruit presque cylindrique. Carpelles oblongs, à cinq côtes saillantes, presque égales.
Columelle bipartite.

Le Fenouil commun (*F. officinale* All., *Anethum fœniculum* L.)
habite les contrées chaudes de l'Europe. Son odeur forte le fait
aisément reconnaître. Sa saveur est chaude, un peu âcre, sucrée.
On mange sa racine dans quelques pays ; mais on préfère celle de
la variété dite *Fenouil doux*. Les fruits, très-aromatiques, s'emploient
aux mêmes usages que ceux de l'anis ; ils leur sont toutefois infé-

rieurs. On en extrait une huile fixe et une huile essentielle. Cette plante est quelquefois tellement abondante dans les vignes, qu'elle devient un véritable fléau, et qu'on a beaucoup de peine à la détruire. On l'emploie, dans le Midi, pour confire les olives. Les semences pulvérisées et l'huile essentielle qu'on en extrait sont usitées, en médecine vétérinaire, comme carminatives. D'après Buchoz, on mêle les feuilles hachées du Fenouil avec les aliments que l'on prépare pour les dindonneaux, et c'est pour eux un excellent préservatif contre les maladies auxquelles ils sont sujets. Aucun animal domestique ne broute cette plante, qu'on pourrait néanmoins utiliser comme litière.

TRIBU III. SÉLINÉES.

GENRE IX. *Angélique.*

Angelica L.

Plantes herbacées, à feuilles pennatiséquées. Involucre à une ou deux folioles ou nul. Involucelle à plusieurs folioles. Calice à limbe presque nul. Fruit comprimé parallélement à la commissure. Carpelles oblongs, à cinq côtes, les trois dorsales filiformes, saillantes, les marginales largement ailées, membraneuses.

L'Angélique officinale (*A. archangelica* L., *Archangelica officinalis* Hoffm.) (Pl. 24) est une plante trisannuelle, originaire des régions montagneuses de l'Europe centrale et méridionale, et cultivée dans quelques parties de l'ouest de la France, notamment aux environs de Niort.

Cette plante demande un climat assez chaud, un terrain humide, substantiel et bien ameubli. On la sème en pépinière, dans le courant de septembre. Au printemps, on repique les jeunes plants à la distance d'environ deux mètres en tous sens. Puis on bine fréquemment la plantation. La première récolte peut se faire dès le mois d'août de la seconde année. On peut ensuite récolter des tiges pendant plusieurs années, à la condition d'entretenir soigneusement les rejetons et de maintenir la fertilité du sol par d'abondantes fumures.

Dans le nord de l'Europe, on cultive l'Angélique comme plante potagère ; on mange ses tiges et ses racines crues ou cuites.

Les tiges, blanchies et confites au sucre, forment une conserve très-estimée; celle qu'on prépare à Niort est la plus renommée. Elles entrent aussi dans la composition des liqueurs.

Les feuilles sont très-recherchées des vaches, et communiquent au lait de ces animaux un arome agréable.

L'Angélique sauvage (*A. sylvestris* L.) croît dans les bois humides de l'Europe. Elle possède des propriétés analogues à celle de l'espèce précédente, mais à un bien moindre degré.

GENRE X. *Panais.*

Pastinaca L.

Plantes herbacées, à feuilles pennatiséquées. Involucre et involucelles à une ou deux folioles ou nuls. Fleurs jaunes. Calice à limbe presque nul. Fruit comprimé parallèlement à la commissure. Carpelles oblongs, arrondis, à cinq côtes, les trois dorsales très-fines, les marginales dilatées en aile aplanie.

Le Panais cultivé ou Pastenade (*P. satica* L.) est une plante bisannuelle, indigène, à racine charnue. On le cultive dans les jardins, comme plante potagère, et dans les champs de quelques parties de l'Europe, comme fourrage-racine. On en connaît deux variétés : le Panais long et le Panais rond.

Cette plante exige une terre très-profonde, un peu argileuse, meuble, fraîche, riche en sels alcalins. Le sol doit être ameubli profondément et bien fumé; on préfère en général les engrais marins, tels que le goëmon.

On sème le panais du 15 février au 15 mars, à la main ou au semoir, en lignes espacées de 0,45 environ. Lorsque les jeunes plants ont trois ou quatre feuilles, on donne un premier binage. Vers la fin de mai, on éclaircit le semis. En juin ou au plus tard dans les premiers jours de juillet, on procède au second binage. Bien que cette racine puisse passer l'hiver en terre, il est préférable de l'arracher vers la fin de novembre, à la bêche, pour la conserver dans des caves ou dans des silos.

Le panais est un excellent légume; il donne aux potages une odeur et une saveur agréables. Il convient aussi beaucoup à tous les animaux domestiques, surtout aux chevaux et aux vaches laitières. Ses feuilles sont encore utilisées comme fourrage.

GENRE XI. *Berce.*

Heracleum L.

Plantes herbacées, à feuilles pennatiséquées. Fleurs blanches. Involucre ordinairement à folioles peu nombreuses, caduques. Involucelle à folioles nombreuses. Calice à cinq dents. Corolle à pétales extérieurs plus grands, rayonnants, profondément bifides. Fruit comprimé parallèlement à la commissure. Columelle bipartite.

La Berce branc-ursine (*H. sphondylium* L.) (Pl. 25), vulgairement Angélique sauvage, Panais de vache, Patte d'oie, etc., est une grande et belle plante bisannuelle, qui croît abondamment dans les prairies humides du centre et du nord de l'Europe. Elle se propage facilement par ses graines, mais n'est pas cultivée.

Dans le nord de l'Europe et de l'Asie, on mange les pétioles de cette plante, qui sert aussi à fabriquer une boisson fermentée. Chez nous, elle n'est guère connue que comme fourrage vert, d'un produit très-abondant, et fort goûté des bêtes à cornes. Malheureusement, elle est très-envahissante, et étouffe les herbes des prairies. Cet inconvénient est moindre dans les prairies arrosables, qui sont continuellement fauchées en vert. Mais dans celles dont le produit doit être converti en foin, on cherche plutôt à la détruire; on y parvient en la coupant au-dessous du collet, en avril et mai, ou en détruisant ses tiges avant épanouissement des fleurs.

Les Berces des Pyrénées (*H. Pyrenaicum* L.) et des Alpes (*H. Alpinum* L.) sont aussi bisannuelles. On peut les considérer comme utiles dans les prairies dont le produit est consommé sur place par les bêtes à cornes ou par les chevaux.

La Berce de Sibérie (*H. Sibiricum* L.) est vivace, et fournit un fourrage précoce et abondant.

GENRE XII. *Peucédan.*

Peucedanum L.

Plantes herbacées. Involucre et involucelles ordinairement à plusieurs folioles. Calice à cinq dents. Pétales infléchis et échancrés au sommet. Fruit comprimé parallèlement à la commissure. Carpelles oblongs ou arrondis, à cinq côtes. Columelle bipartite.

Le Peucédan officinal (*P. officinale* L.), plante vivace commune dans les prairies humides, a reçu les noms vulgaires de *Queue de porc*, *Fenouil de porc*, probablement à cause de l'avidité avec laquelle cet animal se jette sur les racines de cette plante, qui est dédaignée par les bestiaux. La racine de peucédan est employée en médecine vétérinaire comme apéritive, diurétique, etc.; on l'applique aussi en cataplasmes sur les plaies et les ulcères.

TRIBU IV. Daucinées.

Genre XIII. *Carotte*.

Daucus Tourn.

Plantes herbacées. Involucre à plusieurs folioles triséquées ou pennatiséquées, à segments linéaires. Involucelle à plusieurs folioles entières ou triséquées. Calice à cinq dents. Fruit un peu comprimé. Carpelles à cinq côtes filiformes, accompagnées de quatre côtes secondaires. Columelle indivise ou bifide.

La Carotte commune (*D. carota* L.) est une plante bisannuelle, indigène, cultivée, de temps immémorial, dans les jardins et les champs, pour la nourriture de l'homme et des animaux domestiques. Elle a produit de nombreuses variétés. La grande culture, la seule dont nous ayons à nous occuper ici, emploie surtout les suivantes : C. blanche. — C. violette à collet vert. — C. blanche des Vosges. — C. blanche de Breteuil. — C. rouge de Flandre.

La carotte craignant la sécheresse, sa culture en grand n'est avantageuse que dans les régions du Nord et de l'Ouest.

Cette plante préfère les sols légers, substantiels et profonds, perméables, mais conservant en été une certaine fraicheur. Le sol doit être bien préparé par des labours profonds et croisés, fertilisé par des fumiers décomposés et soigneusement nettoyé des mauvaises herbes. On sème ordinairement au commencement du printemps, et presque toujours en lignes, soit à la main, soit au semoir. Un sarclage, peu de temps après la levée du semis; trois binages, à un mois environ d'intervalle; un éclaircissage en juillet : tels sont les soins de culture que demande cette racine. On arrache les carottes à l'automne, et on les conserve en cave ou en silos.

La carotte, qui est d'un usage très-étendu en économie domestique, est aussi une plante fourragère très- importante. Tous les animaux la recherchent avidement; elle engraisse les bœufs, augmente la quantité et la qualité du lait des vaches, et rétablit promptement les chevaux épuisés par les fatigues. Les graines servent à aromatiser la bière et certaines liqueurs. Les feuilles constituent un très-bon fourrage vert.

TRIBU V. Caucalidées.

Genre XIV. *Ciguë*.

Conium L.

Plantes herbacées. Involucre et involucelles à trois ou cinq folioles. Calice à limbe presque nul. Fruit arrondi, presque didyme, comprimé perpendiculairement à la commissure. Carpelles lisses, ovoïdes, à cinq côtes ondulées. Columelle bifide ou bipartite.

La grande Ciguë ou Ciguë maculée (*C. maculatum* L., *Cicuta major* Lam.) est une grande plante bisannuelle, qui croît dans les lieux incultes et pierreux, au voisinage des habitations, etc. On sait que c'est un poison violent pour l'homme. Plusieurs auteurs disent que les bestiaux la mangent sans inconvénient, et Linné assure même que les vaches en sont très-friandes. Cela peut être vrai, jusqu'à un certain point, pour le nord de l'Europe; mais, dans les régions plus chaudes, où les propriétés délétères de la plante sont bien plus marquées, le cultivateur fera bien de la détruire partout où elle est abondante; il suffit pour cela de la couper entre deux terres.

Genre XV. *Arracacha*.

Arracacha Bancr.

Plantes herbacées vivaces, à racine tubéreuse, à feuilles pennatiséquées. Fleurs polygames, en ombelles terminales et oppositifoliées. Involucre formé d'un petit nombre de folioles, ou nul. Involucelle à trois folioles. Fleurs mâles ou neutres au centre de l'ombelle, hermaphrodites sur les bords.

Ce genre, propre à l'Amérique méridionale, ne renferme que deux espèces, dont la plus intéressante est l'Arracacha comestible (*A. esculenta* D. C., *A. xanthorhiza* Bancr., *Conium arracacha* Hook). C'est une plante vivace à racines tubéreuses, charnues, divisées en plusieurs branches épaisses et longues, et de couleur blanche, jaune ou pourpre. Cette plante, originaire de la Colombie, est cultivée en grand dans cette contrée, ainsi que dans le Vénézuéla.

L'arracacha demande un sol riche, humide, meuble et profond, où sa racine puisse se développer; elle paraît s'accommoder des sols en plaine aussi bien que des versants des montagnes. Elle se propage par le collet de la racine, qu'on divise en plusieurs parties, de manière à ce que chacune ait au moins un bourgeon. C'est ordinairement dans la saison des pluies qu'on opère. La plante n'exige plus guère ensuite qu'un binage et un sarclage. Après trois ou quatre mois de végétation, les racines sont assez développées pour pouvoir servir aux usages culinaires. Si on les laisse plus longtemps en terre, elles acquièrent une énorme dimension, sans rien perdre de leur saveur.

La racine de l'arracacha a une saveur très-agréable et constitue un mets journalier pour les habitants du pays qui la regardent comme leur meilleur légume, égal au moins à la pomme de terre; sa chair est jaunâtre, plutôt compacte que farineuse. On en fait, avec l'addition du sucre, de bonnes conserves; on en extrait aussi de la fécule; on en a fait un très-bon pain, en la mélangeant avec celle du manioc. Enfin, elle sert à faire une boisson fermentée (*chicha*).

Ces racines servent encore à la nourriture des animaux domestiques et surtout à l'engraissement des cochons. La fane ne paraît guère propre à cet usage, à cause de sa saveur aromatique, et d'ailleurs l'abondance des pâturages dans la région dispense de recourir à cet aliment.

La facilité de la culture de cette plante, la quantité et la qualité du produit, la possibilité de la cultiver plusieurs fois de suite sur le même terrain, en ont fait un objet important pour les habitants des Andes et ont dû attirer l'attention des Européens. Mais le mode de culture appliqué à cette plante dans son pays natal peut-il réussir chez nous? Peut-on conserver l'arracacha pendant plus de neuf mois de l'année sous le ciel doux et nébuleux de l'Europe occidentale? D'un autre côté, notre climat permet-il une culture de six mois, et n'y a-t-il pas trop d'inconvénients à conserver les jeunes plants ou jets de l'année jusqu'au printemps suivant ? Ces questions n'ont pas encore reçu de réponse satisfaisante ; les premiers essais d'introduction de l'arracacha en Europe ont été infructueux. Les plantes ont rapidement monté en tige, sans avoir le temps ni de former leurs racines, ni de mûrir leurs graines ; puis elles ont succombé.

Ces insuccès tiennent, d'après M. Goudot : 1° à ce que l'on n'avait de données exactes ni sur la culture de l'arracacha, ni même sur la véritable nature de sa racine ; 2° à ce que les pieds apportés en Europe, ayant déjà été relevés de terre pour être repiqués (ce qui ne doit pas avoir lieu) se sont trouvés ainsi dans un état défavorable de végétation ; 3° enfin, à ce que l'on s'est trop préoccupé de faire venir la plante à graine. Quoiqu'il en soit, il n'y a rien là qui doive décourager ceux qui voudront se livrer à des essais ultérieurs.

GENRE XVI. *Coriandre.*

Coriandrum L.

Plantes herbacées. Involucre nul. Involucelle à plusieurs folioles. Fleurs blanches. Calice à cinq dents. Pétales cordiformes, plus grands et bifides sur les bords de l'ombelle. Fruit globuleux, surmonté de cinq dents inégales. Carpelles à cinq côtes déprimées, très-flexueuses. Graine très-concave à la face interne.

La Coriandre cultivée (*C. sativum* L.) est une plante annuelle, originaire du midi de l'Europe, et cultivée jusque dans le nord de la France, dans les jardins et les champs. Il lui faut une exposition chaude ; une terre légère et profonde. On peut la semer plusieurs années de suite dans le même champ. Le semis se fait quelquefois en mars, mais le plus souvent en août. La plante, quand elle est levée, demande des sarclages assez nombreux pour qu'elle ne soit pas étouffée par les mauvaises herbes, et à chaque fois on éclaircit les plants. On récolte les fruits (vulgairement les graines) à la fin de juillet ou au commencement d'août. On ne doit les renfermer qu'après complète dessiccation.

Ces fruits verts exhalent une forte odeur de punaise. Secs, ils ont un arome agréable, et servent à parfumer certains mets, les pâtisseries, les gâteaux, les liqueurs, etc. On les emploie aussi, assez sou-

vent, en médecine humaine et dans l'art vétérinaire comme carmi-
natifs, stomachiques et fébrifuges.

FAMILLE XXXIX. Araliacées.

Ces plantes sont disséminées dans les régions chaudes et tempérées du globe ; on n'en trouve qu'un petit nombre sous nos climats.
Elles présentent, dans leurs propriétés, une assez grande analogie
avec les ombellifères. Deux genres seulement intéressent l'agriculture.

Genre I. *Lierre.*

Hedera Tourn.

Arbrisseaux grimpants, à feuilles alternes, persistantes. Calice à
limbe très-court, à cinq dents. Corolle à cinq pétales. Cinq étamines.
Style indivis. Fruit bacciforme, ordinairement à cinq loges monospermes.

Le lierre commun (*H. helix* L,) est très-répandu dans toute l'Europe ; il croît le long des rochers, contre les vieux murs, le tronc des
arbres, etc. Son bois, tendre et poreux, peut, dans certains cas, être
substitué au liége ; mais il est rare d'en trouver des échantillons d'un
certain volume. Il laisse exsuder, dans les pays chauds, une matière
gommo-résineuse, appelée *gomme de lierre*, et employée surtout pour
la fabrication des vernis. On connaît l'usage de ses feuilles pour le
pansement des cautéres. Les moutons et les chevaux seuls broutent
cette plante.

Le lierre est quelquefois très abondant sur les vieux arbres, auxquels il s'attache par de petits crampons ; mais il ne leur nuit pas
sensiblement, et il est d'ailleurs facile de les débarrasser de ce faux
parasite, en coupant celui-ci à fleur de terre.

Genre II. *Cornouiller.*

Cornus Tourn.

Petits arbres ou arbrisseaux, à feuilles opposées. Fleurs en corymbes rameux ou en ombelles simples munies d'un involucre. Calice à

tube adhérent à l'ovaire, à limbe très-court, à quatre dents. Corolle à quatre pétales. Quatre étamines. Style simple. Fruit drupacé, à noyau osseux, à deux loges monospermes.

Ce genre, dont quelques auteurs ont fait le type de la famille spéciale des Cornées, renferme environ quinze espèces.

Le Cornouiller mâle (*C. mas* L.) acquiert jusqu'à huit mètres de hauteur ; on le trouve dans les bois de presque toute l'Europe. On le multiplie facilement de graines ou noyaux, qu'on sème à l'automne, ou aussitôt après la maturité, et qui germent au printemps suivant. On sarcle pendant les deux premières années ; on repique dans le courant de la troisième ; et, dès la quatrième, on peut mettre en place. On le propage encore de boutures à bois de deux ans, faites au printemps et repiquées en pépinière dans un sol frais et à l'ombre. Les marcottes se font pendant l'hiver ; elles reprennent bien dans le cours de l'année et sont traitées comme des boutures. Il en est de même des nombreux rejetons que produit cette espèce, et qu'on lève en automne pour les repiquer et les mettre en place deux ans après. Il vit très-longtemps ; mais sa croissance est si lente qu'on trouve rarement des pieds de plus de $0^m,20$ de diamètre.

Le bois du cornouiller mâle est très-dur, très-lourd, a le grain fin et casse difficilement. Il est susceptible d'un beau poli, et peut même servir à la gravure. Il est très-recherché, dans les ouvrages de mécanique, pour les pièces exposées au frottement. On en fait aussi des échalas qui durent très-longtemps. Les jeunes rameaux servent à faire des balais. L'écorce est astringente et employée comme fébrifuge. Les fleurs, qui sont au nombre des plus précoces, sont fort recherchées par les abeilles. Les fruits ont une saveur acerbe, mais ils deviennent comestibles quand ils sont blétis ; on en fait des confitures, des boissons, etc. Il s'en consomme beaucoup à la campagne. Enfin, on retire de l'huile des graines.

Le Cornouiller sanguin (*C. sanguinea* L.), plus petit que le précédent, est commun dans les bois, les haies et les lieux incultes. Il se propage avec la plus grande facilité, et il pousse de son pied beaucoup de rejetons, ce qui le fait employer avec avantage pour former des haies. Les jeunes rameaux peuvent servir à faire des liens ou des ouvrages de vannerie commune ; les plus forts sont employés par les jardiniers pour faire des tuteurs. Les fruits donnent une grande quantité d'huile, d'une odeur désagréable, mais qui est susceptible d'être utilisée pour l'éclairage, les arts industriels, la fabrication des savons, etc.

Plusieurs espèces exotiques possèdent des propriétés analogues et peuvent être employées aux mêmes usages.

FAMILLE XL. Loranthacées.

Les plantes de cette famille habitent pour la plupart les régions tropicales. Trois seulement se trouvent en Europe. Ce sont des arbrisseaux qui croissent en parasites sur nos arbres, et l'un d'eux est à juste raison redouté des cultivateurs.

Genre I. *Gui.*

Viscum Tourn.

Arbrisseaux parasites, à rameaux dichotomes, portant des feuilles opposées, épaisses, charnues. Fleurs verdâtres, dioïques. — Fleurs mâles : calice à limbe quadrifide ; corolle nulle ; quatre étamines à anthères cessiles. — Fleurs femelles : calice adhérent, à limbe court, à quatre dents ; corolle à quatre pétales ; ovaire infère, à une seule loge uniovulée. Baie charnue, mucilagineuse, monosperme.

Le Gui commun (*V. album*), très-rare sur le chêne, est au contraire très-abondant sur les pommiers et autres arbres fruitiers, ainsi que sur les peupliers. Comme il épuise l'arbre sur lequel il vit, on cherche à le détruire ; mais pour cela, il ne faut pas craindre de trancher dans le vif, de manière à enlever toute trace de son empâtement radiciforme sur la branche qui le porte. On peut utiliser le gui qu'on enlève ainsi, pour la nourriture des animaux domestiques, particulièrement des bêtes bovines. Les fruits sont très-recherchés des grives et des merles. On n'en tire guère d'autre parti que de les faire servir à fabriquer de la glu.

FAMILLE XLI. Caprifoliacées.

Les Caprifoliacées vivent principalement dans les régions tempérées et froides du nouveau continent. Elles sont généralement astringentes, quelquefois purgatives ; les fleurs sont souvent odorantes et mucilagineuses. Le bois de certaines espèces est propre à divers usages économiques ou industriels.

Genre I. *Chèvrefeuille.*
Lonicera Desf.

Arbrisseaux souvent grimpants et volubiles, à feuilles opposées, entières. Fleurs géminées axillaires ou en cymes terminales. Calice à cinq lobes très-petits. Corolle irrégulière, campanulée ou tubuleuse, à limbe divisé en deux lèvres, la supérieure quadrilobée, l'inférieure entière. Cinq étamines. Style filiforme. Baie charnue.

En général, ces arbrisseaux sont plutôt nuisibles qu'utiles en agriculture. Les espèces grimpantes s'enroulent autour des arbres, gênent leur croissance et les étranglent. Le chèvrefeuille sauvage (*L. periclymenum* L.) est commun dans les bois et les haies. Ses tiges et ses rameaux servent à faire des dents pour les herses, des peignes pour les tisserands, des tuyaux de pipes, etc. La racine et les jeunes rameaux peuvent servir à la teinture ; la première donne une couleur bleue claire. Les feuilles sont broutées par les vaches, les brebis et les chèvres. Le chèvrefeuille des buissons (*L. xylosteum* L.) est susceptible des mêmes usages. Les autres espèces n'ont guère d'intérêt que pour l'horticulture d'agrément.

Genre II. *Sureau.*
Sambucus L.

Arbres, arbrisseaux ou plantes herbacées, à feuilles opposées, pennatiséquées. Fleurs en panicules ou en corymbes rameux. Calice à cinq lobes très-petits. Corolle rotacée, à cinq divisions étalées. Cinq étamines. Baie charnue, succulente, colorée, polysperme.

Le Sureau noir ou commun (*S. nigra* L.) est un petit arbre qui croît dans les bois et les haies de l'Europe. On le propage de graines, semées, aussitôt après la maturité, dans un sol bien préparé ; il arrive souvent que les jeunes plants peuvent être mis en place dès l'automne de l'année suivante. Les boutures, faites avec des branches de l'année munies d'un talon de bois de deux ans, et plantées à 0^m,50 de profondeur, dans un sol léger et frais, offrent un moyen plus rapide encore pour la multiplication, qui peut se faire aussi par rejetons et par racines. En agriculture, on propage surtout le sureau pour faire des haies, usage auquel il convient beaucoup.

Quand les pieds sont d'une certaine grosseur, ce qui est assez rare, le bois est jaune, dur, liant et susceptible d'un beau poli. Il ressemble beaucoup au buis, qu'il peut jusqu'à un certain point remplacer pour le tour et la tabletterie. Comme ce bois se tourmente beaucoup, on ne doit l'employer que lorsqu'il est bien sec. Les tiges plus jeunes servent à faire des échalas ou des tuteurs, qui se conservent longtemps. Avec les jeunes rameaux, dont la moelle est très-large, les enfants fabriquent des sarbacanes.

L'écorce et les feuilles ont une odeur nauséabonde, qui suffit souvent pour chasser les insectes. En tout cas, leur décoction fait périr ceux de ces insectes (pucerons, cochenilles, punaises, galéruques, chenilles, etc.) qui s'attaquent aux feuilles des arbres. On les emploie aussi en médecine, comme purgatives. Les moutons sont les seuls animaux domestiques qui broutent ces feuilles.

Les fleurs au contraire ont une odeur agréable. On les emploie fréquemment en infusion pour donner aux vins blancs le *bouquet* du vin muscat. On les fait également infuser dans le vinaigre, auquel elles communiquent leur odeur, et qui constitue alors le *vinaigre surat*. On prétend même que, renfermées avec des pommes, elles améliorent la saveur et le parfum de ces fruits. On les emploie en médecine, comme sudorifiques et résolutives ; leur infusion chaude et sucrée est un remède populaire.

Les baies servent à teindre les étoffes en brun verdâtre. Elles donnent une boisson fermentée, dont on peut retirer de l'eau-de-vie. On dit qu'elles sont un poison pour les poules, mais que les autres oiseaux les mangent sans danger. En médecine, elles sont purgatives. On assure néanmoins que dans le pays des Grisons on sait leur enlever cette propriété, et en faire des confitures et des conserves estimées.

Le Sureau à grappes (*S. racemosa* L.), qui croît dans les régions montagneuses, possède des propriétés analogues à celles du précédent et peut servir aux mêmes usages. Toutefois il n'est guère cultivé que dans les jardins d'agrément.

Le Sureau hièble (*S. ebulus* L.) est une grande plante vivace, commune dans les lieux frais et humides. Son abondance est un indice de la richesse et de la fertilité du sol. Mais, par suite, il se développe tellement dans les terres fortes et fertiles, qu'il devient très-nuisible aux récoltes. Il est très-difficile à extirper, et l'on n'y parvient guère que par les défoncements ou par la culture des plantes sarclées. On doit le jeter sur le fumier, dont il augmente beaucoup la masse. Il possède la plupart des propriétés du sureau commun, mais à un plus haut degré. On emploie ses baies pour teindre les tissus en violet.

Le Sureau du Canada (*S. Canadensis* L.) est cultivé dans les jardins ; on dit que ses fruits sont bons à manger.

Genre III. *Viorne.*

Viburnum L.

Arbrisseaux à feuilles opposées. Fleurs blanches, en corymbes rameux. Calice à cinq lobes très-petits. Corolle rotacée ou un peu campanulée, à cinq divisions. Cinq étamines. Trois stigmates sessiles. Baie charnue, colorée, monosperme.

La Viorne Obier (*V. opulus* L.) croît abondamment dans les bois humides. Son bois blanc et mou sert au chauffage ; le charbon qu'on en obtient est estimé pour la fabrication de la poudre à canon. Tous les bestiaux, surtout les chevaux et les cochons, mangent avidement ses feuilles. Les baies sont recherchées par les oiseaux ; on dit même qu'on les mange dans certains pays.

La Viorne commune ou mancienne (*V. lantana* L.) croît dans les bois des régions montagneuses. Son bois, blanc et mou, donne un charbon léger, très-estimé pour la fabrication de la poudre à canon. Les jeunes pousses sont très-flexibles, et sont employées, dans plusieurs localités, en guise d'osier, pour faire des liens et des ouvrages de vannerie. Tous les bestiaux mangent ses feuilles, que l'on fait souvent sécher, pour les faire servir, durant l'hiver, à la nourriture des chèvres. Les fleurs, légèrement odorantes, sont, dit-on, recherchées par les abeilles. Ses fruits sont doux et mucilagineux ; les enfants et les oiseaux les mangent ; on les emploie en médecine comme astringents et rafraichissants, et en gargarismes contre les maux de gorge.

FAMILLE XLII. Rubiacées.

Cette famille renferme un nombre considérable de genres et d'espèces, qui croissent surtout dans les régions intertropicales. Cinq ou six genres seulement se trouvent en Europe. Les produits des Rubiacées sont nombreux et variés. Les racines, ou mieux les parties souterraines de plusieurs espèces renferment un principe colorant. D'autres possèdent, dans leurs diverses parties, et surtout dans leur écorce, un principe astringent amer, qui les fait employer comme fébrifuges. Les graines torréfiées de quelques-unes peuvent jusqu'à un certain point remplacer le café, qui appartient à cette famille.

GENRE I. *Garance*.

Rubia Tourn.

Plantes vivaces, à tiges annuelles couchées, scabres, portant des feuilles verticillées. Fleurs groupées en cymes latérales et terminales dont l'ensemble constitue une panicule feuillée. Calice adhérent, à limbe presque nul. Corolle rotacée, ordinairement à cinq divisions. Baie charnue, globuleuse.

La Garance des teinturiers (*R. tinctorum* L.) (Pl. 26), originaire de l'Europe méridionale, est aujourd'hui cultivée jusque dans le nord de cette région. Elle demande un terrain léger, substantiel, frais, meuble et profond, et donne de meilleurs produits dans ceux qui peuvent être arrosés. Le sol doit être fertilisé par des fumiers bien consommés ou des engrais pulvérulents, et défoncé à $0^m,65$ au moins de profondeur. On donne, avant l'hiver, un bon labour; puis, à la fin de février, deux labours croisés, suivis de hersages et de roulages.

On propage la garance de trois manières : 1° par semis en place, exécuté à la volée, en rayons ou en planches, à la fin de l'hiver dans le midi, au commencement du printemps dans le nord; 2° par semis en pépinière, dans les terrains secs qui ne sont pas susceptibles d'être arrosés; 3° par les éclats des racines prises dans une ancienne plantation. Ce dernier mode est le plus suivi dans le nord; mais on a soin, pour empêcher la plante de dégénérer, de la reproduire de temps en temps par graines.

« Aussitôt que les plantes commencent à lever, on arrache les mauvaises herbes, et pendant tout le temps de la végétation on donne des binages jusqu'à ce que la terre soit bien nette et dans un bon état d'ameublissement. Lorsque les plantes sont tout à fait développées, on enlève avec une pelle la terre des billons étroits, pour en chausser la garance : le champ présente alors l'aspect de planches élevées que séparent des fossés profonds.

« A la fin de la première année, on coupe les tiges, on fume en couverture aux approches de l'hiver, et dès les premiers jours du printemps on chausse de nouveau les plantes avec la terre extraite des billons étroits ; cette opération, ainsi que les binages, se répètent chaque année jusqu'à la récolte. » (V. Rendu).

Le temps pendant lequel la garance reste en terre varie, suivant la valeur du sol, de deux à cinq ans. Le terme de trois ans est le plus généralement adopté ; les principes colorants sont alors bien développés. La récolte se fait ordinairement à l'automne, soit à la bêche, soit à la charrue.

Aussitôt après la récolte, les racines doivent être débarrassées de la terre qui pourrait y adhérer ; pour cela, on les rassemble sur des toiles et on les lave à grande eau, ou bien on les étale sur l'aire et on les remue à la fourche. Puis on les fait sécher au soleil ou à l'étuve suivant le climat. On reconnaît que les racines sont arrivées au degré convenable de dessiccation, lorsqu'elles cassent net au lieu de plier.

La garance, dans cet état, porte le nom de *garance robée*. Elle se compose de trois parties distinctes : 1° un axe ligneux, jaunâtre, qui parcourt la racine dans toute sa longueur ; 2° une partie corticale rouge ; 3° un épiderme rougeâtre.

On bat ensuite la garance, pour en séparer l'épiderme ; elle est alors connue dans le commerce sous le nom d'*Alizari*, nom que porte la plante dans le Levant. Les Alizaris les plus estimés sont ceux de Chypre et de Smyrne ; vient ensuite celui du Comtat ou de Provence. Enfin, la racine moulue et réduite en poudre plus ou moins fine constitue la *garance* proprement dite du commerce. Les meilleures de celles-ci sont les garances de Hollande, d'Alsace et d'Avignon.

On sait que la garance est surtout employée pour donner aux tissus une couleur rouge éclatante et solide. On en prépare aussi des laques rouges, qui servent même dans la peinture à l'huile. Comme cette racine contient du sucre, on peut en obtenir une boisson fermentée, dont on extrait ensuite de l'eau-de-vie.

Les fanes constituent un excellent fourrage vert ou sec. On en fait deux coupes à la faux pendant l'existence de la plante, savoir à la seconde et à la troisième année. Les bestiaux les aiment beaucoup. Les aspérités que présentent les tiges et les feuilles de cette plante permettent de les employer avec avantage pour fourbir les métaux. Enfin, les graines, dont le prix est toujours assez élevé, donnent encore un très-bon produit.

Genre II. *Aspérule.*

Asperula L.

Plantes herbacées, à tiges tétragones, à feuilles verticillées. Fleurs en cymes latérales et terminales. Calice adhérent, à quatre dents courtes. Corolle campanulée ou en entonnoir, à quatre divisions. Quatre étamines. Fruit sec ou un peu charnu, à deux coques indéhiscentes.

L'Aspérule des champs (*A. arvensis* L.) est une plante annuelle, très-abondante dans les jachères. Les bestiaux la recherchent. Sa racine renferme une matière tinctoriale, et peut donner une assez belle couleur rouge, mais moins que celles des deux espèces suivantes.

L'Aspérule tinctoriale ou Rubéole (*A. tinctoria* L.) habite les collines arides et pierreuses, surtout calcaires. Elle plaît aux bestiaux, et sa racine donne également une couleur rouge.

L'Aspérule à l'esquinancie (*A. cynanchica* L.), vulgairement Herbe à l'esquinancie, abonde dans les pâturages secs, sur les sols crayeux. Elle partage les propriétés de la précédente.

L'Aspérule odorante (*A. odorata* L.), appelée aussi Reine des bois, Hépatique étoilée ou Petit muguet, a des fleurs légèrement odorantes. Elle est fort recherchée des bestiaux, et surtout des chevaux. Elle exhale, quand elle est sèche, une odeur de mélisse très-agréable, et dans cet état elle contribue beaucoup à rendre le foin plus appétissant et plus savoureux. On l'emploie en Allemagne, pour parfumer les vins. Son ancienne réputation médicale est aujourd'hui bien tombée.

Genre III. *Caillelait.*

Galium L.

Plantes herbacées, à feuilles verticillées. Fleurs en cymes latérales et terminales. Calice à quatre dents très-courtes ou presque nulles. Corolle rotacée, à quatre divisions. Fruit sec, à deux carpelles.

Les nombreuses espèces de ce genre tirent leur nom vulgaire de la propriété faussement attribuée à quelques-unes d'entre elles de faire cailler le lait. Presque toutes contiennent dans leurs racines une matière colorante jaune ou rouge, analogue, mais de qualité inférieure, à celle que produit la garance.

Le Caillelait jaune ou vrai (*G. verum* L.) est une plante vivace, à fleurs jaunes et odorantes, commune dans les bois, les haies et les prés secs. Tous les bestiaux la mangent, quand elle est jeune. Dans le Chester, on mêle ses fleurs à la présure, et, si elles ne contribuent pas, comme on l'a cru, à la supériorité des fromages de ce pays, elles leur communiquent du moins une couleur et un arome plus agréables. Les racines, les tiges même, renferment un principe tinctorial rouge assez abondant.

Le Caillelait des marais (*G. uliginosum* L.) possède à peu près les mêmes propriétés ; tous les bestiaux le mangent.

Le Caillelait grateron (*G. aparine* L.) est une plante annuelle, très-abondante et nuisible par ses fruits hérissés qui s'accrochent aux habits des passants et aux poils des animaux.

FAMILLE XLIII. Dipsacées.

Répandues dans les régions tempérées de l'ancien continent, les Dipsacées abondent surtout dans la partie orientale du bassin méditerranéen. Leurs propriétés sont peu marquées. Deux ou trois de ces plantes présentent en agriculture un certain intérêt.

Genre I. *Cardère.*

Dipsacus L.

Plantes bisannuelles, à tiges aiguillonnées, à feuilles opposées. Fleurs en capitules ovoïdes ou globuleux. Involucre à plusieurs folioles herbacées, ordinairement épineuses. Réceptacle couvert de paillettes terminées en épine. Involucelles tétragones, à quatre dents très-courtes. Calice à limbe tétragone, tronqué ou quadrilobé, cilié. Corolle irrégulière, tubuleuse, en entonnoir. Quatre étamines. Fruit sec.

La Cardère à foulon (*D. fullonum* L.), vulgairement Chardon à foulon ou à bonnetier, croît spontanément dans le midi de l'Europe. On la cultive pour ses capitules fructifères (*cardes*); c'est surtout dans le voisinage des manufactures de draps.

Cette plante demande une terre fraîche, profonde et bien meuble, médiocrement fumée à l'avance; elle réussit surtout dans les chanvrières. Trois labours profonds sont nécessaires dans les terres fortes et argileuses; deux suffisent dans les sols légers. On sème, ordinairement à la volée, en mars, dans le nord de la France, et en automne, dans le midi. Dans les petites cultures, le semis se fait quelquefois en pépinière, d'autres fois en place, au plantoir.

« Pendant la première année de sa végétation, la Cardère demande plusieurs binages et sarclages et doit être éclaircie de manière qu'au moment où elle monte en tige, il y ait toujours au moins 0^m,33 entre les tiges. Une partie des pieds qu'on arrache est employée à regarnir les places vides, au moyen du plantoir. Il faut, pour cette opération, choisir un jour frais et même pluvieux. Ordinairement, cette année, on fait trois binages; l'année suivante, qui est celle où elle monte, on n'en fait qu'un, et ce, dès que la terre peut être travaillée.

« Dans les parties méridionales de la France, il est très-utile d'arroser la Cardère pendant les chaleurs de l'été, avant qu'elle monte en tige, et on le fait toutes les fois que le terrain où elle est placée peut l'être par irrigation. » (Bosc.)

L'Orobanche rameuse, qui croît en parasite sur les racines de la Cardère, lui cause quelquefois de grands dommages.

On reconnaît que les *têtes* sont mûres et bonnes à récolter, lorsqu'elles prennent une teinte blanchâtre, après que toutes les fleurs sont tombées. Cette maturité n'ayant lieu que successivement, la récolte peut se prolonger pendant trois mois. En coupant les têtes, on a soin de leur laisser une queue de $0^m.33$ de longueur au moins ; sans cela, elles ne seraient pas acceptées par le commerce.

Les têtes ou cardes sont employées pour *lainer* la surface des draps, ou des étoffes de laine et de coton, avant de les tondre.

Les fleurs de cette plante et celles de la Cardère sauvage (*D. sylvestris* L.) sont fort recherchées par les abeilles.

Genre II. *Scabieuse.*

Scabiosa L.

Plantes herbacées, à feuilles opposées. Fleurs en faux capitules. Involucre à plusieurs folioles herbacées. Réceptacle ordinairement hérissé de soie et muni de paillettes. Involucelles à quatre lobes ou dents. Calice à limbe terminé par plusieurs arêtes. Corolle irrégulière, tubuleuse, en entonnoir. Quatre étamines. Fruit sec, indéhiscent.

La Scabieuse des champs (*S. arvensis* L., *Knautia arvensis* Coult.) est une plante vivace, commune dans les champs, les prés, les friches, au bord des chemins et des fossés. Presque tous les bestiaux la mangent, quand elle est jeune. On la cultive même comme fourrage dans certains cantons des Cévennes. Elle demande une terre légère, fraîche et substantielle. On ne la coupe qu'une fois la première année ; mais, à chacune des années suivantes, elle donne trois coupes. L'usage de cette plante engraisse et rafraîchit les bestiaux, qui la recherchent ; les cochons seuls la dédaignent. Elle a l'avantage de résister à la sécheresse. Les abeilles butinent sur ses fleurs.

La Scabieuse columbaire (*S. columbaria* L.) croît en abondance sur les pelouses sèches, les sols calcaires et crayeux, etc. La Scabieuse succise (*S. succisa* L.), vulgairement Mors du diable, est commune dans les bois et les pâturages argileux et humides. Ces deux espèces partagent les propriétés de la première et peuvent, quand elles sont jeunes, servir à la nourriture des bestiaux.

FAMILLE XLIV. Composées.

Cette famille, la plus nombreuse du règne végétal ou tout au moins de l'embranchement des phanérogames, renferme environ dix mille espèces. Répandues sur tout le globe, elles habitent surtout les zones tempérées, et vont en diminuant de nombre, soit vers les pôles, soit vers l'équateur. Très-intéressante au point de vue médical, la famille des Composées ou Synanthérées fournit aussi un riche contingent à la Flore agricole. Elle renferme en effet de nombreuses espèces alimentaires, fourragères, oléagineuses, tinctoriales ou économiques; on y trouve aussi par contre quelques plantes nuisibles à l'agriculture, les unes par leurs épines, les autres par leurs principes actifs qui, lorsqu'ils sont très-développés, les rendent véritablement vénéneuses. Toutes les composées sont toniques ou stimulantes, et quelques-unes possèdent en même temps ces deux propriétés. Enfin, on trouve dans ce groupe beaucoup de plantes d'ornement.

TRIBU I. Chicoracées.

Genre I. *Crépide.*
Crepis L.

Plantes herbacées, laiteuses, à feuilles ordinairement pennilobées. Fleurs jaunes ou purpurines, en capitules ordinairement groupés en corymbe. Involucre imbriqué régulièrement. Réceptacle dépourvu de paillettes. Akènes cylindriques ou un peu aplatis, striés, terminés au sommet par une aigrette sessile à poils blancs simples.

La Crépide bisannuelle (*C. biennis* L.) croît abondamment dans les prés, les terres incultes, sur les collines, à la lisière des bois, etc. Tous les bestiaux, les cochons surtout, aiment beaucoup cette plante. Dans plusieurs localités, on la ramasse au printemps pour la donner aux vaches; on a remarqué qu'elle favorise chez ces animaux l'engraissement et la production du lait. « Je suis surpris, dit Bosc, qu'on ne la cultive pas, car elle présente des avantages marqués. D'abord, semée, conformément à l'indication de sa nature, immédiatement après la maturité de ses graines, c'est-à-dire à la fin de l'été, elle fournirait un pâturage d'hiver pour les moutons, attendu qu'elle se conserve verte pendant cette saison. Ensuite elle pourrait être coupée deux ou trois fois dans le courant de l'année suivante ; et, comme alors elle ne porterait pas de graine, elle se conserverait pour servir encore, sur place, à la nourriture des moutons pendant un hiver, après quoi on l'abandonnerait aux cochons, et on la remplacerait par une autre culture. »

Les Crépides des toits (*C. tectorum* L.) et à feuilles de pissenlit (*C. taraxacifolia* L., *Barkhausia* Mœnch.) participent de ces propriétés.

Genre II. *Pissenlit.*

Taraxacum Juss.

Plantes herbacées. Fleurs en capitules solitaires au sommet d'une hampe fistuleuse. Involucre oblong, imbriqué, calyciforme. Réceptacle nu. Akènes un peu comprimés, écailleux, terminés en long bec et surmontés d'une aigrette blanche à soies capillaires.

Le Pissenlit commun ou Dent de Lion (*T. dens leonis* Desf., *Leontodon taraxacum* L.) est une plante vivace, abondamment répandue dans toute l'Europe. On le cultive dans les jardins maraîchers, pour le manger en salade. La plupart des bestiaux le mangent ; les cochons surtout sont très-friands de ses racines. Ce n'en est pas moins une plante nuisible aux prairies, où ses larges touffes gênent la croissance des Graminées. On cherche donc à le détruire, en le coupant entre deux terres, au printemps.

Genre III. *Laitue.*

Lactuca L.

Plantes herbacées, à feuilles entières ou diversement découpées. Fleurs ordinairement jaunes, en capitules diversement groupés. Involucre cylindrique, à folioles imbriquées, inégales, les extérieures plus courtes. Réceptacle nu. Akènes comprimés, munis de côtes, brusquement terminés en bec et surmontés d'une aigrette blanche à poils simples.

La Laitue cultivée (*L. sativa* L.) est répandue dans tous les jardins maraîchers. On utilise les feuilles et les débris pour nourrir les animaux de basse-cour. Cette plante est employée en médecine. On pourrait extraire de l'huile de ses graines.

Les Laitues sauvage (*L. scariola* L., *L. sylvestris* Lam), à feuilles de saule (*L. saligna* L.), vireuse (*L. virosa* L.), etc., sont des plantes amères, que l'on regarde comme plus ou moins vénéneuses. Les bestiaux n'y touchent pas.

Genre IV. *Laiteron.*

Sonchus L.

Plantes herbacées, très-laiteuses, à tige fistuleuse, à feuilles pennatifides. Capitules groupés en corymbe rameux irrégulier. Involucre à plusieurs rangs de folioles. Réceptacle nu. Akènes comprimés, munis de côtes, surmontés d'une aigrette sessile à poils simples argentés.

Le Laiteron ou Laitron commun (*S. oleraceus* L.) est une plante annuelle, qui croît abondamment dans les jardins, les champs cultivés, le long des haies et des fossés, etc. On le mange dans quelques localités, en salade ou en épinards. Tous les animaux domestiques, y compris les lapins, aiment avec passion cette plante, qui est pour eux une excellente nourriture, au point qu'on a proposé de la semer en grand dans ce but. Mais en général on la regarde comme nuisible, à cause de ses larges feuilles, et on a soin de l'arracher.

Le Laiteron des champs (*S. arvensis* L.) est vivace, et par cela même plus nuisible dans les pâturages. Il convient beaucoup aux bestiaux, et surtout aux chevaux.

Genre V. *Scorzonère.*

Scorzonera L.

Plantes herbacées, à feuilles entières ou découpées. Fleurs en capitules terminaux ordinairement solitaires. Involucre à folioles nombreuses, inégales, imbriquées sur plusieurs rangs. Réceptacle nu. Akènes munis de côtes longitudinales, surmontés d'une aigrette plumeuse, à barbes entrecroisées.

La Scorzonère d'Espagne (*S. Hispanica* L.), vulgairement Scorsonère ou Salsifis noir, est cultivée dans les jardins potagers. Les bestiaux mangent volontiers ses fanes et ses racines, et les oiseaux sont friands de ses graines. Cette observation peut s'appliquer également à la Scorzonère des près (*S. humilis* L.).

Genre VI. *Salsifis*.

Tragopogon Tourn.

Plantes herbacées, à feuilles linéaires lancéolées, entières. Fleurs en capitules solitaires terminaux. Involucre à folioles égales, soudées à la base et disposées sur un seul rang. Réceptacle nu. Akènes munis de côtes longitudinales, terminés en un bec long et grêle, que surmonte une aigrette à soies plumeuses, à barbes entre-croisées.

Le Salsifis blanc (*T. porrifolium* L.) est une plante bisannuelle, originaire du midi de l'Europe, et fréquemment cultivée dans les jardins maraîchers. Les bestiaux, surtout les cochons, aiment beaucoup ses fanes et ses racines. Toutefois les chèvres n'y touchent pas.

Le Salsifis des près (*T. pratense* L.), vulgairement *Barbe de bouc*, croît dans les lieux humides, au bord des eaux. Sa présence passe pour être un indice de la fertilité du sol. On mange ses feuilles en salade. Les animaux domestiques se comportent à l'égard de cette espèce comme nous venons de le dire pour le Salsifis blanc.

Genre VII. *Chicorée*.

Cichorium Tourn.

Plantes herbacées, à feuilles diversement découpées. Fleurs en capitules axillaires. Involucre double : l'extérieur à cinq folioles courtes; l'intérieur à huit folioles soudées à la base et disposées sur un seul rang. Réceptacle dépourvu de paillettes. Akènes anguleux, tronqués au sommet, surmontés de petites écailles obtuses.

La Chicorée sauvage (*C. intybus* L.) est une plante vivace, commune dans les champs en friche, les pâturages, au bord des chemins, etc. Elle est cultivée dans les jardins maraîchers, pour les usages culinaires. On l'emploie aussi en médecine.

Dans plusieurs contrées, on cultive la Chicorée sauvage comme plante fourragère. La variété à larges feuilles, encore peu répandue, mérite la préférence. Cette plante demande une terre argilo-calcaire profonde. On la sème à la volée, au printemps ou à l'automne, dans une céréale d'hiver ou de mars. Tous les ans, au printemps, on a soin de détruire par un hersage les plantes vivaces qui pourraient lui nuire.

Dans les bonnes terres, la Chicorée peut durer quatre à cinq ans, et donner trois à six coupes annuelles. On la fait pâturer sur place, ou bien on la fauche pour la faire consommer en vert.

La Chicorée constitue un excellent fourrage, un peu amer, mais par cela même tonique, et qui, associé à d'autres aliments, entretient les bestiaux en bonne santé.

La Chicorée à café est une variété à grosse racine, cultivée surtout dans le nord de la France, mais qui peut croître dans toute l'étendue de cette contrée. Tous les sols profonds, assez meubles et contenant du calcaire lui conviennent; mais ils doivent être préparés par un bon labour de défoncement exécuté avant l'hiver, et qui est suivi, au printemps, d'un hersage et d'un roulage. Enfin, la fumure doit être abondante, mais ne pas précéder immédiatement le semis.

On sème à la volée, au printemps, et l'on enterre la graine par un hersage suivi d'un roulage. Les soins de culture consistent en trois binages, donnés à un mois d'intervalle et accompagnés chacun d'un sarclage.

En octobre ou en novembre, suivant la température, on fait pâturer la plante sur place, ou bien on la fauche pour la donner aux bestiaux. Puis on récolte les racines, et on les met en tas, que l'on recouvre de paille, pour les préserver des atteintes du froid. Enfin, on les coupe en tronçons de $0^m.10$ au plus de longueur, et on les fait dessécher promptement dans des tourailles chauffées avec une sorte de charbon de terre qui ne produit pas de fumée. Ainsi préparés, les tronçons prennent le nom de *cossettes*. C'est dans cet état qu'ils sont livrés au commerce.

Les cossettes torréfiées et moulues, donnent une poudre brune, bien inférieure au vrai café, mais qui le remplace souvent, surtout en mélange avec le lait.

TRIBU II. Cardacées.

Genre VIII. *Sarrète*.

Serratula L.

Plantes herbacées, à fleurs en capitules groupés en corymbe terminal. Involucre à folioles imbriquées, disposées sur plusieurs rangs. Réceptacle hérissé de soies. Fleurs égales. Style renflé en nœud au sommet. Akènes comprimés ou tétragones, surmontés d'une aigrette à soies scabres, disposées sur plusieurs rangs.

La Sarrète des teinturiers (*S. tinctoria* L.) est une plante vivace, commune dans les bois, surtout dans les terrains argileux. Ses tiges et ses feuilles fournissent une couleur jaune verdâtre très-solide, qui a fait autrefois cultiver cette plante avec profit. Mais cette culture est aujourd'hui à peu près abandonnée, vu l'abondance de la plante à l'état sauvage et l'emploi toujours croissant de la gaude. Tous les bestiaux, sauf les vaches, mangent la Sarrète quand elle est jeune. Elle est peu employée en médecine.

Genre IX. *Bardane*.

Lappa Tourn.

Plantes herbacées, à feuilles mucronées. Capitules latéraux et terminaux, groupés en une panicule irrégulière feuillée. Involucre à folioles imbriquées sur plusieurs rangs, les extérieures à pointe recourbée en crochet. Réceptacle hérissé de soies. Fleurs égales. Anthères munies de deux appendices subulés. Akènes comprimés, ridés, surmontés d'une aigrette à soies courtes et scabres, disposées sur plusieurs rangs.

La Bardane commune (*L. communis* Coss.–Germ., *Arctium lappa* L.), vulgairement nommée Glouteron, Herbe aux teigneux, etc., est une grande plante vivace, très-répandue dans les sols incultes, les décombres, au bord des chemins, etc. La racine a une saveur douceâtre, un peu amère ; on la mange à la campagne ; elle est employée en médecine et dans l'art vétérinaire, comme sudorifique, tonique et dépurative. Les jeunes pousses ont une saveur assez agréable, qui rappelle celle de l'artichaut ; on les mange en guise d'asperges. On dit que les oiseaux, et particulièrement les poules, sont très-friands de ses graines.

Comme plante fourragère, la Bardane n'offre qu'un médiocre intérêt. Les bœufs, les chèvres, et les moutons la mangent quand elle est jeune et qu'ils n'ont pas d'autre nourriture. Elle nuit d'ailleurs dans les prairies, en étouffant les bonnes herbes sous ses larges feuilles. D'un autre côté, ses capitules, quand ils sont secs, s'accrochent aux habits, aux poils des animaux et particulièrement à la queue des chevaux, souvent avec tant de force qu'on est obligé de couper les crins de ces derniers. Si l'on ajoute à cela la prodigieuse facilité avec laquelle elle se multiplie, on reconnaîtra que, malgré ses propriétés, c'est en définitive une mauvaise herbe, qu'il faut autant que possible chercher à détruire; pour cela, on coupe les racines entre deux terres, d'un coup de pioche, avant la maturité des graines. On utilise les fanes pour faire de la litière ou du fumier, ou pour chauffer les fours.

Dans ces dernières années, on a importé du Japon la Bardane comestible (*L. edulis* Sieb.), plante bisannuelle, très-rustique, et susceptible d'être cultivée en pleine terre sous nos climats. On la propage de graines, semées assez clair aussitôt après leur maturité. Son rendement est considérable; mais les racines pivotent profondément et sont très-cassantes, ce qui cause des difficultés pour leur arrachage. Ces racines, qui ont un goût d'artichaut, sont le légume favori des Japonais. Cette Bardane est encore une plante fourragère excellente, surtout pour les terres sèches et profondes, très fertilisante et donnant trois bonnes coupes annuelles, outre une abondante récolte de racines.

Genre X. *Chardon.*

Carduus L.

Plantes herbacées, épineuses, à feuilles ordinairement décurrentes. Fleurs en capitules terminaux, solitaires ou diversement groupés. Involucre à folioles épineuses, imbriquées. Réceptacle hérissé de soies. Fleurs égales. Anthères terminées par un appendice linéaire-subulé. Akènes un peu comprimés, lisses, surmontés d'une aigrette caduque à longues soies scabres ou plumeuses, disposées sur plusieurs rangs et soudées en anneau à la base.

Ce genre, que nous prenons ici dans son acception la plus large, renferme un grand nombre d'espèces, dont plusieurs méritent toute l'attention du cultivateur, les unes par les services qu'elles lui rendent, les autres par les dommages qu'elles lui causent.

Nous remarquons d'abord, parmi les premières, le Chardon-Marie (*C. Marianus* L., *Silybum Marianum* Gaertn.), appelé aussi Chardon Notre-Dame ou chardon argenté. Cette grande et belle plante bisannuelle croît surtout dans les bonnes terres et nuit aux cultures par la place qu'elle occupe, à l'homme et aux animaux par les piqûres de ses fortes épines. Sans cette dernière circonstance, elle serait recherchée par les bestiaux; mais on peut la leur donner après l'avoir broyée comme l'ajonc. Ses jeunes pousses, les côtes de ses feuilles et ses réceptacles sont alimentaires, mais fort peu usités. Les graines peuvent servir à nourrir la volaille, et l'on pourrait aussi en extraire de l'huile. Mais il n'y aurait aucun avantage à la cultiver dans ce but, ainsi qu'on l'a conseillé, parce qu'elle occupe une large place et exige un excellent terrain, qui est susceptible d'un meilleur emploi.

Le Chardon penché (*C. nutans* L.) est une espèce bisannuelle, commune dans les lieux incultes, au bord des chemins, etc. Les chevaux et les ânes le broutent volontiers malgré ses épines, du moins tant qu'il est jeune. Les vaches le mangent aussi à cet état; mais leur lait en contracte une amertume, fort légère à la vérité et nullement désagréable. Après la floraison, il est rejeté par tous les animaux.

Le Chardon laineux (*C. eriophorus* L., *Cirsium eriophorum* Scop.) est bisannuel; il se trouve surtout dans les terres argileuses incultes. On peut le donner aux chevaux, aux ânes et aux vaches.

Nous citerons encore, parmi les espèces annuelles ou bisannuelles, les Chardons à fleurs menues (*C. tenuiflorus* L., *C. acanthoïdes* Th.), lancéolé (*C. lanceolatus* L., *Cirsium lanceolatum* Scop.) des marais (*C. palustris* L., *Cirsium palustre* Scop.). Toutes ces plantes et quelques autres peuvent, quand elles sont sèches, servir à faire des composts ou à chauffer les fours; à cela se réduit à peu près toute leur utilité.

Le Chardon des champs ou Chardon hémorrhoïdal (*C. arvensis* Lam., *Serratula arvensis* L., *Cirsium arvense* Scop.) est une grande plante vivace et très-épineuse. Il croît dans les champs, et de préférence dans les terres grasses et humides. Les bestiaux le mangent tant qu'il est jeune. Les galles que produit sur sa tige la piqûre d'un insecte du genre *Cynips* servent dans quelques pays à la nourriture de l'homme, après avoir perdu leur amertume par l'ébullition. Les cochons en sont aussi très-friands. Ces mêmes avantages ne sauraient compenser le dommage que cette plante cause aux cultivateurs en infestant les cultures. C'est elle qu'ils désignent particulièrement sous le nom de *Chardon* et qu'ils cherchent à détruire par l'opération de l'*échardonnage*. Pour cela, il faut la couper entre deux terres avec un couteau ou une houlette, ou mieux l'arracher, soit à la main, soit avec une tenaille en bois. Mais il faut avoir soin de faire cette opération avant que la plante ne monte en graines. On peut alors utiliser les chardons en les faisant manger par les bestiaux, après les avoir battus s'ils sont trop durs ou trop épineux. Malgré les précautions qu'on peut prendre, il reste toujours en terre une certaine quantité de racines, qui produisent de nouveaux pieds. D'un autre côté, si l'échardonnage n'est pas une mesure générale, les graines, facilement disséminées par les vents, ont bientôt infesté de nouveau les terres qu'on avait nettoyées à grand'peine. Le meilleur moyen de débarrasser un champ des chardons, c'est sa mise, pendant quelques années, en prairies artificielles, avec sarclages énergiques réitérés aussi souvent que le besoin s'en fait sentir.

Le Chardon nain (*C. acaulis* L., *Cirsium acaule* All.) est une petite plante vivace, épineuse, qui croît dans les lieux incultes et paraît préférer les terrains argilo-calcaires. Il nuit aux pâturages, en étouffant les bonnes herbes et empêchant souvent les bestiaux de manger celles qui restent dans son voisinage.. On peut le couper ou l'arracher si l'on veut le détruire. Mais il présente sous ce rapport les mêmes inconvénients que l'espèce précédente. Pour atteindre complétement ce résultat, il n'est rien de mieux qu'une culture sarclée de céréales pendant plusieurs années.

Genre XI. *Artichaut.*

Cynara Vaill.

Plantes herbacées, à feuilles très-amples, à fleurs groupées en gros capitules terminaux. Involucre à folioles mucronées ou épineuses, imbriquées. Réceptacle hérissé de soies. Fleurs égales. Anthères à appendice supérieur obtus. Akènes un peu comprimés, lisses, surmontés d'une aigrette à soies longues et plumeuses.

L'Artichaut (*C. scolymus* L.), plante vivace, originaire des bords du bassin méditerranéen, appartient surtout à la culture maraîchère. Toutefois il s'en fait quelquefois une assez grande consommation, surtout au voisinage des villes, pour qu'on le cultive dans les champs. Les variétés préférées dans ce cas sont : l'A. *gros vert de Laon;* l'A. *gros camus de Bretagne* ou *de Roscoff;* l'A. *gros camus violet;* l'A. *rouge fin.* L'artichaut succède avec avantage aux racines fourragères. Pour les détails de sa culture, voir le volume relatif au jardinage.

GENRE XII. *Onoporde.*

Onopordon L.

Plantes herbacées, épineuses, à feuilles décurrentes. Fleurs en gros capitules terminaux. Involucre à folioles épineuses, imbriquées. Réceptacle nu, creusé d'alvéoles profondes. Fleurs égales. Akènes comprimés, striés, surmontés d'une aigrette caduque à soies scabres, disposées sur plusieurs rangs et soudées en anneau à la base.

L'Onoporde acanthe (*O. acanthium* L.), vulgairement chardon aux ânes, est une plante bisannuelle, qui croît dans les lieux incultes, au bord des chemins et des fossés. Sa racine et ses réceptacles sont bons à manger. Les ânes broutent cette plante. Les graines sont une excellente nourriture pour la volaille. On peut en extraire une huile qui brûle très-bien et ne gèle qu'à une basse température. Les tiges sèches sont riches en potasse; elles servent ordinairement à chauffer les fours.

GENRE XIII. *Carthame.*

Carthamus L.

Plantes herbacées, à fleurs en capitules terminaux. Involucre à folioles disposées sur plusieurs rangs, les extérieures foliacées. Réceptacle couvert de soies ou de paillettes. Corolle courbée en dehors. Anthères munies d'un appendice au sommet. Style renflé en nœud au sommet. Akènes glabres, tétragones.

Le carthame des teinturiers (*C. tinctorius* L.) (Pl. 27), vulgairement appelé safran bâtard, est une plante annuelle, originaire de l'Inde. On le cultive aujourd'hui dans le Levant, le midi de l'Europe et en Allemagne. Il demande un sol argilo-calcaire assez profond, fertile, mais fumé d'ancienne date. On prépare le sol par un labour profond donné avant l'hiver; au printemps, on herse, on roule, puis on herse de nouveau. Enfin, au moment du semis, on passe l'extirpateur et l'on donne un dernier hersage. On sème au printemps, après avoir fait tremper la graine pendant vingt-quatre heures, pour hâter sa germination, dans du jus de fumier mélangé de cendres. On donne trois sarclages, à un mois d'intervalle, avec les binages nécessaires.

Depuis la mi-juillet jusqu'aux premiers jours de septembre, suivant le climat, on procède à la récolte des fleurs, qui a lieu vers le milieu du jour, par un temps sec. On étend ensuite ces fleurs à l'ombre, sur des nattes, pour les faire sécher. Enfin, on les renferme dans des sacs, que l'on conserve dans un endroit sec.

Les fleurs sèches sont connues sous le nom de *safranum*. Elles servent pour teindre les étoffes en rouge. On les emploie aussi, en économie domestique, en guise de safran, pour colorer certains mets. Broyé avec du talc et quelques gouttes d'huile d'olive ou de ben, le principe colorant du Carthame constitue le fard ou rouge de toilette, fort usité autrefois.

Les tiges vertes et les feuilles de cette plante sont fort recherchées par les chèvres et les moutons. Les jeunes pousses et les feuilles fraîches sont mangées en salade ou en épinards. Ces mêmes feuilles, séchées et réduites en poudre, ont la propriété de coaguler le lait; les Égyptiens les emploient pour la fabrication des fromages.

Les graines, malgré leur saveur amère, servent à nourrir et à engraisser les oiseaux de basse-cour. On les emploie quelquefois en médecine vétérinaire, comme désobstruantes. En Orient, on en extrait une huile douce, de bonne qualité, et on utilise le marc pour en fabriquer une sorte de chocolat.

Genre XIV. *Centaurée*.

Centaurea L.

Plantes herbacées, à feuilles diversement découpées. Capitules terminaux, solitaires ou groupés en corymbe irrégulier. Involucre à folioles imbriquées. Réceptacle hérissé de soies. Fleurs ordinairement inégales, celles de la circonférence plus grandes, en entonnoir, stériles, rayonnantes. Akènes comprimés, ordinairement surmontés d'une aigrette courte à soies scabres et inégales.

Parmi les nombreuses espèces de ce genre, la plus intéressante au point de vue agricole est la Jacée (*C. Jacea* L.), plante vivace répandue dans les prairies, les pâturages, au bord des chemins, etc. C'est un fourrage bon et précoce; verte ou sèche, elle est mangée par tous les bestiaux. Mais comme elle est dure et tient beaucoup de place quand sa végétation est avancée, il ne faudrait pas la laisser se multiplier outre mesure dans les prairies. Sa tige et ses feuilles donnent à la teinture une couleur jaunâtre.

Le Bleuet ou Barbeau (*C. Cyanus* L.) est annuel; on le trouve dans les moissons, auxquelles il nuit quand il est trop abondant. Les vaches et les brebis le mangent volontiers, quand il est jeune. Les fleurs fournissent une belle couleur bleue, employée pour la miniature et pour colorer les sucreries.

La Chausse-trape étoilée (*C. Calcitrapa* L.) est bisannuelle, et croît dans les champs incultes, les prés secs, au bord des chemins, etc., souvent assez abondamment pour s'opposer au parcours des bestiaux. Il faut alors la détruire en la coupant entre deux terres, à la pioche, pendant l'hiver. Aucun des animaux domestiques ne broute cette plante; mais ses fleurs sont recherchées par les abeilles, et les poules aiment beaucoup ses graines. Il paraît même qu'on mange en certains pays ses feuilles et sa racine.

Quelques agronomes ont proposé de cultiver comme plante fourragère la Centaurée de montagne (*C. montana* L.), espèce vivace qui croît dans les régions montueuses de l'Europe centrale.

TRIBU III. CORYMBIFÈRES.

GENRE XV. *Souci.*

Calendula L.

Plantes herbacées. Fleurs en capitules solitaires terminaux. Involucre à folioles égales disposées sur deux rangs. Réceptacle nu. Fleurs du centre tubuleuses, hermaphrodites, la plupart stériles; fleurs de la circonférence ligulées, femelles, fertiles. Style un peu renflé en nœud au sommet. Akènes courbés, épineux.

Le Souci des champs (*C. arvensis* L.) est une plante annuelle, qui croît abondamment dans les champs et les vignes, surtout dans les sols argileux. Quoique annuel, il est très-difficile à détruire dans les vignes; on n'y parvient que par des binages fréquents. Tous les bestiaux le mangent; et, comme il est très-précoce, il est avantageux au printemps; aussi a-t-on proposé de le cultiver pour cet usage. Dans plusieurs localités, on le ramasse soigneusement pour le donner aux vaches; on assure qu'il donne à leur lait une saveur agréable. On confit ses feuilles pour les mettre dans les sauces et les salades, et on emploie ses fleurs pour colorer le beurre.

Genre XVI. *Seneçon.*

Senecio L.

Plantes herbacées. Capitules en corymbe terminal irrégulier. Involucre à folioles disposées sur un seul rang, accompagné d'écailles. Réceptacle nu. Akènes presque cylindriques striés, surmontés d'une aigrette à soies capillaires très-fines, disposées sur plusieurs rangs.

Le Seneçon commun (*S. vulgaris* L.) est une plante annuelle, très-répandue partout. Les vaches, les chèvres et surtout les cochons le mangent. Les petits oiseaux sont très-friands de ses graines. Les autres espèces sont à peu près complétement délaissées par les bestiaux, et ne présentent qu'un médiocre intérêt en agriculture.

Genre XVII. *Armoise.*

Artemisia L.

Plantes herbacées ou frutescentes, à feuilles ordinairement pennatiséquées. Fleurs en capitules très-petits, très-nombreux, groupés en épis ou en grappes dont la réunion constitue une panicule terminale. Involucre ovoïde ou arrondi, à folioles imbriquées. Réceptacle ordinairement nu. Fleurs tubuleuses. Akènes cylindriques obovales, terminés par un disque très-étroit.

L'Armoise commune (*A. vulgaris* L.) est une grande plante vivace, qui croît dans les lieux frais, au bord des chemins, au voisinage des habitations, etc. Les bestiaux ne la recherchent pas, mais tous en mangent lorsqu'elle se trouve mélangée avec le fourrage. Elle est fréquemment employée en médecine.

L'Absinthe (*A. absinthium* L.) croît dans l'Europe centrale et méridionale. Elle communique à la chair et au lait des animaux une saveur amère et désagréable. Dans le nord, on la substitue quelquefois au houblon dans la fabrication de la bière. La liqueur appelée *absinthe* se fait, non avec cette plante, mais avec d'autres espèces du même genre, confondues sous le nom de *Genépi*.

Genre XVIII. *Chrysanthème.*

Chrysanthemum L.

Plantes herbacées ou frutescentes. Involucre à folioles imbriquées, plus ou moins scarieuses sur les bords. Réceptacle nu. Akènes cylindriques ou trigones, marqués de côtes longitudinales.

Le Chrysanthème des prés ou Grande Marguerite (*C. leucanthemum* L.) est une plante vivace, assez commune dans les pâturages. Tous les animaux, les chevaux surtout, la mangent volontiers. Il importe néanmoins de ne pas la laisser pulluler dans les prés, car elle nuit aux autres plantes plus utiles.

Il en est de même des Chrysanthèmes Camomille (*C. Camomilla* L.) et des moissons (*C. segetum* L.), qui croissent dans les champs cultivés.

Plusieurs espèces de ce genre et de la section des *Pyrethrum* ont été préconisées dans ces dernières années comme propres à fabriquer une excellente poudre pour la destruction des insectes nuisibles. Celle qui paraît avoir donné les meilleurs résultats est le Pyrèthre à feuilles de cinéraire (*C. cinerariæfolium* Vis., *Pyrethrum cinerarifolium* Trev.), appelé aussi Pyrèthre de Dalmatie et improprement P. du Caucase.

Ce genre, que nous prenons ici dans son acception la plus large, renferme encore un certain nombres d'autres espèces employées en médecine (Voir, dans la *Flore médicale*, les mots Matricaire, Pyrèthre, Camomille, etc.).

Genre XIX. *Achillée.*

Achillea L.

Plantes herbacées. Capitules en corymbes rameux terminaux. Involucre à folioles imbriquées. Réceptacle muni de paillettes. Fleurs du centre tubuleuses, hermaphrodites; fleurs de la circonférence ligulées, femelles. Akènes entourés d'une bordure filiforme.

L'Achillée millefeuilles (*A. millefolium* L.), vulgairement Herbe au charpentier, est une plante vivace, commune dans les lieux incultes, sur les pelouses sèches, au bord des chemins, etc. Les vaches et les moutons l'aiment beaucoup. On la cultive quelquefois comme plante fourragère, bien qu'elle ne soit ni très-productive, ni très-nourrissante, parce qu'elle résiste aux sécheresses. On l'emploie en médecine vétérinaire, comme vulnéraire, résolutive et astringente.

L'Achillée ptarmique (*A. ptarmica* L.), vulgairement Herbe à éternuer, est aussi mangée par les bestiaux; mais sous ce rapport elle est bien inférieure à l'espèce précédente.

Genre XX. *Camomille.*

Anthemis L.

Plantes herbacées, à feuilles pennatiséquées. Capitules solitaires au sommet des rameaux. Involucre à folioles imbriquées. Réceptacle très-convexe ou conique, muni de paillettes. Fleurs du centre tubuleuses, hermaphrodites; fleurs de la circonférence ligulées, ordinairement femelles. Akènes cylindriques ou un peu anguleux.

La Camomille romaine ou odorante (*A. nobilis* L. *Ormenis nobilis* Gay) est une plante vivace, amère et aromatique, qui croît dans les lieux incultes. On l'emploie dans la médecine humaine et vétérinaire, et son usage est assez important pour qu'on la cultive en grand dans quelques localités (Voir la *Flore médicale*). On en extrait une huile, qu'il ne faut pas confondre avec celle de la Cameline, souvent appelée par corruption *huile de camomille*.

Les Camomilles champêtre (*A. arvensis* L.) et tinctoriale (*A. tinctoria* L., *Cota tinctoria* Gay) sont broutées par les bestiaux. Cette dernière renferme un principe colorant jaune, brillant, peu solide, assez estimé pourtant dans le nord de l'Europe, mais fort peu employé en France.

La Camomille puante (*A. cotula* L., *Maruta fœtida* Cass.), vulgairement Camomille des chiens ou Maroute, est annuelle et se trouve dans les moissons; son odeur forte et désagréable la fait rejeter par les bestiaux. Ses feuilles servent à teindre en jaune, et ses tiges sèches à faire des balais.

Genre XXI. *Madi*.

Madia Don.

Plantes herbacées, à feuilles entières, opposées, du moins les inférieures. Capitules en grappe ou en corymbe. Involucre arrondi, à folioles disposées sur un seul rang. Fleurs du centre hermaphrodites ou mâles ; fleurs de la circonférence femelles. Stigmate velu au sommet. Akènes comprimés, munis d'une nervure sur chaque face.

Le Madi (*Madia sativa* Molin, *M. viscosa* Willd.) est une plante annuelle, originaire du Chili, et qui commence à être cultivée comme plante oléagineuse. Nous empruntons à M. Baumann ce qui concerne cette culture, encore peu connue.

« Le Madi peut entrer dans tous les assolements, et réussir dans tous les terrains, pourvu qu'ils ne soient ni trop humides ni trop compactes, sans ou avec peu d'engrais. Mais dans une terre féconde, lorsqu'on peut lui donner l'espace convenable, il parvient à son plus haut degré de perfection.

« On peut semer vers la fin d'octobre ; mais si l'on veut éviter les variations de temps, on fera les semailles avec plus de sécurité au printemps sans dépasser la mi-mai ; on sème soit à la volée, soit en rigoles. Le semis n'est nullement endommagé par les gelées tardives, et les insectes et les animaux nuisibles le respectent. Le terrain sur lequel on sème doit être bien préparé de l'automne précédent, et hersé lorsqu'il est suffisamment ressuyé. Les graines semées sont soumises à la pression du rouleau. Après les semailles, il ne reste plus qu'à sarcler pour enlever les mauvaises herbes, et éclaircir lorsque le jeune plant est trop serré.

« La maturité des graines se reconnaît au changement de couleur ; elles sont d'abord noires, et deviennent grises en mûrissant. On arrache alors, ou on coupe les plantes très-près de terre, et on les laisse couchées sur le sol pour qu'elles sèchent. Il faut toutefois ne pas trop retarder le battage. »

L'huile de Madi, préparée par les procédés ordinaires, a une âcreté et une odeur forte qui la rendent impropre à l'alimentation et même à l'éclairage ; mais elle paraît excellente pour la fabrication des savons.

Les tourteaux et les fanes sèches sont riches en matières azotées ;

mais leur odeur désagréable les fait rejeter par les bestiaux, et on
ne peut guère les utiliser que comme engrais.

Genre XXII. *Bident.*

Bidens L.

Plantes herbacées à feuilles ordinairement opposées. Capitules terminaux. Involucre à folioles disposées sur deux ou trois rangs, les
extérieures foliacées, les intérieures membraneuses. Réceptacle un
peu convexe, muni de paillettes. Fleurs ordinairement toutes tubuleuses et hermaphrodites. Akènes oblongs, comprimés, présentant
sur chaque face une côte plus ou moins saillante, et surmontés de
deux ou plusieurs dents subulées épineuses.

Le Bident tripartit (*B. tripartita* L.), vulgairement Chanvre aquatique, est une plante annuelle, commune dans les lieux humides ou
inondés. Il est quelquefois tellement abondant qu'il devient un fléau
pour l'agriculture; on le détruit par la culture alterne. Tant qu'il
est jeune, les bœufs et les moutons le mangent sans le rechercher;
mais dès qu'il est en fleur, ces animaux n'en veulent plus. On l'utilise pour la litière, le fumier, ou pour le chauffage des fours.

Le Bident penché (*B. cernua* L.), plus petit que le précédent, a
des feuilles plus âcres, qui ne sont guère broutées que par les chèvres. Quant au Bident bipenné (*B. bipinnata* L.), il habite les bords
des ruisseaux de l'Europe méridionale.

On retire de ces plantes une couleur jaune assez solide. On les
emploie en médecine comme résolutives et sternutatoires.

Genre XXIII. *Hélianthe.*

Helianthus L.

Plantes herbacées, à feuilles opposées, du moins les inférieures.
Capitules terminaux. Involucre à folioles imbriquées, les extérieures
foliacées. Réceptacle plan, muni de paillettes. Fleurs du centre hermaphrodites, tubuleuses; fleurs de la circonférence ligulées, femelles.
Akènes surmontés de deux écailles caduques.

L'Hélianthe annuel (*A. annuus* L.), vulgairement Soleil ou Tour-
nesol, est originaire du Pérou. Ses graines sont une excellente nourriture pour les oiseaux de basse-cour, et fournissent en abondance une

huile bonne pour la cuisine et pour l'éclairage. Ses feuilles sont fort goûtées des bestiaux, et ses tiges sèches sont utilisées pour faire des tuteurs, ou pour chauffer le four. Mais cette plante, très-épuisante, exige une bonne terre et des engrais abondants. D'un autre côté, il n'est pas toujours facile de préserver les graines des ravages causés par les oiseaux. Vu ces inconvénients, et malgré les avantages réels signalés ci-dessus, la culture en grand de cet Hélianthe est à peu près complétement abandonnée.

Il n'en est pas de même de l'Hélianthe tubéreux (*H. tuberosus* L.) (Pl. 28), plus connu sous le nom de Topinambour. Cette plante vivace, originaire du Brésil, est depuis longtemps entrée dans la grande culture. Les variétés obtenues sont jusqu'à présent peu nombreuses, et on ne cultive toujours que l'ancien topinambour à tubercules rouges.

Cette plante a l'avantage de prospérer dans les sols les plus ingrats ; elle n'est nullement épuisante, et ses tubercules peuvent passer l'hiver en terre sans être atteints par la gelée. Mais il est difficile de la faire entrer dans un assolement régulier, et on lui consacre généralement un terrain spécial, où elle se reproduit pendant plusieurs années.

Le sol doit être préparé par un labour de défoncement opéré avant l'hiver, suivi d'un second labour au printemps (seulement dans les sols compactes), puis d'un labour définitif au moment de la plantation. Les soins de culture consistent en binages et en buttages pour favoriser le développement des tubercules ; on éclaircit en même temps les tiges trop touffues.

La récolte des tiges se fait ordinairement dans la seconde quinzaine de septembre ; on les coupe à 0^m,30 du sol, avec une faucille assez forte. La récolte des tubercules se fait en hiver ; on pourrait même, si l'humidité n'était pas à craindre, n'y procéder qu'au fur et à mesure des besoins. On n'en laisse que dans le cas où l'on voudrait continuer cette culture.

« La propriété qu'a cette plante de se multiplier par ses plus petites racines et de tracer avec une grande rapidité, propriété qui la fait regarder comme un fléau par les jardiniers, la rend très-précieuse pour utiliser une immense quantité de petites portions de terrains qui se perdent sous les rapports des produits agricoles. Que de profit, par exemple, pourrait-on retirer des places vagues des forêts qu'on en garnirait ? Les taillis, pendant deux ans au moins dans les bons terrains et quatre à cinq ans dans les mauvais, pourraient fournir des récoltes abondantes, sans nuire à la reproduction des bois, et même quelquefois en la favorisant. Le revers des fossés, le bord de beaucoup de haies, de murs, devraient en être toujours garnis. Tous les lieux enfin que leur situation ombragée rend impropres à la culture des autres plantes la recevraient avec avantage, tels que les vergers dont les arbres sont rapprochés, le bord des avenues et autres plantations, des bâtiments, etc., car, je le répète, elle ne vient jamais mieux qu'à l'ombre. On pourrait se contenter d'abandonner ses feuilles sur place aux moutons pendant l'été et les tubercules également sur place aux cochons pendant l'hiver.

« Un moyen d'utiliser encore le topinambour, c'est de l'employer, en le plantant en rangées plus ou moins écartées et dirigées du levant au couchant, à fournir des abris contre les feux du midi, à tous les semis que la sécheresse empêche de prospérer, principalement ceux des arbres verts (Bosc). »

Les tubercules du topinambour sont alimentaires ; leur saveur rappelle celle du réceptacle de l'artichaut. Généralement on les réserve pour la nourriture des animaux domestiques ; mais on les associe toujours à une certaine proportion de fourrage sec, et même, pour les moutons, il est bon d'y ajouter un peu de sel. Les cochons les refusent d'abord, mais ils finissent par s'y habituer si bien qu'ils fouillent la terre pour les extraire. Cuits et soumis à la fermentation, ces tubercules donnent une boisson vineuse, analogue à la bière, et dont on peut retirer de l'alcool.

Les tiges constituent, vertes ou sèches, un excellent fourrage pour tous les bestiaux, particulièrement pour les moutons et les chevaux. Sèches, elles sont employées avec avantage pour ramer les pois et les haricots ou pour servir de litière, surtout aux cochons. Enfin, elles ont une grande valeur comme combustible.

Une espèce moins connue est l'Hélianthe Vosaean (*H. strumosus* L.), plante vivace, originaire de l'Amérique du nord. Elle ne redoute pas les hivers les plus rigoureux. Les Canadiens la cultivent comme plante fourragère. Coupées trois fois par an, ses tiges donnent un produit considérable. Ses racines servent à nourrir les animaux domestiques, et même les oiseaux de basse-cour. On a proposé d'introduire cette plante dans nos cultures.

L'Hélianthe multiflore (*H. multiflorus* L.) est aussi vivace, et originaire des mêmes régions. Il pourrait fournir un fourrage abondant et de bonne qualité.

Genre XXIV. *Tussilage*.

Tussilago L.

Plantes herbacées, à feuilles ordinairement toutes radicales, très-grandes, arrondies. Capitules solitaires ou réunis en grappe terminale. Involucre à folioles disposées sur un ou deux rangs. Réceptacle nu. Fleurs du centre mâles; fleurs de la circonférence femelles. Akènes cylindriques, un peu striés, surmontés d'une aigrette à soies capillaires longues et très-fines.

Le Tussilage pas-d'âne (*T. farfara* L.) croît abondamment dans les lieux humides et au bord des eaux ; il paraît caractériser surtout les terrains argileux. Les chèvres, les moutons et les vaches le mangent. C'est un remède fort répandu, en médecine humaine et vétérinaire, pour les affections de la poitrine. Ce n'en est pas moins en somme une plante nuisible dans les prairies, à cause de la place qu'elle occupe. A cause de ses racines longues et traçantes, elle est fort difficile à détruire; on n'y parvient que par des labours profonds et réitérés, ou mieux par la culture des plantes qui exigent des binages d'été.

La Pétasite (*T. petasites* L., *Petasites vulgaris* Desf.), vulgairement Herbe aux teigneux, croît dans les mêmes localités que l'espèce précédente et possède des propriétés analogues. Les feuilles fraîches plaisent aux bestiaux. Les fleurs sont recherchées par les abeilles. Les racines, âcres et aromatiques, ont été employées avec avantage dans certaines épizooties.

Genre XXV. *Lampourde*.

Xanthium Tourn.

Plantes herbacées, à feuilles alternes. Fleurs en capitules monoïques groupés en épis, les supérieurs mâles, les inférieurs femelles. — C. mâle : Involucre arrondi, multiflore, à folioles libres disposées sur un seul rang. Réceptacle cylindrique, muni de paillettes. Corolle tubuleuse renflée. — C. femelle : Involucre ovoïde, à folioles imbriquées et soudées en une enveloppe capsulaire biflore, épineuse, terminée en bec, ligneuse à la maturité, divisée en deux loges qui renferment chacune un akène comprimé.

Ce genre, qu'il est difficile de classer dans cette famille et que plusieurs auteurs rapportent à celle des Ambrosiacées, comprend, en Europe, deux espèces. La Lampourde glouteron (*X. struma-rium* L.), vulgairement Petite Bardane, est une plante annuelle, commune au voisinage des habitations, le long des fossés et des chemins, au bord des eaux, etc. Les bestiaux la mangent quelquefois quand elle est jeune. Elle est employée en médecine. C'est une plante très-nuisible par ses fruits épineux, qui s'accrochent, avec plus de force encore que ceux de la Bardane, aux vêtements des passants, et surtout au poil des chevaux et à la laine des moutons. La Lampourde épineuse (*X. spinosum* L.), du midi de l'Europe, a les mêmes inconvénients. Il est facile de détruire ces deux plantes en les arrachant avant leur floraison.

FAMILLE XLV. Campanulacées.

La majeure partie des plantes de cette famille habite les diverses régions de l'ancien continent. Presque toutes renferment un suc amer ou âcre, souvent accompagné d'un principe mucilagineux assez abondant. Quelques-unes, du moins dans leur jeune âge, sont alimentaires ou fourragères.

GENRE I. *Campanule.*

Campanula L.

Plantes herbacées, à feuilles radicales disposées en rosettes ou en fascicules. Fleurs terminales, solitaires ou diversement groupées. Calice à cinq divisions. Corolle campanulée, à cinq divisions. Cinq étamines, à filets dilatés à la base. Fruit capsulaire, turbiné, à trois ou cinq loges polyspermes.

Les Campanules sont pour la plupart des plantes lactescentes. Les Campanules raiponce (*C. rapunculus* L.), à feuilles rondes (*C. rotundifolia* L.), gantelée (*C. trachelium* L.), croissent dans les prés et les lieux incultes, et sont quelquefois cultivées dans les jardins, la première surtout, pour leurs racines alimentaires. Les bestiaux recherchent ces plantes. La dernière est employée en médecine comme astringente et vulnéraire.

La Campanule Miroir de Vénus (*C. speculum* L., *Specularia* D. C.) est quelquefois très-commune dans les champs de blé; mais elle ne paraît pas nuire sensiblement à cette céréale.

FAMILLE XLVI. Éricinées.

Disséminées dans presque toutes les régions du globe, les Éricinées habitent pour la plupart les endroits montueux. Elles ont en général une saveur acerbe plus ou moins intense, souvent âpre et astringente, d'autres fois assez âcre pour indiquer leurs propriétés délétères. Plusieurs d'entre elles ont des fruits charnus d'une saveur acidule et agréable. D'autres sont employées à divers usages médicinaux, économiques ou industriels.

TRIBU I. Éricées.

GENRE I. *Bruyère*.

Erica L.

Sous-arbrisseaux rameux, à feuilles persistantes, opposées ou verticillées. Fleurs souvent accompagnées d'un involucre. Calice à quatre sépales. Corolle campanulée ou urcéolée, à quatre divisions. Huit étamines. Fruit capsulaire, à quatre loges.

Ce genre comprend plusieurs centaines d'espèces. On en trouve en Europe une vingtaine. Les Bruyères caractérisent surtout les terrains siliceux, où elles couvrent souvent d'immenses étendues. Jeunes, elles peuvent servir à l'alimentation du bétail. Dans les disettes absolues de fourrage, on les donne, hachées, à tous les animaux domestiques, et même aux chevaux. Les fleurs, vers la fin de l'été surtout, offrent aux abeilles une précieuse ressource. Presque toutes les espèces peuvent servir à faire des balais, de la litière, ou bien à chauffer les fours.

Les cendres de ces végétaux forment un bon amendement. Le sol des forêts, enrichi de leurs détritus, constitue la *terre de bruyère*, fréquemment employée dans le jardinage.

A côté de ces avantages, les Bruyères présentent certains inconvénients. Elles envahissent parfois les pâturages des montagnes et les bois, à tel point qu'elles nuisent à la croissance et à la reproduction des herbes et des arbres forestiers. Aussi cherche-t-on alors à les détruire.

Les espèces les plus remarquables sont les suivantes :

La Bruyère commune (*E. vulgaris* L., *Calluna vulgaris* Salisb.), vulgairement Brumaille, forme de larges touffes, hautes de 0ᵐ,60, dans les lieux secs et sablonneux de presque toute l'Europe. Elle a un accroissement très-rapide. C'est ordinairement par l'arrachage qu'on la récolte ; si on se contentait de la couper, le sol en serait de nouveau couvert au bout de trois ou quatre ans. Les moutons, les chèvres, les lapins, les vaches même, la mangent avec plaisir, tant qu'elle est jeune. Ses fleurs fournissent aux abeilles un miel abondant, mais peu estimé, à cause de sa couleur jaune et de sa consistance sirupeuse. Dans le Midi, on substitue quelquefois cette plante au houblon pour la fabrication de la bière. Dans le Nord, on l'emploie pour le tannage. En médecine, elle passe pour diurétique, et son eau distillée est réputée ophthalmique. La plante sert encore de chauffage et de litière.

Les Bruyères cendrée (*E. cinerea* L.), errante (*E. vagans* L.) et ciliée (*E. ciliaris* L.), sont susceptibles des mêmes usages.

La Bruyère à balais (*E. scoparia* L.), haute de deux mètres, habite surtout les régions sablonneuses de l'Europe centrale et méridionale. Son nom indique son usage principal ; mais les balais qu'on en fait ont l'inconvénient de perdre leurs feuilles et, par suite, de salir plutôt que de nettoyer les appartements, si on ne les a pas recueillis en temps convenable, c'est-à-dire au milieu de l'été. Les moutons et les chèvres mangent les jeunes pousses. Elle sert encore comme litière et comme chauffage. Sa racine, qui devient très-grosse, est excellente pour ce dernier usage ; on en fait aussi un charbon très-estimé pour les usages domestiques, la forge, etc.

La Bruyère en arbre (*E. arborea* L.), haute de trois à quatre mètres, à fleurs d'une odeur suave, habite le midi de la France. On s'en sert pour le chauffage et pour faire des balais.

La Bruyère quaternée (*E. tetralix* L.) se trouve dans presque toute l'Europe, mais surtout dans le Nord et dans les Landes. Elle préfère les lieux sablonneux et marécageux. Susceptible des mêmes usages que l'espèce précédente, elle fournit de plus un charbon estimé pour les forges.

Genre II. *Andromède.*

Andromeda L.

Arbres, arbrisseaux ou sous-arbrisseaux, à feuilles alternes ou opposées, planes, coriaces, le plus souvent persistantes. Fleurs en grappes ou en épis axillaires. Calice à cinq divisions. Corolle urcéolée, globuleuse, à cinq dents. Dix étamines. Fruit capsulaire à cinq loges, s'ouvrant en cinq valves, qui portent chacune une cloison sur le milieu de la face interne.

Ce genre renferme une quarantaine d'espèces, qui croissent pour la plupart dans les parties les plus septentrionales de l'ancien continent. Elles préfèrent en général les sommets des montagnes et les rochers arides.

L'Andromède à feuilles de Pulium (*A. poliifolia* L.) est un sous-arbrisseau de petite taille, qui croît dans les montagnes de l'Europe centrale. Elle paraît préférer les lieux humides et marécageux, et surtout les tourbières. Cette espèce a des propriétés énergiques ; elle est narcotico-âcre, et sa décoction, d'après M. Duchesne, est estimée inébriante en Sibérie. Dans nos pâturages, elle est pernicieuse pour les moutons. Les rameaux sont employés en Russie pour remplacer la noix de galle dans les fabriques de soieries ; on en retire une couleur noire solide et brillante.

L'Andromède en arbre (*A. arborea* L., *Oxydendron arboreum* D. C.) habite l'Amérique du Nord, où on l'appelle vulgairement *Arbre à l'oseille*. Ses feuilles sont acidules et rafraîchissantes. On emploie son écorce et ses rameaux pour la teinture en noir.

Genre III. *Arbousier.*

Arbutus L.

Arbrisseaux à feuilles alternes. Fleurs en grappes ou en panicules terminales. Calice à cinq divisions. Corolle urcéolée, ovoïde ou globuleuse, à cinq dents obtuses, réfléchies. Dix étamines. Style simple ; stigmate obtus. Fruit charnu (baie ou drupe).

L'Arbousier commun (*A. Unedo* L.), vulgairement Frole, Arbre aux fraises, est un grand arbrisseau, qui croît dans les régions arides et incultes de l'Europe méridionale. Son bois est dur, mais cassant. En Orient, on emploie ses feuilles pour le tannage. Ses fruits rouges, d'une saveur assez agréable, quoique un peu fades, sont recherchés par les enfants et par les oiseaux. On les mange dans le Midi et en Algérie.

L'Arbousier à panicules (*A. Andrachne* L.) habite l'Orient ; mais il peut croître en pleine terre dans le midi de la France. Ses fruits sont comestibles.

L'Arbousier traînant (*A. uva ursi* L., *Arctostaphylos* Spreng.) est un petit arbrisseau à tige et à rameaux rampants, vulgairement nommé Bousserole ou Raisin d'ours, et qu'on trouve surtout dans les lieux montueux. Ses fruits se mangent. Ses feuilles sont employées, dans le nord de l'Europe, au tannage des peaux, et surtout à la préparation des maroquins.

L'Arbousier des Alpes (*A. Alpina* L.) croît dans les mêmes lieux et possède les mêmes propriétés analogues.

TRIBU II. VACCINIÉES.

GENRE IV. *Airelle*.

Vaccinium L.

Sous-arbrisseau à feuilles alternes, souvent persistantes. Fleurs solitaires axillaires ou en grappes terminales. Calice ordinairement à quatre dents courtes, membraneuses. Corolle urcéolée, campanulée ou rotacée, à quatre ou cinq divisions. Huit ou dix étamines. Fruit charnu, à quatre ou cinq loges, ombiliqué au sommet.

L'Airelle myrtille (*V. myrtillus* L.), vulgairement Abrétier, Vaciet, Raisin des bois, etc., habite les régions montueuses, boisées et un peu humides du centre et du nord de l'Europe. Elle s'y propage quelquefois avec une telle abondance, qu'elle devient nuisible aux repeuplements ; aussi les forestiers cherchent-ils le plus souvent à la détruire. Ses tiges et ses feuilles sont fortement astringentes, et on les emploie dans le Nord au tannage des peaux. Les fruits ont une saveur acidule agréable, un peu mucilagineuse, qui rappelle à la fois celle des groseilles et des mûres. On en consomme beaucoup dans le Nord. On en fait des confitures sèches qui peuvent se conserver pendant plusieurs années. On s'en sert quelquefois pour colorer les vins et leur donner un petit goût piquant. On peut même en préparer, par la fermentation, une boisson vineuse, susceptible de fournir de l'eau-de-vie. Enfin ils contiennent, d'après Richard, un principe colorant rouge, et sont utilement employés dans l'art de la teinture.

L'Airelle rouge (*V. vitis Idæa* L.), vulgairement Faux abrétier, présente la plus grande analogie avec la précédente et sert aux mêmes usages. Les fruits de ces deux espèces servent à préparer des boissons rafraîchissantes, préconisées contre les phlegmasies, la dysenterie, les ardeurs d'urine, etc.

L'Airelle des marais ou Canneberge (*V. oxycoccos* L., *Oxycoccos palustris* Pers.), qui habite les marais et les tourbières de l'Europe ; l'Airelle à gros fruit (*V. macrocarpum* L., *Oxycoccos macrocarpus* Pers.), originaire du nord de l'Amérique, ont également des fruits acidules et comestibles.

TRIBU III. RHODORÉES.

GENRE V. *Azalée.*

Azalea L.

Arbrisseaux ou arbustes à feuilles alternes. Fleurs en corymbes terminaux. Calice à cinq divisions. Corolle irrégulière, en entonnoir, à cinq divisions. Cinq étamines. Ovaire à cinq loges. Fruit capsulaire, s'ouvrant en cinq valves.

L'Azalée pontique (*A. Pontica* L.) est un petit arbrisseau, qui croît en Asie-Mineure. Les abeilles qui vont butiner sur ses fleurs donnent un miel qui possède des propriétés vénéneuses. L'histoire en cite un exemple remarquable dans la *Retraite des dix mille*. La même observation s'applique aux Kalmies (*Kalmia*), genre qui appartient à la même tribu et qui habite l'Amérique du Nord.

Genre VI. *Lédon.*

Ledum L.

Arbrisseaux à feuilles alternes, coriaces, persistantes, à bords enroulés vers la face inférieure, qui est couverte d'un duvet cotonneux roussâtre. Fleurs en ombelles ou en corymbes terminaux. Calice petit, à cinq dents. Corolle à cinq pétales étalés. Cinq ou dix étamines. Ovaire à cinq loges ; stigmate à cinq rayons. Fruit capsulaire, à cinq loges polyspermes, s'ouvrant en cinq valves.

Le Lédon des marais (*L. palustre* L.), vulgairement Romarin sauvage, croît dans les lieux humides et marécageux du nord de l'Europe. Les feuilles ont une odeur agréable, mais pénétrante. Dans les contrées du Nord, on les mêle à la bière en fermentation, pour la parfumer ; on les substitue même quelquefois au houblon, et elles rendent alors la bière plus enivrante. On se sert aussi de ces feuilles pour préserver les garde-robes des attaques des teignes ; on en frotte les troupeaux pour faire périr la vermine. Le Lédon à larges feuilles (*L. latifolium* L.) est originaire de l'Amérique du Nord ; on l'emploie en guise de thé.

FAMILLE XLVII. Ilicinées.

Les Ilicinées sont réparties dans les régions chaudes et tempérées du globe. Elles rappellent, par leurs propriétés, les Rhamnées et les Célastrinées, auxquelles on les réunissait autrefois. Un seul genre présente en agriculture un intérêt réel.

Genre I. *Houx.*

Ilex L.

Arbrisseaux à feuilles alternes, coriaces. Fleurs fasciculées. Calice petit, urcéolé, ordinairement à quatre dents. Corolle rotacée, ordinairement à quatre divisions obtuses. Ovaire à quatre loges. Fruit drupacé, à quatre noyaux osseux monospermes.

Le Houx commun (*I. aquifolium* L.) est un grand arbrisseau, qui croît dans les bois montueux de presque toute l'Europe. On en fait des haies défensives excellentes, malgré le double inconvénient qu'elles ont de croître lentement et de se dégarnir par le bas. Il est bon de le semer en place.

Le bois du Houx est dur, solide, brun noirâtre, avec l'aubier blanchâtre. Il prend un beau poli et reçoit bien toutes les couleurs; on l'emploie avec avantage pour faire les manches d'outils; mais il est rare d'en trouver de gros échantillons. Les jeunes pousses sont flexibles et tenaces; on en fait des manches de fouet, des baguettes de fusil, des houssines, etc. L'écorce sert à fabriquer la glu pour prendre les petits oiseaux.

Les fruits, purgatifs pour l'homme, sont recherchés par les oiseaux, surtout par les grives. Dans quelques pays, on fait torréfier ses graines, puis on les réduit en poudre; elles servent alors à préparer une boisson analogue, mais bien inférieure au café. Les feuilles sont employées en médecine comme sudorifiques.

SOUS-CLASSE III. Corolliflores.

FAMILLE XLVIII. Oléinées.

Les végétaux qui composent cette famille sont répandus surtout dans les régions chaudes et tempérées de l'hémisphère nord. Elle se recommande, en agriculture, non par le nombre, mais par la haute utilité des sujets. Le bois de la plupart des espèces a des qualités précieuses pour l'industrie et les arts. Les fruits renferment une huile très-estimée ou bien des matières colorantes. L'écorce possède des propriétés médicales très-prononcées. Quelques espèces ont des feuilles qui peuvent servir à la nourriture des bestiaux. En un mot, les produits fournis à la médecine, aux arts, à l'économie domestique, etc., assignent à cette famille un des premiers rangs.

TRIBU I. FRAXINÉES.

GENRE I. *Frêne*.

Fraxinus Tourn.

Arbres à feuilles opposées, imparipennées. Fleurs polygames, groupées en panicules terminales, munies de bractées. Deux étamines. Ovaire comprimé, à deux loges biovulées. Stigmate à deux lobes étalés. Fruit (*samare*) membraneux, coriace, oblong, indéhiscent, comprimé et presque foliacé au sommet.

L'espèce la plus importante est sans contredit le Frêne commun (*F. excelsior* L.), grand et bel arbre qui occupe un rang élevé parmi nos essences forestières, et que ses précieuses qualités recommandent hautement à l'attention des sylviculteurs (Pl. 29).

La tige de cet arbre est droite, très-haute et d'une grosseur proportionnée. Il n'est pas rare de voir des frênes de soixante-dix à quatre-vingts ans mesurer trente mètres de hauteur sur deux mètres de tour. On en trouve même de dimensions plus grandes, car l'arbre peut vivre plus de deux siècles. La cime est peu touffue et ne donne qu'un couvert léger. Le fruit est facilement disséminé par les vents; l'arbre est d'ailleurs fertile à un âge peu avancé, et sa graine abonde presque tous les ans; ces circonstances rendent le frêne précieux pour les repeuplements forestiers.

Les racines s'enfoncent obliquement et sont à la fois pivotantes et traçantes; elles produisent un grand nombre de radicelles et de drageons, qui épuisent le sol à une assez grande distance et rendent le voisinage de cette essence incommode aux plantes cultivées. On prétend que la pluie qui coule après avoir mouillé ses feuilles endommage les végétaux qui en sont atteints; on a même été jusqu'à dire que son ombre est dangereuse, mais ces derniers faits ont été au moins fort exagérés. Par contre, le frêne n'est incommodé ni par le couvert ni par l'*égout* des autres arbres; aussi végète-t-il bien à l'ombre et dans les massifs les plus épais.

Le frêne habite les forêts des climats tempérés de l'Europe, sans y former jamais néanmoins une essence dominante; on le trouve fréquemment dans les plantations rurales, les haies, les prés boisés, le long des cours d'eau, etc. Il peut croître dans la plupart des situations, depuis le fond des vallées jusqu'au sommet des montagnes. Peu sensible au froid, il se plaît surtout dans les gorges sombres et les ravins des collines et des montagnes de moyenne hauteur inclinés vers le nord ; mais il craint l'exposition du midi.

Cet arbre demande un sol frais, assez meuble et profond ; il n'est pas néanmoins exigeant sous ce dernier rapport. Une terre légère et limoneuse, mélangé de sable et traversée par des eaux courantes, paraît lui convenir par-dessus tout. Les sols qui contiennent trop de craie ou d'argile ne lui conviennent pas. Il réussit pourtant quelquefois dans les terrains glaiseux ou marneux, s'ils ont une pente suffisante, ainsi que dans les terres caillouteuses ou graveleuses, même dans les joints des rochers, pourvu qu'il y ait un peu d'humidité. Il craint les terres fortes, la glaise dure et sèche. Meyer a observé que partout où le sol n'est pas suffisamment meuble, humide et substantiel, partout où le sous-sol est de terre glaise et d'argile compacte, le frêne réussit mal ; quand il a atteint une taille de deux à trois mètres, il dépérit et se sèche par le sommet. Il se refuse aux sables secs, légers, arides, pauvres, ainsi qu'aux terrains marécageux. Dans tous les cas, la qualité du bois varie avec la nature du sol.

Le frêne se propage ordinairement par semis. Au commencement de l'automne, on récolte la graine, soit à la main, soit en gaulant l'arbre par un temps calme. On l'étend dans un grenier bien aéré, où on la remue fréquemment ; quand elle est suffisamment sèche, on peut la réunir en tas.

Quelques forestiers, Lorentz et Parade entre autres, prescrivent de labourer le sol par bandes ou par trous carrés et d'enfouir la graine à $0^m,015$ ou $0^m,020$ de profondeur. D'après M. Meyer, la graine veut être, non enterrée, mais simplement déposée sur le sol. « Toute espèce de préparation, dit-il, donnée au sol dans ce cas, pourvu que par sa nature il convienne au frêne, c'est du temps et de l'argent perdus. Une seule circonstance exige une mesure préparatoire ; c'est quand le sol, de nature suffisamment humide, planté de hêtres, est couvert d'une couche de feuilles par trop épaisse. Il y a lieu, dans ce cas, d'enlever au rateau la partie supérieure de cette couche ; mais ce n'est pas là une dépense, c'est un produit. »

On sème ordinairement le frêne dans une céréale, les jeunes plants ayant besoin d'abri. Quand ceux-ci commencent à être un peu grands, il faut les sarcler soigneusement.

Les semis faits en pépinière seront repiqués, à l'âge d'un ou deux ans, à la distance de 0^m,66 à un mètre. Vers cinq ou six ans, on plantera à demeure. Le frêne supporte assez bien la transplantation, même à un âge assez avancé, si ce n'est dans les clairières ou les parties de bois gazonnées et dans les prairies boisées. Là, le succès de la plantation n'est jamais bien certain.

La multiplication par boutures ou par marcottes offre beaucoup de difficultés ; elle ne peut avoir lieu qu'exceptionnellement, et ne saurait être conseillée en grand.

Quand les jeunes sujets auront atteint deux ou trois mètres, on les élaguera modérément à la base ; mais on ne doit jamais étêter cette essence, qui répare difficilement la perte du bourgeon terminal.

À toutes les périodes de son existence, le frêne est attaqué par plusieurs ennemis, dont les plus à craindre sont les cantharides, qui dévorent ses feuilles, et les mammifères rongeurs (mulots, lapins), qui, enlevant l'écorce à la partie inférieure de la tige, opèrent quelquefois une décortication circulaire assez large pour entraîner la mort de l'arbre. On s'oppose aux ravages de ces derniers en enduisant de goudron le bas de la tige jusqu'à la hauteur de 0^m,50. Quant aux cantharides, on n'a rien de mieux à faire que de les récolter pour les vendre aux droguistes.

La croissance du frêne est rapide, et se maintient ainsi jusqu'à l'âge de quatre-vingts ans environ ; aussi son exploitation en futaie est-elle avantageuse. Il est alors le plus souvent mélangé avec le hêtre, et s'accommode assez bien du même traitement, quoiqu'il soit beaucoup plus rustique dans ses premières années. S'il dominait, ou qu'on voulût le faire dominer dans les massifs, on ferait la coupe d'ensemencement plus espacée, et l'on procéderait plus tôt à la coupe secondaire. Une révolution de quatre-vingts à cent ans est la plus convenable.

Le frêne se recommande aussi beaucoup comme arbre de taillis, et n'exige pas sous ce rapport de soins particuliers. On peut laisser dans ce cas de nombreux baliveaux.

Cette essence se trouve encore fréquemment dans les plantations de ligne. L'exploitation en têtards lui convient beaucoup ; on peut couper les branches tous les trois ou quatre ans. Enfin, on l'exploite aussi en émonde. Mais, si l'on veut obtenir du bois d'œuvre, il faudra la soumettre à un élagage rationnel, tel qu'il a été très-bien décrit par M. Du Breuil, dans son excellent *Cours d'arboriculture*. Il y a cependant un cas où non-seulement on peut, mais on doit même élaguer en laissant des chicots de 0ᵐ,10 environ de longueur; c'est lorsqu'on veut obtenir un bois plus dur et plus veiné, propre à l'ébénisterie et surtout à être débité en lames minces pour le placage. Cette sorte de bois s'obtient quelquefois naturellement dans les bois de frênes venus sur les montagnes, ou qui, ayant été habituellement tordus, sont sujets à être chargés de gros nœuds; le tissu fibreux est alors modifié comme il l'est toujours dans les loupes ou broussins.

Le bois du frêne est blanc, assez dur, fort uni, veiné et susceptible de recevoir un beau poli et de prendre très-bien la couleur. Il est très-souple, élastique, très-liant, tant qu'il conserve un peu de séve. Il a plus de résistance et plie plus aisément que celui de l'orme. On le courbe et on le façonne à volonté au moyen du fer; il conserve néanmoins toute sa qualité, même dans les situations les plus forcées. Il est propre à une foule d'usages, et son prix est souvent supérieur à celui du chêne. On l'emploie rarement à la charpente, parce qu'il est sujet à être piqué des vers; mais il est excellent pour la charpente sous eau.

On le préfère généralement pour les pièces de charronnage qui doivent avoir du ressort et de la courbure, surtout pour le charronnage de luxe et la confection des brancards. On en fait des montures de fusil, des chaises, des manches d'outil, des cercles pour cuves, tonneaux, etc.; il est recherché pour la fabrication des instruments aratoires et de jardinage.

On l'emploie encore pour le tour, la menuiserie, la tabletterie, l'ébénisterie; on préfère, pour ces deux dernières industries, les pièces noueuses et chargées de *ronces*, telles que les souches, les loupes et les broussins. On en fait les panneaux des armoires et des commodes. Enfin, il est recherché pour la boissellerie et le sabotage, ainsi que pour la confection des perches et des échalas.

Comme bois de chauffage, il est estimé à l'égal du hêtre; il brûle, lorsqu'il est encore vert, mieux qu'aucun autre bois fraîchement coupé. Cette propriété le rend dangereux dans les incendies, par la facilité qu'il a de communiquer le feu. Aussi Baudrillart recommande-t-il avec raison de proscrire le frêne des plantations urbaines et surtout des villages. Son charbon est des meilleurs, et ses cendres sont riches en potasse.

L'écorce est astringente. On l'emploie dans la chapellerie, la tannerie, etc.; on s'en sert aussi pour teindre les laines en noir, en brun ou en bleu. Sa saveur est âcre, amère, un peu acerbe ; on l'emploie en médecine comme apéritive, diurétique et fébrifuge.

Les feuilles ont une amertume prononcée et un peu styptique, qui n'est pas désagréable. Elles sont excellentes pour la nourriture des animaux domestiques (bœufs, chèvres, moutons et même chevaux). On coupe, un peu avant la fin de l'été, les rameaux destinés à cet usage, pour les donner en hiver à ces animaux, qui en sont très-friands. En Savoie, à Naples, etc., on cultive en grand le frêne dans ce seul but.

Miller assure que les vaches ainsi nourries donnent un beurre de qualité inférieure, au point que, dans le comté de Surrey, on ne trouve guère de bon beurre dans les pâturages avoisinant des plantations de frênes, ce qui fait qu'on ne souffre jamais cette essence aux environs des bonnes laiteries. Mais M. Francoz a constaté : 1° que le lait des vaches auxquelles on donne des feuilles de frêne est plus abondant et aussi blanc qu'à l'ordinaire ; 2° que le beurre, plus consistant et d'un plus beau jaune doré, acquiert un goût de noisette fort agréable ; 3° que, lorsque cette nourriture est exclusive, cette saveur tend à un goût fort, qui toutefois ne persiste pas après la cuisson. Il est donc avantageux, pour les vaches laitières, de mélanger les feuilles de frêne à d'autres fourrages.

Ces feuilles participent aux propriétés médicales de l'écorce et fournissent aussi aux teinturiers une belle couleur bleue.

En Angleterre, les fruits cueillis verts et confits dans le sel et le vinaigre sont employés comme condiment.

L'Amérique du Nord renferme un grand nombre d'espèces de ce genre, parmi lesquelles on remarque surtout les Frênes monophylle (*F. monophylla* Desf.), de la Caroline (*F. Caroliniana* Lam.), blanc d'Amérique (*F. Americana* L.), à feuilles de noyer (*F juglandifolia* Lam.), pubescent (*F. pubescens* Walt.), quadrangulaire (*F. quadrangalata* Mich.), à feuilles de sureau (*F. sambucifolia* Lam.). Tous ces arbres peuvent croître en plein air sous nos latitudes ; ils sont beaucoup moins que notre frêne sujets aux attaques des cantharides. Leur bois est d'ailleurs excellent et fort recherché en Amérique. Quelques-uns acquièrent de grandes dimensions. Il y aurait donc avantage à les introduire dans nos forêts.

Les Frênes à fleurs (*F. ornus* L., *Ornus Europæa* Pers.) et à feuilles rondes (*F. rotundifolia* Lam., *Ornus rotundifolia* Pers.), plus connus, le dernier surtout, sous le nom vulgaire de *Frêne à la manne*, sont des arbres de médiocre dimension, qui croissent dans la région méditerranéenne. Ils fournissent à la matière médicale le produit appelé *Manne* (V. *la Flore médicale*).

TRIBU II. OLÉÉES.

GENRE II. *Olivier*.

Olea Tourn.

Arbres à feuilles opposées, coriaces. Fleurs en corymbes ou en grappes. Calice court, campanulé, à quatre dents. Corolle à quatre divisions étalées. Deux étamines. Style court. Fruit drupacé, ovoïde ou globuleux, à chair huileuse, à noyau osseux.

L'Olivier d'Europe (*O. Europæa* L.) (Pl. 30) est originaire de l'Orient ; on le cultive en grand sur tout le pourtour du bassin méditerranéen. Il a produit un nombre considérable de variétés, qui sont loin d'être déterminées et classées d'une manière exacte. Voici, d'après Gouan, celles que l'on cultive le plus généralement dans la région.

O. galinenque ou Olivière. — O. aglandau ou Caïane. — O. amellau ou amellenque. — O. cormeau. — O. ampoullau ou barralenque. — O. picholine ou saurine. — O. verdale. — O. négrette ou moureau. — O. bouteillau. — O. sayerne. — O. marbrée ou pigau. — O. turquoise. — O. espagnole. — O. royale. — O. pointue. — O. noire douce. — O. blanche douce.

« Les meilleures variétés, dit Gasparin, sont en général plus grosses au sommet qu'à la base. Les olives pointues sont en général peu riches en huile. Les plus grosses, appréciées pour être mangées, parce qu'elles ont plus de chair, ne sont pas toujours les plus riches en huile. Il faut rejeter toute variété dont la pulpe n'égalerait pas au moins trois fois le poids du noyau, l'épreuve étant faite avant l'hiver, ou qui donneraient en huile moins de un dixième du poids total de l'olive. Les variétés les plus rustiques, les moins sensibles au froid, ne sont pas toujours les plus productives. »

L'olivier préfère une exposition méridionale, inclinée et abritée.

Il croît dans tous les sols, même les plus arides. Il donne souvent de bons produits dans des terres rocailleuses et peu profondes. Il préfère toutefois les sols riches et d'une certaine profondeur. Il vient mal sur ceux qui conservent l'humidité pendant l'hiver ; mais les arrosements en été lui font beaucoup de bien.

Cet arbre précieux se multiplie de diverses manières : 1° par semis, opéré en avril ; pour hâter la germination, on casse le noyau, en ayant soin de ne pas blesser l'amande ; 2° par éclats de souche, plantés au printemps dans un sol bien meuble, à 0^m80 de distance ; 3° par boutures ; celles-ci peuvent se faire avec des rameaux de $0^m,02$ à $0^m,03$ de diamètre enfoncés sur la longueur de $0^m,20$, ou avec des rameaux plus minces et plus longs, couchés dans le sol, à $0^m,20$ de profondeur ; 4° par rejets enracinés ayant $0^m,02$ à $0^m,03$ de diamètre ; 5° par la transplantation des oliviers sauvages, soit en place, soit de préférence après un repiquage en pépinière.

D'après Gasparin, le meilleur guide que nous puissions prendre pour cette culture, on plante l'olivier, dans les terrains pierreux, sur toute la surface ; dans les bonnes terres (*Oullières*), en cordons alternant avec d'autres cultures, ce qui permet de tirer parti du sol pendant les premières années ; le terrain doit être labouré à $0^m,40$ de profondeur et drainé au besoin.

Quant à l'espacement, il doit être tel qu'à partir du printemps les arbres voisins ne se couvrent pas mutuellement de leur ombre. En général, le chiffre adopté pour la distance s'éloigne peu de l'élévation moyenne qu'atteignent les arbres.

La plantation peut se faire en toute saison, même en été, si le terrain est susceptible d'être arrosé. En général, on plante au printemps dans les sols humides, en automne dans les terres sèches. Si le sol n'a pas été défoncé, on creuse des trous de $1^m,50$ en carré sur $0^m,70$ de profondeur.

L'olivier exige une culture soignée, pour donner des produits abondants. Des labours fréquents et bien faits, à $0^m,27$ de profondeur au moins, produisent de bons effets, en nettoyant et ameublissant le sol. Ordinairement, on donne trois labours croisés, accompagnés de binages, en février, mai et août ; le dernier est suivi d'une fumure et d'un buttage. La partie la plus voisine du pied des arbres, qui échappe à l'action de la charrue, est binée à la houe.

Les fumures consistent le plus souvent en lupins ou féverolles enfouis en vert, ainsi qu'en buis et en roseaux.

Pendant les premières années, on peut pratiquer des cultures intercalaires de plantes annuelles.

Les arrosages sont très-utiles, mais il ne faut pas en abuser; trois par année suffisent.

Les oliviers à tête basse végètent plus vigoureusement; aussi ne leur laisse-t-on pas en général plus de 0^m,80 de tige; c'est seulement dans le cas où l'on aurait à craindre les dégâts causés par les troupeaux que l'on peut laisser 1^m,50 à 2 mètres de tige nue.

Dans les premiers temps, on ébourgeonne le tronc des jeunes sujets, et on taille les rameaux qui se développent outre mesure.

Plus tard, on supprime les rameaux verticaux, véritables *gourmands*; les chicots, les branches mortes, les rameaux latéraux qui tendent à s'emporter; enfin les rameaux de l'année placés à l'intérieur. On arrive ainsi à obtenir des arbres bien arrondis, à cime pleine et sans rameaux confondus ou enchevêtrés.

Lardier conseille d'ébourgeonner tous les ans, afin d'obtenir par là des récoltes annuelles.

L'olivier redoute les froids rigoureux suivis de dégel, qui font périr les rameaux, les branches et quelquefois la tige; il n'y a pas d'autre remède que le recépage ou le rabattage.

Parmi les insectes, l'un des plus nuisibles est le kermès rouge; on s'en débarrasse avec de l'eau bouillante. La mouche de l'olivier (*Dacus oleæ*) exerce aussi de grands dégâts. M. Guérin-Léneville recommande de cueillir les olives aussitôt qu'elles sont piquées. La récolte alors est moindre, mais du moins bonne, et on détruit ainsi la génération d'insectes.

Pour la récolte des olives, on n'attend pas la maturité complète; c'est vers la fin de novembre qu'on commence à y procéder. Quelquefois on gaule les arbres; mais c'est là une pratique vicieuse; il faut attendre la chute naturelle des fruits, ou mieux les cueillir à la main. Si l'on doit porter bientôt les olives au moulin, on les étend sur le plancher, en couches peu épaisses; dans le cas contraire, il faut les tasser fortement dans des cuves et les couvrir de nattes pour les préserver du froid.

Lorsqu'on veut procéder à la fabrication de l'huile, on commence par réduire les olives en farine, ou mieux en pâte, par l'action du moulin. Cette pâte ou pulpe est mise dans des sacs de grosse toile claire, auxquels on préfère dans le Midi, les *cabas*, sorte de sacs faits avec le sparte ; puis on met les sacs ou cabas sous la presse. On reçoit dans des tonneaux aux trois quarts pleins d'eau la première huile qui coule et que l'on met à part, sous le nom d'*huile vierge*. Quand la pressée, qui doit se faire lentement, est terminée, on ouvre les cabas, on *dégrume* la pâte, c'est-à-dire qu'on l'éparpille avec la main ou avec un outil ; puis on verse sur cette pâte de l'eau bouillante, et on remet les cabas sous la presse. Dès qu'on recommence à faire agir celle-ci, l'eau chaude s'écoule, entraînant la plus grande partie de l'huile qui était restée dans la pâte, et on la recueille dans des tonneaux. On réitère encore cette opération avec de nouvelle eau bouillante, et toute l'huile est censée recueillie. On fait écouler l'eau des tonneaux dans une vaste citerne appelée *enfer*, où elle laisse surnager l'huile qu'elle contenait encore, et qu'on appelle vulgairement *huile d'enfer*.

Quelques variétés d'olive peuvent se manger en nature et sans apprêts ; ce sont celles qu'on désigne sous le nom d'*olives douces* Mais en général ces fruits, même arrivés au degré le plus avancé de maturité, sont d'une amertume et d'une âcreté insupportables. Ils ne deviennent comestibles qu'après avoir séjourné quelque temps dans une lessive alcaline.

La grande utilité de l'olive, c'est de servir à faire de l'huile. On sait combien l'huile d'olive est estimée pour l'alimentation, l'éclairage, les usages médicinaux et industriels. Le tourteau qui résulte de sa fabrication est utilisé dans le Midi comme un excellent combustible.

Le bois de l'olivier est dur, veiné, susceptible d'un beau poli ; la racine offre le plus souvent de belles marbrures ; il est très-recherché pour l'ébénisterie, le tour, la marqueterie, le placage ; on en fait des meubles et objets d'art, des boîtes, des tabatières, des manches de couteau, etc. Il est excellent pour le chauffage, et ses cendres sont riches en potasse ; dans le Midi, on les préfère à toutes les autres pour les lessives.

Genre III. *Filaria*.

Phyllirea Tourn.

Arbrisseaux à feuilles opposées, coriaces. Fleurs en grappes. Calice court, campanulé, à quatre dents obtuses. Corolle à quatre divisions étalées. Étamine à filet très-court. Fruit drupacé, globuleux, à noyau papyracé fragile.

Les Filarias, appelés quelquefois à tort Alaternes, sont de jolis arbrisseaux rameux et touffus, à feuilles persistantes, très-répandus dans tout le midi de l'Europe, où on les emploie surtout à faire des haies. Leur bois, jaune et dur, est propre aux ouvrages de tour ; mais il est rare d'en trouver de forts échantillons. Il est encore excellent pour le chauffage.

Genre IV. *Troène*.

Ligustrum Tourn.

Arbrisseaux, ordinairement à rameaux opposés et à feuilles persistantes. Fleurs en panicules terminales. Calice petit, urcéolé, caduc, à cinq dents. Corolle tubuleuse, à limbe partagé en quatre divisions. Stigmate bifide. Baie globuleuse.

Le Troène commun (*L. vulgare* L.) se trouve dans les bois et croît dans tous les sols. Il entre quelquefois dans la composition des haies, et se propage très-facilement. Son bois est dur, et bon pour le tour. Son charbon peut servir à fabriquer la poudre à canon. Les jeunes rameaux sont employés pour faire des liens, des paniers, des corbeilles et d'autres ouvrages de vannerie. Les vaches et les moutons aiment beaucoup ses feuilles. Les fruits sont fort recherchés des oiseaux, et surtout des merles et des grives. Le suc est employé en Flandre pour colorer les vins. Dans le nord de l'Europe, on en retire une matière colorante qui sert pour enluminer les cartes à jouer.

FAMILLE XLIX. Asclépiadées.

Ces végétaux habitent surtout les régions tropicales, et deviennent plus rares en s'éloignant de ces régions ; l'Europe n'en possède qu'un petit nombre. Les Asclépiadées renferment un suc âcre et laiteux qui leur communique des propriétés très-énergiques, souvent même vénéneuses. Cependant quelques espèces herbacées sont alimentaires, du moins dans leur jeune âge.

GENRE I. *Asclépiade.*

Asclepias L.

Plantes herbacées, à feuilles ordinairement opposées. Fleurs en ombelles simples, terminales ou interpétiolaires. Calice à cinq divisions profondes, ovales, étalées. Corolle à cinq divisions profondes, étalées, puis réfléchies. Cinq étamines, à pollen en masses compactes. Follicule, renfermant des graines munies d'une aigrette.

L'Asclépiade de Cornuti (*A. Cornuti* Decne, *A. Syriaca* L.), improprement appelée Asclépiade de Syrie, et plus connue sous le nom vulgaire d'Herbe à la ouate, est une plante vivace, originaire de l'Amérique du Nord. Elle croit en plein air sous nos climats, et se propage avec la plus grande facilité. Ses tiges renferment une filasse abondante, susceptible d'être employée à faire des cordes et des tissus. Le duvet soyeux de ses graines peut remplacer la ouate pour garnir les coussins, les oreillers, etc. On est parvenu aussi à le filer et à le feutrer, pour en faire des étoffes et des chapeaux ; on l'a quelquefois mélangé au coton ; on a même tenté de l'y substituer complétement. Mais ces derniers essais n'ont donné que des résultats peu encourageants.

Le suc épaissi de quelques asclépiadées possède des propriétés analogues à celles de la *gutta-percha* [1].

---

1. La *gutta-percha* est produite par plusieurs végétaux appartenant à une famille voisine (*Sapotacées*), et surtout par l'*Isonandra gutta* Hook. Ce dernier est un bel arbre, haut d'environ vingt mètres, à feuilles ovales-lancéolées, dont l'ensemble forme une cime touffue. Il est répandu dans les îles de la Malaisie, où l'espèce a notablement diminué, depuis quelques années, par suite d'une exploitation inintelligente ; les naturels abattent l'arbre, pour en extraire le suc. On a introduit l'*Isonandra* à l'île de la Réunion, où il paraît réussir. Les essais tentés pour le propager en Algérie ont été moins heureux. Il y a lieu de se préoccuper de la conservation de cette essence, et d'en retirer le suc par des incisions habilement ménagées. Ce suc laiteux donne, quand il est coagulé, la *gutta-percha* du commerce. Cette substance élastique, plus consistante que le caoutchouc, se ramollit par l'action de la chaleur ; en cet état, elle peut recevoir toutes les formes voulues, et, en se refroidissant, elle prend une consistance intermédiaire entre celle du bois et celle du cuir, tout en conservant une certaine élasticité. Inaltérable par l'humidité, elle résiste aussi à l'action de la plupart des acides, des alcalis, des dissolutions salines, et notamment de l'eau de mer. C'est d'ailleurs un très-bon isolant. Aussi l'a-t-on employé avec succès pour protéger les fils de métal dont se composent les câbles électriques sous-marins. On en fait un fréquent usage dans les laboratoires, et dans les fabriques de produits chimiques. On conserve l'acide chlorhydrique dans des réservoirs doublés en *gutta*. Elle sert à revêtir les murs salpêtrés, dont on veut arrêter les émanations ; les comptoirs et les tables des marchands de boissons ; les récipients en bois destinés à conserver l'eau. On en fait

Genre II. *Dompte-venin.*

Vincetoxicum Mœnch.

Plantes vivaces, à feuilles ordinairement opposées. Fleurs en corymbes. Calice à cinq divisions. Corolle rotacée, à cinq lobes profonds. Cinq étamines, à pollen en masses compactes. Fruit : follicule renflé, contenant des graines munies d'une aigrette.

Le Dompte-venin (*V. officinale* Mœnch, *Asclepias vincetoxicum* L.) croît dans les lieux incultes, les bois, les terrains pierreux ou sablonneux. Il nuit souvent à l'agriculture par la facilité avec laquelle il se propage.

FAMILLE L. Gentianées.

Les plantes de cette famille sont très-répandues dans les deux hémisphères. L'Europe en possède un assez grand nombre, surtout dans les régions montagneuses. Les Gentianées sont particulièrement caractérisées par leur amertume; la médecine les emploie comme toniques, stomachiques et fébrifuges.

TRIBU I. Gentianées.

Genre 1. *Gentiane.*

Gentiana L.

Plantes herbacées, à feuilles ordinairement opposées. Fleurs axillaires ou terminales, solitaires ou diversement groupées. Calice tubuleux ou campanulé, offrant quatre à dix divisions Corolle rotacée, campanulée ou en entonnoir, présentant quatre à dix divisions égales ou inégales. Quatre ou cinq étamines. Stigmate bifide. Fruit capsulaire, à une loge renfermant plusieurs graines très-petites.

Les nombreuses espèces de ce genre habitent pour la plupart les régions montagneuses de l'ancien continent. Toutes jouissent de pro-

aussi des vases de toute sorte, qui resistent à tous les chocs ; des courroies pour les machines ; des clapets, des tuyaux, des pistons et autres pièces pour les pompes; des porte-voix et des cornets acoustiques de qualité supérieure. En la pressant dans des moules, après l'avoir ramollie, on la façonne en petits meubles et en objets d'art. Elle remplace le caoutchouc dans la fabrication des instruments et des appareils de chirurgie. Elle sert encore à prendre des empreintes pour les épreuves galvanoplastiques.

priétés médicales énergiques. Aucune ne peut servir d'aliment à l'homme ni aux animaux domestiques (sauf une exception douteuse).

La Gentiane jaune ou Grande Gentiane (*G. lutea* L.) est répandue sur les montagnes du centre et du midi de la France. Sa racine, amère et aromatique, possède au plus haut degré les propriétés caractéristiques de la famille; c'est un remède populaire, qui remplace souvent le quinquina comme fébrifuge. On l'a appelée *Thériaque des paysans*. Fort usitée aussi en médecine vétérinaire, elle forme la base de la Poudre cordiale des maréchaux. La culture de cette plante offrant trop de difficultés, on se contente de récolter les pieds qui croissent abondamment dans les pays de montagnes, et cette récolte est une certaine ressource pour les habitants. Avec cette racine, coupée par rondelles, macérée dans l'eau, puis soumise à la distillation, on obtient une boisson alcoolique très-forte, qui paraît convenir beaucoup aux montagnards; c'est aux environs de Lausanne qu'on la confectionne le mieux. Les grandes feuilles de cette plante servent, dans quelques régions, à recouvrir le beurre et les fromages qu'on porte au marché.

Les autres espèces ont des propriétés analogues, mais moins actives. Linné cite la Gentiane amarelle (*G. amarella* L.) au nombre des plantes dont les brebis se nourrissent en Suède.

GENRE II. *Erythrée.*

Erythræa Rich.

Plantes herbacées, à feuilles opposées. Fleurs en cymes ou en corymbes terminaux. Calice tubuleux, à cinq angles saillants, à cinq divisions linéaires. Corolle en entonnoir, à limbe à cinq divisions. Cinq étamines, à anthères contournées en spirale après l'émission du pollen. Capsule linéaire, ordinairement à deux loges polyspermes.

L'Érythrée centaurée (*E. centaurium* Pers., *Gentiana* L.), vulgairement Petite Centaurée, est une plante bisannuelle, qui possède des propriétés analogues à celles des Gentianes.

TRIBU II. Ményanthées.

Genre III. *Ményanthe.*

Menyanthes Tourn.

Plantes herbacées, vivaces, aquatiques, à rhizome épais, traçant. Feuilles alternes, à trois folioles. Fleurs en grappe terminant un pédoncule radical nu. Calice à cinq divisions. Corolle en entonnoir, à cinq divisions étalées, à bords roulés en dedans. Cinq étamines. Stigmate bilobé. Capsule uniloculaire, polysperme, arrondie.

Le Ményanthe trifolié (*M. trifoliata* L.), vulgairement Trèfle d'eau, Trèfle de marais, etc., croît abondamment dans les endroits marécageux de l'Europe. Son rhizome contient un peu de fécule ; les habitants des contrées du Nord l'utilisent, dans les années de disette ; ils le mêlent, réduit en poudre, à la farine de sarrasin, pour faire un pain de médiocre qualité. Ils l'emploient aussi pour engraisser les bestiaux ; les chèvres, et quelquefois les moutons, se nourrissent aussi de la plante entière. Les feuilles servent à la fabrication de la bière, en guise de houblon, surtout en Angleterre, où il paraît même qu'on a cultivé autrefois la plante pour cet objet. On récolte ces feuilles lorsqu'elles sont complétement développées ; on les fait sécher, et elles peuvent avec des soins se conserver pendant plusieurs années. On attribue à cette plante la propriété de donner à la bière une amertume agréable, et même des qualités bienfaisantes. Le ményanthe est quelquefois employé en médecine.

FAMILLE LI. Convolvulacées.

Les Convolvulacées habitent pour la plupart les régions équatoriales, surtout vers les bords de l'Océan ; elles deviennent moins nombreuses en allant vers les pôles. Presque toutes renferment un suc résinoïde qui possède des propriétés purgatives souvent très-énergiques. Quelques-unes sont cultivées comme plantes alimentaires ou d'agrément. D'autres intéressent l'agriculture à un titre bien différent ; telles sont les Cuscutes, plantes parasites, qui causent souvent des ravages considérables sur les végétaux cultivés.

Genre I. *Liseron*.

Convolvulus L.

Plantes herbacées, à tige généralement volubile, à feuilles alternes. Fleurs solitaires ou diversement groupées. Calice à cinq divisions profondes. Corolle campanulée, en coupe ou en entonnoir. Style simple. Fruit capsulaire, à une ou plusieurs loges.

Le Liseron des champs (*C. arvensis* L.) est une plante vivace, qui croît dans les terres cultivées, le long des chemins, et même sur les sables arides. Tous les bestiaux, les bœufs et les chevaux surtout, aiment beaucoup cette plante ; elle est employée en médecine, comme vulnéraire. Ce n'en est pas moins une espèce très-nuisible en agriculture ; elle enroule ses tiges volubiles autour du blé et des plantes cultivées, et étouffe les semis tardifs. On ne peut guère la détruire que dans un assolement régulier, par la culture des plantes fourragères, et surtout de la luzerne.

Le Liseron des haies (*C. sepium* L., *Calystegia sepium* R. Br.) est aussi vivace. Il croît dans les haies et les buissons, surtout dans les sols humides. Les chèvres, les moutons et les chevaux mangent cette plante ; les cochons sont très-friands de ses racines.

Une espèce beaucoup plus importante est la Batate ou Patate (*C. Batatas* L., *Batatas edulis* Chois.), plante vivace, originaire de l'Inde. Elle est cultivée dans les jardins maraichers, et on a tenté à diverses reprises de la faire entrer dans la grande culture. Mais, vu la difficulté de la conservation des tubercules durant l'hiver, elle ne peut guère convenir sous ce rapport qu'aux régions méridionales.

Les variétés généralement cultivées sont les suivantes : — B. rouge longue. — B. jaune. — B. igname. — B. violette. — B. rose de Malaga. — B. blanche.

La batate demande des terres assez légères et riches ; on la propage de boutures (voir les détails dans le volume d'Horticulture). Les soins d'entretien consistent en binages réitérés dans les premiers temps, un léger buttage en juillet, et un ou deux arrosements. La récolte a lieu vers la fin de septembre, autant que possible par un temps sec.

Les tubercules (racines) de la batate constituent un aliment féculent, sucré et très-sain pour l'homme et les animaux domestiques.

Toutefois leur valeur nutritive est inférieure à celle des pommes de terre. On en fait une boisson fermentée, dont on extrait de l'eau-de-vie. Les fanes forment un excellent fourrage ; à l'état sec, elles équivalent au triple de leur poids ordinaire.

Genre II. *Cuscute.*

Cuscuta Tourn.

Plantes parasites, à tiges grêles, dépourvues de feuilles, se fixant par des suçoirs sur les tiges des plantes autour desquelles elles s'enroulent. Fleurs en glomérules arrondis sessiles. Calice à quatre ou cinq divisions. Corolle campanulée ou urcéolée, à quatre ou cinq lobes. Quatre ou cinq étamines. Deux styles. Capsule à deux loges bispermes.

Les Cuscutes sont parmi les végétaux parasites phanérogames qui se développent sur nos plantes spontanées ou cultivées, ceux qui attirent au plus haut degré l'attention, soit par leur végétation toute particulière, soit par l'étendue et l'intensité de leurs ravages.

Les espèces qui constituent ce genre sont loin d'être parfaitement définies. Willdenow regarde comme deux formes ou deux variétés de la cuscute d'Europe (*C. Europæa* L.) (Pl. 31), les deux espèces que Lamarck et De Candolle reconnaissent dans la flore française, savoir : la grande cuscute (*C. major*), vivant sur les orties, le chanvre, les chardons, et la petite cuscute (*C. minor*), croissant sur les thyms, les plantains, les bruyères, etc. La première de ces espèces, qui correspond au *C. Europæa* L., est caractérisée par sa tige rameuse, son calice prolongé au-dessous de l'ovaire en un tube charnu très-épais presque cylindrique, et ses styles plus courts que l'ovaire. La seconde, qui est le *C. epithymum* L., se reconnaît aux écailles conniventes qui ferment le tube de la corolle et à ses styles beaucoup plus longs que l'ovaire. M. Godron a formé aux dépens de celle-ci une espèce qu'il nomme cuscute du trèfle (*C. trifolii*) et qui se distingue par ses fleurs plus grandes, plus pâles et ses écailles moins développées, laissant l'ovaire à découvert.

La cuscute densiflore (*C. densiflora* S.-Will., *C. epilinum* Weih.), vulgairement *bourreau du lin*, a, au contraire, une tige simple ou à peine rameuse, et des styles plus courts que l'ovaire.

On trouve encore dans le midi de la France la cuscute monogyne

(*C. monogyna* Wahl.), dont les tiges, aussi grosses qu'une corde de fouet, s'enroulent autour des troncs et surtout des sarments de vigne.

Toutes ces espèces se ressemblent du reste par leur végétation et leur manière de vivre aux dépens des autres végétaux.

Les graines des cuscutes, qui sont très-menues, germent dans le sol; la tige, simple ou rameuse, est grêle et présente généralement l'aspect d'un filet blanchâtre, portant de distance en distance de très-petites écailles qui remplacent les feuilles, et des sortes de boules blanches ou rosées, formées par une agglomération de fleurs. Quand ces tiges rencontrent une plante, elles s'y fixent et s'y attachent par un petit renflement en forme de disque, d'où naît un prolongement qui, suivant l'observation de M. Decaisne, se met en contact avec le système vasculaire du végétal attaqué. En hiver, ces tiges se pelotonnent et s'enfouissent en terre, pour se développer de nouveau au printemps. D'après MM. Girardin et Du Breuil, les filaments disparaissent; mais la cuscute forme sur le sol, au pied de la plante qui l'a nourrie, de petits tubercules libres, qui, au printemps suivant, donnent naissance à de nouveaux individus. L'espèce commune paraît du reste résister à nos hivers les plus rigoureux.

La racine des cuscutes est faiblement développée et ne sert que très-peu de temps à leur nutrition; elle meurt dès que la tige s'est attachée aux plantes voisines. Cela est si vrai que les fragments détachés de cette tige continuent à vivre pendant quelques jours; si, avant qu'ils ne soient complétement secs, on les dépose sur d'autres plantes, ils s'y fixent immédiatement au moyen des petits suçoirs qui apparaissent sur les nouveaux prolongements.

Tout ce que nous venons de dire s'applique aux cuscutes en général, et en particulier à la cuscute d'Europe (*C. Europæa* L., *C. major* D. C.), désignée, dans plusieurs localités, sous les noms vulgaires de rasque, rache, teigne, tignasse, barbe de moine, cheveux de Vénus, barbe ou cheveux du diable, etc.

Cette espèce est très-répandue en France. Peu délicate, elle s'accommode à peu près de toutes les plantes sauvages ou cultivées. On l'a observée sur les légumineuses, luzerne, trèfle, pois, vesces, genêts, et même sur des arbres et arbustes de cette famille, sophora, baguenaudier, robinier, cytises, etc.; sur la tomate, les orties, le chanvre, la vigne, le buisson ardent, le sorbier des oiseleurs, le groseiller, les bruyères, etc. Le fait de sa présence sur des raisins a fait croire à une nouvelle forme, barbue ou chevelue, du cryptogame appelé *Oïdium* ou *Erysiphe Tuckeri*.

Lorsque la cuscute s'attaque à des plantes herbacées, elle les fait le plus souvent périr; aussi exerce-t-elle de grands ravages dans les champs de luzerne et de trèfle, dans les chenevières, etc. Voici comment s'exerce son action.

La graine de ce parasite, étant très-petite, arrondie-ovoïde et couverte d'un test épais et dur, peut traverser les organes digestifs des animaux et se conserver longtemps en terre, sans perdre sa faculté germinative. Viennent des circonstances favorables à son développement, elle entre en germination, et produit d'un côté une racine peu étendue, munie de plusieurs mamelons qui lui tiennent lieu de radicelles, et périssant de bonne heure, de l'autre, une tige herbacée, grêle, filiforme, roussâtre, qui se ramifie beaucoup et gagne de proche en proche, en formant un cercle assez régulier qui s'élargit sans cesse.

Il n'est pas rare de voir, dans la belle saison, un seul pied de cuscute faire périr en trois mois tous les pieds de trèfle et de luzerne, jusqu'à la distance de 3 mètres. On dirait, tant la destruction est complète, que le feu a passé par là. La mort des tiges est suivie de celle des racines, de sorte que les récoltes qui devraient venir après sont perdues.

Les plantes que l'on mettrait à la même place seraient attaquées les années suivantes. Arracher simplement la cuscute serait superflu, nuisible même, car les fragments restés sur le sol se ramifieraient encore davantage.

Pour préserver les champs de ses ravages, MM. Girardin et Du Breuil indiquent les moyens suivants : 1° ne pas employer, pour fumer les prairies artificielles, les litières des bestiaux nourris avec des fourrages infestés de cuscute; 2° ne pas récolter la graine de trèfle ou de luzerne dans les champs infestés, ou du moins la faire cueillir à la main; 3° ne pas semer la graine (soit qu'on l'ait récoltée soi-même, soit qu'on l'ait achetée) sans l'avoir bien triée ; pour cela, on la froisse d'abord entre deux grosses toiles, pour rompre les capsules ; puis on passe le tout à un crible assez fin pour retenir le trèfle ou la luzerne et laisser passer la cuscute.

Mais ces moyens préservatifs ne suffisant pas toujours, on est souvent forcé de recourir aux procédés, assez nombreux, de destruction. Voici ceux dont l'expérience a démontré l'efficacité.

On fait paitre par les moutons les parties de luzerne ou de trèfle attaquées par la cuscute ; quand ils n'ont plus rien à brouter, on leur fait encore piétiner le sol. Quelque entrain qu'y mettent ces animaux, il est rare qu'on réussisse en une saison ; il faut deux ou trois ans pour produire un bon résultat.

M. Heuzé conseille de couper fréquemment rez-terre les luzernes ou les trèfles infestés, en ayant soin d'enlever tous les brins du parasite tombés sur le sol. En exécutant ces fauchages en juin, juillet et août, une année suffit ordinairement pour se débarrasser de la cuscute.

Il est à remarquer que la faux coupant presque toujours trop haut, il reste beaucoup de propagules ; on doit donc ensuite ratisser à la main, ou bien couper avec un couteau les plantes vivaces, et arracher les plantes annuelles et bisannuelles. Ce travail doit se faire, autant que possible, avant la floraison de la cuscute, qui a lieu en juin, ou du moins avant la maturité de ses graines.

Un autre moyen consiste à couper les plantes le plus bas possible ; le produit de cette coupe est emporté au loin et brûlé avec tous les fragments de cuscute qu'on a pu ramasser. Puis sur la place dénudée on étend de la paille ou des matières analogues, et l'on y met le feu. On allume de préférence du côté opposé au vent (il va sans dire qu'on ne doit pas opérer quand celui-ci est trop fort) ; de cette manière, le feu risque moins d'être éteint, et la paille, brûlant plus lentement, chauffe mieux le terrain. Ce procédé donne de très-bons résultats.

M. de Chambray recommande de répandre simplement sur les places attaquées l'épaisseur de paille strictement nécessaire pour détruire la cuscute, sans faire périr en même temps la luzerne, surtout la première année, lorsque sa racine n'a pas encore profondément pénétré dans le sol. Si la cuscute couvrait le champ entièrement ou sur une trop grande étendue, ce moyen ne pourrait être employé, dit-il, parce qu'il serait trop long et trop coûteux ; il faudrait alors rompre le champ, ou bien recourir, pendant un an ou deux, au parcours des moutons, et n'employer les feux que lorsqu'il n'y aurait plus un trop grand nombre de places infestées.

Les résultats du feu seront bien meilleurs encore si l'on a soin d'é-

cobuer les parties atteintes et d'incinérer les gazons dès qu'ils sont
secs, après avoir placé au centre du fourneau tous les fragments répandus sur le sol.

M. Lecocq, et plus tard M. Ponsard, ayant constaté dans la cuscute une assez forte proportion d'acide tannique, ont eu l'idée d'employer les sels de fer pour sa destruction. Des solutions au dixième,
au vingtième même, de lignites pyriteux ou de sulfate de fer décom-
posent entièrement la cuscute en quelques heures et la transforment
en une masse noirâtre presque entièrement composée de tannate
de fer. L'acide sulfurique étendu d'eau produit des effets analogues.

Pour appliquer convenablement ce procédé, M. Ponsard fait
d'abord faucher et ratisser le plus possible, afin de mieux permettre
au liquide d'arriver jusqu'au sol et d'y pénétrer ; puis il répand la solution à l'aide d'un tonneau monté sur des roues, muni d'un robinet
et d'un tube en caoutchouc terminé par une lance. Ce procédé n'est
bon que sur les sols calcaires, où il active la végétation des légumineuses ; dans l'argile pure, ces plantes seraient infailliblement détruites si les substances ci-dessus indiquées dépassaient une certaine
proportion. On peut en dire autant du purin ou lizier répandu sur les
luzernes.

Quel que soit le moyen employé, il faut agir le plus tôt possible, dès
la première apparition du fléau, opérer un peu au delà des places attaquées, ramasser avec soin les débris, et recommencer l'opération,
si la cuscute reparaît, jusqu'à destruction complète. On doit surtout éviter de labourer ou de piocher les endroits atteints, afin de
ne pas enterrer des graines qui conservent longtemps en terre leur
faculté germinatrice.

Ce serait faire une économie mal entendue que de reculer devant
les dépenses nécessitées par les moyens précédemment indiqués. Si
on laisse la cuscute végéter librement, ses ravages iront en augmentant chaque année. Au contraire, une fois détruite, elle est longtemps avant de reparaître, car cette plante est annuelle et ses capsules sont trop lourdes pour être facilement transportées par les
vents.

La Petite cuscute (*C. epithymum* L.) se développe sur le thym, le
serpolet, les bruyères, le genêt à balais, etc., et aussi sur le trèfle et
la luzerne, si l'on n'admet pas comme espèce le *C. trifolii* Godr. La

Cuscute densiflore (*C. epilinum* Weih.) s'accroche aux tiges du lin, les rapproche à l'aide de ses longues et nombreuses ramifications, et en forme des touffes plus ou moins volumineuses, qui ne tardent pas à périr ; ses ravages sont considérables. On peut détruire ces deux espèces par les mêmes procédés que nous avons décrits pour la grande cuscute.

FAMILLE LII. Borraginées.

Les Borraginées sont répandues dans les régions extratropicales du globe ; elles abondent dans la région méditerranéenne. Leurs propriétés sont peu énergiques ; elles sont en général adoucissantes ; aucune n'est dangereuse. Malgré les poils qui recouvrent leurs surfaces, plusieurs de ces plantes peuvent servir à la nourriture des animaux domestiques. Les racines de quelques-unes, confondues dans le commerce sous le nom d'orcanette, renferment un principe tinctorial rouge.

Genre I. *Bourrache.*

Borrago Tourn.

Plantes herbacées, à feuilles alternes. Fleurs en corymbes terminaux. Calice à cinq divisions. Corolle rotacée, à cinq divisions ovales-aiguës, étalées, à gorge munie de cinq écailles courtes. Cinq étamines à filets très-courts, à anthères longuement saillantes et conniventes. Fruit composé de quatre akènes tuberculeux, renfermés dans le calice.

La Bourrache commune ou officinale (*B. officinalis* L.) est une plante annuelle, originaire de l'Orient et depuis longtemps naturalisée dans nos jardins. Sur les bords de la Méditerranée, on l'emploie dans la cuisine comme les choux ou les épinards. En Angleterre, on en fait une boisson rafraîchissante. Tous les bestiaux broutent cette plante quand elle est jeune. Ses fleurs sont recherchées par les abeilles. Chez nous, on s'en sert quelquefois pour orner les salades. La bourrache est employée en médecine ; malgré le peu d'énergie de ses propriétés, c'est un remède populaire.

Genre II. *Buglosse.*

Anchusa L.

Plantes herbacées, à fleurs disposées en grappes ou en corymbes terminaux. Calice à cinq divisions. Corolle en coupe ou en entonnoir, à tube droit, à gorge munie de cinq écailles obtuses, à limbe partagé en cinq divisions obtuses presque égales. Akènes rugueux ou tuberculeux.

Sous le nom vulgaire de Buglosse officinale, on confond deux espèces distinctes, l'*A. officinalis* L. et l'*A. Italica* Retz. Cette confusion n'a pas d'inconvénients dans la pratique. La buglosse officinale est une plante bisannuelle, commune dans les lieux incultes, au bord des chemins, etc. Elle est inodore, et possède des propriétés identiques à celle de la bourrache. On mange ses feuilles cuites en potage ou en salade; elles sont assez bonnes dans leur jeune âge. A l'état frais, tous les animaux domestiques mangent cette plante; mais les vaches n'en veulent plus quand elle est sèche.

Genre III. *Consoude.*

Symphytum Tourn.

Plantes herbacées, à fleurs disposées en grappes terminales. Calice à cinq divisions profondes. Corolle tubuleuse, à gorge munie de cinq écailles aiguës conniventes en cône, à limbe campanulé-urcéolé à cinq lobes. Akènes rugueux, munis d'un rebord saillant.

La Consoude officinale (*S. officinale* L.), vulgairement Grande Consoude, est une plante vivace, abondante dans les bois et les prés humides, le long des ruisseaux et des cours d'eau ombragés, etc. On mange, dans quelques localités, ses jeunes feuilles comme herbes potagères. Les bœufs, les moutons et les chevaux les broutent aussi à cet état. Les tisserands les emploient pour faire une colle qui permet de filer la laine mélangée avec le poil de chèvre; les tanneurs s'en servent aussi quelquefois. La médecine emploie ces feuilles, comme celles de la bourrache; mais surtout la racine, qui est astringente et mucilagineuse. Cette même racine pulvérisée fournit une matière colorante, qui sert à teindre en rouge carmin. Malgré ces usages, la grande consoude est nuisible dans les prés, car elle étouffe les autres plantes et diminue la quantité et la qualité du foin ; on la détruit en coupant la racine à la pioche entre deux terres.

La Consoude tubéreuse (*S. tuberosum* L.), commune dans le Midi, possède des propriétés analogues.

On a recommandé dans ces derniers temps, comme plantes fourragères, la Consoude hérissée (*S. echinatum* L.), espèce annuelle qui végète très-vigoureusement sur les terres riches et profondes, et la Consoude à feuilles rudes (*S. asperrimum* Sims.), originaire de Sibérie, et qui se multiplie facilement par éclats de pieds.

Genre IV. *Orcanette.*

Alkanna Tausch.

Plantes herbacées, à fleurs en grappes munies de bractées. Calice à cinq divisions. Corolle en entonnoir, à tube velu en dedans, à gorge ouverte munie de cinq écailles, à limbe partagé en cinq divisions. Akènes contractés en col à la base.

L'Orcanette des teinturiers (*A. tinctoria* Tausch., *Anchusa tinctoria* Desf., *Lithospermum tinctorium* L.) est une plante vivace, qui croît dans le midi de l'Europe, sur les sols sablonneux ou pierreux. On ne la cultive pas ; on se contente de récolter, mais moins qu'autrefois, les pieds sauvages, qui ont fait l'objet d'un petit commerce. La racine renferme un principe tinctorial rouge ; mais la couleur fixée sur les étoffes n'est ni brillante ni solide ; on ne s'en sert guère qu'en Orient. En France, les confiseurs et les liquoristes seuls l'emploient pour colorer leurs préparations.

Genre V. *Onosma.*

Onosma Tourn.

Plantes herbacées ou sous-frutescentes, à fleurs groupées en cymes terminales et munies de bractées. Calice à cinq divisions lancéolées-linéaires. Corolle tubuleuse, campanulée, à cinq dents courtes, à gorge nue. Cinq étamines incluses. Quatre akènes pierreux.

L'Onosma fausse-vipérine (*O. echioides* L.), plus connue sous le nom d'Orcanette jaune, est une plante vivace, qui croît dans les régions montagneuses de l'Europe centrale et méridionale. Elle renferme un principe tinctorial analogue à celui de la précédente, mais elle n'est pas plus cultivée. On la récolte de préférence pendant l'hiver, ses racines étant alors plus colorées, et on choisit surtout les petites. Elle est presque inusitée aujourd'hui. L'Onosma gigantesque (*O. gigantea* Lam.), qui croît dans le Levant, est très-recherchée dans ce pays pour teindre les étoffes.

Genre VI. *Lycopside.*

Lycopsis L.

Plantes herbacées, hérissées de poils rudes. Fleurs en grappes terminales. Calice à cinq divisions. Corolle en entonnoir, à tube courbé, à gorge munie de cinq écailles velues, à limbe partagé en cinq divisions inégales. Akènes rugueux, à rebord épais.

La Lycopside des champs (*L. arvensis* L.), vulgairement Petite-Buglosse, est une plante annuelle très-commune dans les terres cultivées, au bord des chemins et des fossés, etc. « Tous les bestiaux la mangent, dit Bosc, et les moutons la recherchent. C'est pour eux une nourriture très-rafraîchissante au printemps, époque où elle commence à entrer en fleur et où ils quittent leur nourriture d'hiver. Sous ce rapport seul elle serait dans le cas d'être cultivée ; mais elle mérite encore de l'être sous un autre. Comme elle croît dans les plus mauvais sols, et que ses tiges et ses feuilles sont épaisses, après l'avoir fait brouter au printemps par les moutons, on pourrait la laisser repousser et l'enterrer en été avec la charrue pour servir à favoriser la germination des plantes qu'on sème à la fin de cette saison. »

Genre VII. *Pulmonaire.*

Pulmonaria Tourn.

Plantes herbacées, à fleurs en grappes terminales. Calice campanulé-tubuleux, à cinq divisions. Corolle en entonnoir, à gorge velue, à limbe divisé en cinq lobes arrondis. Akènes lisses, entourés d'un rebord à la base.

La Pulmonaire commune (*P. angustifolia* L.) est une plante vivace, qui croît dans les buissons, les clairières des bois, sur les pelouses sèches, etc. Dans le Nord, on mange ses feuilles en guise d'épinards. Les moutons, les chèvres et quelquefois les vaches s'en nourrissent. Elles sont employées dans la médecine populaire, comme adoucissantes. On leur a attribué autrefois des propriétés merveilleuses pour guérir les affections de poitrine ; cette réputation, que rappelle le nom de la plante, est aujourd'hui complétement tombée. Les fleurs de la pulmonaire sont recherchées par les abeilles.

Genre VIII. *Râpette.*
Asperugo Tourn.

Plantes herbacées, à tiges hérissées. Fleurs réunies en petit nombre à l'aisselle des feuilles. Calice à cinq divisions triangulaires. Corolle en coupe, à gorge fermée par cinq écailles convexes, à limbe divisé en cinq lobes obtus. Akènes comprimés, chagrinés, recouverts par le calice persistant très-accru et comprimé en deux valves planes qui sont étroitement appliquées l'une sur l'autre.

La Râpette couchée (*A. procumbens* L.) est une plante annuelle, commune dans les champs cultivés, sur les décombres, au bord des chemins. Presque tous les bestiaux la mangent. Quand elle abonde dans les champs, elle nuit à la croissance des céréales ; mais on peut l'utiliser en l'enfouissant dans les terres nues pour les améliorer. On l'emploie en médecine comme détersive et vulnéraire.

FAMILLE LIII. Solanées.

Les Solanées habitent pour la plupart les régions tropicales ; il s'en trouve encore un certain nombre dans les zones tempérées. Ces plantes ont en général un aspect triste, une odeur nauséabonde, une saveur vireuse qui les rendent suspectes. Toutefois elles présentent une assez grande anomalie ; les unes sont des aliments sains et estimés, les autres constituent des poisons violents. Quelques-unes ont une très-grande importance en agriculture.

Genre 1. *Morelle.*
Solanum L.

Plantes herbacées ou ligneuses, à feuilles alternes. Fleurs en corymbes ou en cymes terminant des pédoncules extra-axillaires ou terminaux. Calice ordinairement à cinq divisions. Cinq étamines, ra-

rement quatre ou six, à filets très-courts, à anthères saillantes et connivents. Baie globuleuse ou ovoïde, ordinairement à deux loges polyspermes.

La Morelle tubéreuse (*S. tuberosum* L.), plus connue sous les noms
de Pomme de terre, Parmentière, Patate, Patraque, etc., est une
plante annuelle, originaire de l'Amérique centrale, et depuis longtemps cultivée dans les jardins et les champs de l'Europe.

La pomme de terre réussit sous tous les climats où mûrit l'avoine ;
ainsi on peut la cultiver depuis l'équateur jusqu'en Sibérie. Elle vient
aussi dans tous les sols profonds, mais ne donne les meilleures récoltes que dans les terrains sablonneux et suffisamment fumés.

Cette espèce présente des variétés très-nombreuses ; dans la grande
ou la moyenne culture, on préfère en général les suivantes : P. Shaw
ou Chave, ou de Saint-Jean. — Segonzac. — Jeuxy. — P. de Rohan.
— Patraque jaune. — Tardive d'Irlande. — Kidney ou Marjolin. —
Truffe d'août ou rouge ronde. — Vitelotte ou cornichon rouge. —
Jaune de Hollande ou Cornichon jaune. — Rouge de Hollande. —
Patraque blanche, ou Ox noble.

La culture de la pomme de terre se résume en ce seul principe :
rendre la terre aussi meuble que possible avant la plantation et pendant la durée de la végétation. Elle se fait à la charrue ou à bras,
suivant les circonstances économiques de la localité.

Deux labours, l'un très-profond avant l'hiver, le second un peu
avant la plantation, suffisent ordinairement pour disposer tous les
sols à la culture des pommes de terre. Le sol doit être ameubli à la
profondeur de $0^m,20$ à $0^m,25$. On plante les tubercules à une distance
moyenne de $0^m,50$, et on les recouvre de $0^m,10$ à $0^m,15$ de terre.
L'espacement doit être plus grand, et les tubercules placés à une
moindre profondeur, dans les sols riches que dans les terres
maigres.

Le plus souvent on plante des tubercules entiers ; ceux qui sont
d'une certaine grosseur peuvent être coupés, mais longitudinalement
et non par rouelles ; cette division doit se faire un jour ou deux
avant la plantation. Quand la pomme de terre est rare et chère, on
ne plante souvent que la pelure munie d'yeux, ou même les yeux
détachés du tubercule avec un peu de pulpe.

La plante peut encore être multipliée par pousses germées, par
boutures ou par marcottes ; mais ces trois modes ne sont employés

que dans des cas exceptionnels, par exemple quand il s'agit de variétés rares et précieuses. Quant à la propagation par graines, elle n'est guère mise en usage que pour obtenir des variétés nouvelles. Ce sujet est d'ailleurs entièrement du domaine de l'horticulture.

On doit choisir autant que possible des tubercules bien sains et de moyenne grosseur ; ceux qui sont altérés ou trop petits doivent être rejetés, car ils ne donnent en général que de maigres produits.

La plantation a lieu ordinairement dans le courant d'avril, lorsqu'on n'a plus à craindre les effets des gelées tardives. Le mode le plus simple et le plus expéditif est celui qui consiste à planter derrière la charrue ; chaque tubercule doit être appuyé contre la bande de terre renversée par le soc. La plantation est suivie d'un hersage, et, si le temps devient sec, d'un roulage.

Les pommes de terre plantées en avril commencent à lever le plus souvent dans les premiers jours de mai. Alors on donne un léger hersage, puis des sarclages que l'on réitère tant que les mauvaises herbes reparaissent. On donne ensuite une ou deux cultures profondes à la houe à cheval, lorsqu'on voit le sol se durcir et se couvrir de plantes adventices. Quand la pomme de terre commence à fleurir, on butte les pieds ; cette opération, qui se fait ordinairement en deux fois, a pour but de ramener une terre meuble autour des tubercules, et de favoriser ainsi leur développement.

La pomme de terre est sujette à plusieurs maladies qui, pour la plupart, sont accidentelles et assez rares. Il n'en est pas de même de celle qui depuis plusieurs années s'est étendue dans toutes les contrées de l'Europe où l'on cultive la pomme de terre, et a exercé presque partout des ravages souvent très-considérables.

« Cette maladie, à laquelle on a donné le nom de *pénétration brune* ou *gangrène*, apparaît d'abord sur les tiges et sur les feuilles et ensuite sur les tubercules. Les tiges et les feuilles attaquées présentent çà et là des taches noires, et bientôt elles se fanent et meurent ; les tubercules offrent extérieurement des taches foncées et réticulées ayant une direction centrale, et ils ne tardent pas à développer une odeur un peu vineuse ; enfin, il arrive bientôt un moment où ces mêmes tubercules présentent des parties molles d'où découle une masse blanc-jaunâtre, filante, ayant d'abord une odeur fade et plus tard une odeur infecte et putride, quoique la fécule ne soit point altérée. » (G. Heuzé.)

On n'a trouvé jusqu'à présent aucun remède efficace à ce mal, dont la cause même est restée inconnue. Du reste, la maladie paraît diminuer d'intensité depuis quelque temps, et peut-être finira-t-elle par disparaître.

La pomme de terre a pour ennemis, dans le règne végétal, un champignon souterrain, le Rhizoctone violet, et, dans le règne animal, deux insectes bien connus, la Courtilière ou Taupe-Grillon et les larves du Hanneton. On arrive à détruire celles-ci, du moins en partie, par une chasse active, surtout au moment des labours.

Vers la fin de l'été ou au commencement de l'automne, suivant le climat et les variétés cultivées, on voit la tige et les feuilles se flétrir ; on reconnaît alors que les pommes de terre sont *mûres*, c'est-à-dire que les tubercules sont arrivés au terme de leur développement. On procède alors à la récolte, qui a lieu, selon les circonstances, à la houe, à la fourche ou à la charrue. Après que les tubercules sont restés quelques jours exposés sur le sol et qu'ils se sont bien *ressuyés*, on les emmagasine dans des bâtiments et dans des silos.

On sait le rôle considérable que joue la pomme de terre dans l'alimentation de l'homme. On la mange cuite de diverses manières, qu'il serait trop long d'énumérer. Elle remplace presque entièrement le pain aux repas dans le nord de l'Europe. Dans les années de disette, on ajoute sa pulpe cuite à la farine de froment, dans la proportion d'un quart à la moitié ; le pain ainsi préparé est un peu plus compacte, mais aussi plus savoureux, et se dessèche moins vite. On en prépare encore des pâtes analogues au vermicelle et au sagou. On en obtient aussi des produits granuleux désignés sous les noms de gruau, semoule, farine, polenta, etc. Ce dernier est souvent ajouté aux purées et même aux chocolats.

La fécule, qu'on obtient en râpant et en lavant les tubercules, est aussi alimentaire ; plus légère et plus digestible que celle du blé, elle convient surtout aux estomacs faibles et délicats. On en fait des potages, des bouillies, une sorte de tapioca, etc. On peut la faire entrer dans le pain jusqu'à concurrence d'un tiers.

La pomme de terre est excellente aussi pour la nourriture des bestiaux ; on la donne aux chevaux, aux bœufs, aux cochons, aux lapins et aux oiseaux de basse-cour, qui la recherchent avidement, surtout lorsqu'elle est cuite. On utilise, pour les vaches et les cochons, les résidus de la fabrication de la fécule ou de l'alcool.

Soumis à la fermentation, ce tubercule peut donner du sucre et de l'alcool ; on en fabrique de la bière et du vinaigre.

On emploie la fécule, dans l'économie domestique et l'industrie, en guise d'empois, de colle, d'apprêt pour les toiles, etc. On se sert aussi du tubercule, comme savon, pour nettoyer le linge. On en fait encore une utile application, en mettant des pommes de terre dans les chaudières des machines à vapeur, pour prévenir les incrustations. Enfin, on en fabrique un enduit résistant, en le gâchant avec du plâtre, et une sorte de détrempe économique, fort utiles dans les constructions rurales.

Les tubercules gelés ou malades ne sont pas perdus ; on peut les donner aux bestiaux, en extraire de la fécule ou de l'alcool, et les faire servir aux usages industriels.

Les fanes (tiges et feuilles) forment un fourrage vert excellent, par l'addition d'un peu de sel. Sèches, elles peuvent servir à faire du papier. Elles sont riches en potasse. Les fleurs donnent une teinture jaune assez brillante. Les fruits renferment également une matière colorante. Soumis à la fermentation et distillés, ils produisent une certaine quantité d'alcool.

La Morelle noire (*S. nigrum* L.) est une plante annuelle, qui croît dans les jardins, les vignes, les haies, au voisinage des habitations. Elle a une odeur vireuse, une saveur âcre, et passe pour vénéneuse ; on mange néanmoins ses feuilles à l'Ile-de-France, sous le nom de *brèdes*. Elle est rejetée par les bestiaux. Comme elle est quelquefois très-abondante, on peut en tirer parti en l'arrachant pour augmenter la masse du fumier.

La Douce-amère (*S. dulcamara* L.) est un arbrisseau grimpant, commun dans les bois humides, les haies et les buissons. Les moutons et les chèvres broutent ses feuilles. Ses tiges flexibles servent à faire des liens et des ouvrages de vannerie.

Nous mentionnons pour mémoire l'Aubergine (*S. melongena* L.) et la Tomate (*S. Lycopersicon* L., *Lycopersicum esculentum* Dun.), dont il sera question dans l'horticulture, et que l'on cultive quelquefois en grand dans les champs.

Genre II. *Piment*.

Capsicum L.

Plantes herbacées ou ligneuses. Calice à cinq ou six divisions. Corolle rotacée, à cinq ou six divisions. Cinq ou six étamines conniventes. Baie sèche, renflée, oblongue, ovoïde ou conique. Graines comprimées.

Le Piment annuel (*C. annuum* L.) appartient surtout à la culture maraîchère ; mais dans le Midi on le voit souvent cultivé en plein champ. Comme il ne craint pas l'ombre, on en garnit ordinairement les places couvertes par des arbres.

Genre III. *Coqueret*.

Physalis L.

Plantes herbacées, à feuilles alternes ou géminées. Fleurs solitaires. Calice campanulé, accrescent, à cinq lobes. Corolle campanulée-rotacée, à cinq lobes. Cinq étamines. Baie à deux loges, complétement renfermée à la maturité dans le calice qui est devenu très-ample et vésiculeux.

Le Coqueret ou Alkékenge (*P. alkekengi* L.) est une plante vivace, qui habite les régions tempérées de l'Europe. On la trouve dans les bois, mais surtout dans les vignes et les lieux cultivés. Sa présence caractérise les sols argileux ou humides. Bien qu'elle soit quelquefois très-abondante, elle ne nuit pas sensiblement à l'agriculture. Ses fruits ont une saveur acidule, un peu amère ; mais c'est à tort que dans certaines localités on les regarde comme dangereux. On les sert au contraire sur les tables dans plusieurs contrées. Dans d'autres, on les emploie pour colorer le beurre. Comme l'alkékenge est un remède assez populaire et qu'il n'est pas cultivé, les paysans trouvent un certain profit à le récolter pour le vendre aux herboristes. On s'en sert aussi dans la médecine vétérinaire.

Genre IV. *Belladone.*

Atropa L.

Plantes herbacées, à feuilles alternes ou géminées. Fleurs solitaires ou géminées. Calice à cinq lobes un peu accrescents, étalés en étoile à la maturité. Corolle campanulée, à cinq lobes courts. Cinq étamines, à filets velus à la base. Baie à deux loges polyspermes.

La Belladone (*A. Belladona* L.) est une plante vivace, qui habite les régions tempérées de l'Europe, et croît surtout dans les bois montueux, les lieux ombragés, le long des haies et des fossés. Elle a une odeur un peu nauséeuse. On dit que les lapins, les moutons et les cochons broutent ses feuilles. Elle est néanmoins très-vénéneuse pour l'homme et pour la plupart des animaux domestiques. Ses fruits surtout sont d'autant plus dangereux, que leur douceur apparente fait moins pressentir leurs funestes effets ; d'un autre côté, leur ressemblance avec certaines variétés de cerises occasionnent des méprises très-fâcheuses, surtout chez les enfants. On se sert de la Belladone dans la médecine humaine et vétérinaire ; mais c'est un médicament très-énergique et dont l'emploi réclame la plus grande prudence. Les fruits verts donnent une très-belle couleur verte, employée surtout pour la miniature ; mûrs, ils ont un suc d'un beau pourpre.

Genre V. *Lyciet.*

Lycium L.

Arbrisseaux épineux, à feuilles alternes. Fleurs solitaires ou fasciculées. Calice court, urcéolé, à cinq dents un peu inégales. Corolle en entonnoir, à tube étroit, à limbe très-ouvert. Cinq étamines saillantes, à filets assez longs, velus à la base. Baie à deux loges.

Le Lyciet d'Europe (*L. Europæum* L.) croît dans les rochers des contrées méridionales. On l'emploie avec avantage pour faire des haies, pour maintenir les terres en pente ou celles qui sont exposées à être entraînées par les pluies et les inondations.

Genre VI. *Stramoine*.

Datura L.

Plantes herbacées. Fleurs très-grandes, en cyme terminale. Calice tubuleux, soudé avec l'ovaire dans sa partie inférieure. Corolle en entonnoir, à cinq lobes courts. Cinq étamines. Capsule épaisse, coriace, à deux loges subdivisées chacune en deux loges secondaires polyspermes.

La Stramoine ou Pomme épineuse (*D. stramonium* L.) est une grande plante annuelle, naturalisée en Europe, au bord des chemins et au voisinage des habitations. Son odeur est nauséabonde. C'est une plante très-vénéneuse. Aucun animal ne la broute. On donne toutefois ses graines aux cochons qui acquièrent ainsi plus d'appétit, dorment davantage et engraissent beaucoup en peu de temps.

Genre VII. *Jusquiame*.

Hyoscyamus Tourn.

Plantes herbacées, à fleurs en grappes scorpioïdes terminales. Calice campanulé, accrescent, à cinq divisions. Corolle en entonnoir, à tube court, à limbe oblique divisé en cinq lobes obtus. Capsule à deux loges, s'ouvrant circulairement au sommet par un opercule.

La Jusquiame noire (*H. niger* L.) est une plante bisannuelle, commune dans toute l'Europe, sur les décombres, au voisinage des habitations. Elle a une odeur vireuse, une saveur âcre et nauséeuse. Cette plante est un poison violent pour l'homme et pour les animaux domestiques ; on dit néanmoins que les chèvres la mangent quelquefois et que les moutons broutent ses jeunes fleurs.

Genre VIII. *Tabac*.

Nicotiana Tourn.

Plantes herbacées ou ligneuses, à fleurs en panicules terminales. Calice campanulé ou urcéolé, persistant, à cinq lobes inégaux. Corolle tubuleuse, en entonnoir ou en coupe, à cinq lobes. Cinq étamines, à filets longs. Capsule membraneuse, mince, entourée par le calice, divisée en deux loges qui renferment un grand nombre de graines très-petites.

Le Tabac (*N. tabacum* L.) (Pl. 32) est une plante annuelle, originaire de l'Amérique, et fréquemment cultivée dans les régions centrales et méridionales de l'Europe. Il préfère les sols de consistance moyenne, riches, profonds, assez frais en été, bien nettoyés des mauvaises herbes, et, autant que possible, anciennement fumés.

Le sol destiné à la culture du tabac doit être parfaitement ameubli. A l'automne, on donne un labour, suivi d'une fumure; vers la fin de l'hiver, un second labour; dans le courant d'avril, deux labours légers, avec un hersage dans l'intervalle.

Les semis de tabac se font en pépinière, dans le courant de mars; au mois de juin, on transplante les pieds, après un dernier labour suivi d'un hersage et d'un roulage. On doit arroser, pour favoriser la reprise, à moins qu'il ne survienne de la pluie après la plantation. Quinze ou vingt jours après, on donne un léger binage, et un peu plus tard on butte légèrement chaque pied. Enfin on donne des sarclages assez fréquemment réitérés pour détruire complétement les mauvaises herbes.

Dès que les plantes ont commencé à former leur couronne, on pince celle-ci avec les doigts, pour favoriser le développement des feuilles; cette opération, qui doit se faire avant midi, est renouvelée sur tous les bourgeons à mesure qu'ils apparaissent.

Dans la dernière quinzaine de septembre, lorsque les feuilles jaunissent et que leur pointe s'incline vers le sol, on procède à la récolte, qu'on a soin de faire par un beau jour et après que la rosée est dissipée. On coupe les feuilles rez-tige, ou bien la tige elle-même près du sol, et on laisse le tout couché sur la terre pendant quelques heures, pour le rentrer en grange après le coucher du soleil. On enfile les feuilles à des ficelles pour les faire sécher; puis on les attache par paquets ou *manoques*, et enfin on les livre à la régie.

Dans la préparation du tabac, la première opération est l'*épourdage*; elle consiste à prendre les feuilles une à une, pour les essuyer et s'assurer de leur bonne qualité; puis on les mouille avec de l'eau salée, pour en rehausser la saveur, et on enlève la côte ou la nervure principale; enfin on mélange les divers tabacs pour avoir des qualités uniformes. Pour le tabac à fumer, on hache les feuilles et on les expose sur des platines à feu doux. Les cigares se font simplement avec des portions de feuilles qu'on entoure d'une feuille de choix. Quand on veut faire du tabac à priser, on met les feuilles en carottes, ou on les soumet à une forte pression, pour le faire fermenter. On le réduit ensuite en poudre à l'aide du moulin, on le parfume de diverses manières, et on y ajoute de la chaux ou d'autres substances, pour lui donner du montant.

Outre le type spécifique mentionné ci-dessus, on cultive encore plusieurs de ses variétés, qui varient par la dimension des feuilles (Tabacs de Virginie, de Caroline, de Maryland, de Latakié), ainsi que d'autres espèces du même genre, telles que le Tabac rustique ou femelle (*N. rustica* L.), appelé aussi Tabac du Mexique, et cultivé de préférence, comme étant moins délicat, dans nos départements du sud-ouest ; le Tabac de Vérine ou d'Asie (*N. paniculata* L.), préféré par les Orientaux, etc.

Les usages du tabac sont trop connus pour que nous ayons besoin de nous étendre sur ce sujet, qui a été d'ailleurs traité avec détails dans la *Flore médicale*, à laquelle nous renvoyons.

FAMILLE LIV. Personées.

Répandues dans presque toutes les parties du globe, les Personées, Antirrhinées ou Scrophularinées abondent surtout dans les régions tempérées et froides de l'hémisphère nord. Cette famille se recommande à l'attention de l'agriculteur ; elle renferme, à côté de quelques plantes utiles, un grand nombre d'espèces plus ou moins nuisibles à divers titres. Les Personées présentent peu d'analogie dans leurs propriétés générales ; la plupart contiennent un principe âcre qui les rend souvent suspectes, et même très-vénéneuses.

GENRE I. *Molène.*

Verbascum Tourn.

Plantes herbacées, ordinairement laineuses ou tomenteuses, à feuilles alternes, souvent décurrentes. Fleurs en panicules ou en épis terminaux. Calice à cinq divisions. Corolle à tube court, à limbe divisé en cinq lobes obtus, inégaux. Cinq étamines, à filets déclinésarqués, ordinairement barbus. Style renflé au sommet. Capsule bivalve, à deux loges polyspermes.

Ce genre, que plusieurs botanistes rattachent à la famille précédente, qui pour d'autres forme à lui seul la famille des Verbascées, renferme un assez grand nombre d'espèces, répandues dans nos campagnes. La facilité avec laquelle elles s'hybrident a multiplié les formes intermédiaires au point de rendre souvent très-incertaine la détermination des types spécifiques.

La Molène commune (*V. thapsus* L.), plus connue sous le nom de Bouillon blanc, est une grande plante bisannuelle, qui croît abondamment dans les lieux incultes, le long des chemins, etc. En général, les bestiaux n'y touchent point ; mais sa fleur est recherchée par les abeilles. La racine, pulvérisée et mise en pâte, sert à engraisser les poulets. Les fleurs sont employées en médecine comme béchiques.

La Molène médicinale (*V. thapsiforme* Schrad.), confondue souvent avec la précédente et désignée aussi sous le nom de Bouillon blanc, possède les mêmes propriétés.

La Molène noire (*V. nigrum* L.), est consommée par les moutons et quelquefois par les cochons.

La Molène Blattaire (*V. blattaria* L.), vulgairement Herbe aux mites, n'a pas, comme on l'a cru pendant longtemps, la propriété de chasser les insectes.

Genre II. *Linaire.*

Linaria Juss.

Plantes herbacées, à feuilles ordinairement alternes. Fleurs axillaires ou disposées en grappes terminales. Calice à cinq divisions. Corolle à tube renflé, prolongé à la base en un éperon linéaire-cylindrique, à gorge ordinairement fermée, à limbe en gueule, divisé en deux lèvres, la supérieure bifide, l'inférieure trilobée. Quatre étamines didynames, incluses. Capsule à deux loges polyspermes.

Quelques espèces, parmi lesquelles on remarque les Linaires communes (*L. vulgaris* Mill., *Antirrhinum linaria* L.) et petite (*L. minor* Desf., *Antirrhinum minus* L.) sont broutées par les bestiaux, et leurs fleurs sont recherchées par les abeilles.

Genre III. *Gratiole*.

Gratiola L.

Plantes herbacées, à feuilles opposées. Fleurs solitaires à l'aisselle des feuilles. Calice à cinq divisions, accompagné de deux bractées à la base. Corolle tubuleuse à deux lèvres, la supérieure échancrée ou bifide, l'inférieure à trois lobes égaux. Quatre étamines, dont deux plus petites et stériles. Capsule bivalve, à deux loges polyspermes.

La Gratiole officinale (*G. officinalis* L.) vulgairement Herbe à pauvre homme, est une plante vivace, qui croît dans les prés humides. On emploie fréquemment dans les campagnes sa racine, comme purgatif ; mais c'est là une imprudence, car ses propriétés sont très-énergiques, et à haute dose elle constitue un véritable poison. Elle est aussi fréquemment usitée en médecine vétérinaire ; on en a retiré d'assez grands avantages dans quelques épizooties. En somme, cette plante est nuisible dans les prairies ; les bestiaux n'y touchent pas, et, quand elle se trouve mélangée en trop grande abondance avec le foin, elle agit d'une manière fâcheuse sur la santé de ces animaux.

Genre IV. *Véronique*.

Veronica L.

Plantes herbacées ou ligneuses, à feuilles le plus souvent opposées. Fleurs axillaires solitaires, ou réunies en grappes ou en épis terminaux. Calice à quatre (rarement cinq) divisions. Corolle rotacée, à quatre divisions, la supérieure plus grande. Deux étamines divergentes et longuement saillantes. Capsule ordinairement échancrée et comprimée, à deux loges polyspermes.

On trouve en France un assez grand nombre de Véroniques, qui croissent pour la plupart dans les prairies, les pâturages des montagnes, les lieux incultes, secs et sablonneux, dans les bois, au bord des chemins, etc. ; quelques-unes dans les eaux courantes ou au bord des eaux. Nous citerons parmi les premières, les Véroniques à épis (*V. spicata* L.), officinale (*V. officinalis* L.), à feuilles de serpolet (*V. serpyllifolia* L.), petit chêne (*V. chamædrys* L.), des champs (*V. arvensis* L.), rustique (*V. agrestis* L.), à feuilles de lierre (*V. he-*